마인드맵으로 술술 풀어 가는 용어 사전 지리

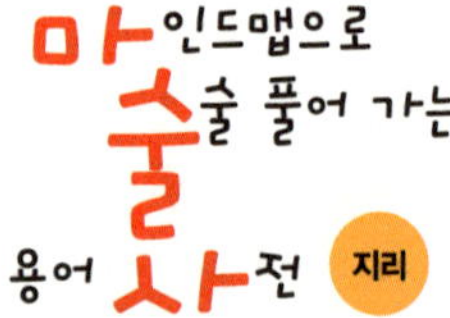

초판 1쇄 발행 2013년 4월 10일

지은이 이두현·이용직·남길수·이인재·전혜인·하혜란·권민아·홍혜진

펴낸이 김선기
펴낸곳 (주)푸른길
출판등록번호 제16-1292호
출판등록일자 1996년 4월 12일
주소 (137-060) 서울시 서초구 방배동 1001-9 우진빌딩 3층
전화 번호 02-523-2907
팩스 번호 02-523-2951
홈페이지 www.purungil.co.kr
이메일 주소 pur456@kornet.net

ISBN   978-89-6291-228-9   44980

이 도서의 국립중앙도서관 출판시도서목록(CIP)은 서지정보유통지원시스템 홈페이지(http://seoji.nl.go.kr)와 국가자료공동
목록시스템(http://www.nl.go.kr/kolisnet)에서 이용하실 수 있습니다.(CIP제어번호: CIP2013001645)
책값은 뒤표지에 있습니다.

지은이
이두현 · 이용직 · 남길수 · 이인재
전혜인 · 하혜란 · 권민아 · 홍혜진

감수
전국사회과교과연구회

푸른길

머리말

학교에서 수업을 진행하다 보면 아이들이 수업 내용보다 교과서에서 나오는 개념들을 이해하지 못해 더 깊은 설명이 불가능해지는 난감한 일이 발생하고는 합니다. 외국어가 아님에도 불구하고 말뜻을 전혀 이해하지 못해 어리둥절해 하는 아이들에게 단어 설명부터 해야 하는 현실에 속상한 마음마저도 듭니다. 하지만 아이들의 입장에서 보면 충분히 납득할 만한 일입니다. 수업 시간에 사용하는 용어 대부분이 한자어이기 때문에 그 뜻을 이해하기 어려울 뿐만 아니라 일상 대화에서는 잘 사용하지 않는 용어도 많기 때문에 낯설 수밖에 없겠지요. 초등학생 때부터 익히 들어 알고 있는 지리 용어 중 하나가 '높새바람'입니다. 누구나 이 용어를 들으면 '아! 당연히 알지'라고 할 정도로 익숙한 용어지만 막상 이를 설명하려고 하면 어떻게 해야 할지 막막해합니다. 초등학교 시절 쉽게만 생각했던 높새바람을 오히려 학년이 올라갈수록 더욱 어렵게 느끼는 것은 그 원리를 이해하지 못한 채 단순히 암기해 왔기 때문입니다. 즉, 학습 과정에서 지리 용어를 충분히 이해하지 못한 채 학년이 올라가다 보니 지리 공부를 점점 힘들어하게 된 것입니다.

따라서 아이들이 지리 과목을 공부하기 위해서는 지리 용어의 학습이 우선되어야 합니다. 용어를 정확히 알아야 지리 현상의 원리를 이해할 수 있고, 나아가 각 현상들 간의 관계도 파악할 수 있습니다. 이에 중등 교육 과정을 분석하여 필요한 용어·개념·원리·이론을 추출하고, 이들을 검색이 용이한 사전의 형태로 만들기로 했습니다. 그러나 온라인 공간에서 신조어 습득에 익숙한 아이들에게 시중의 답답한 백과사전식으로 기술된 용어 사전은 내용 습득에 어려움을 줄 것 같아서, 아이들의 흥미와 이해를 돕기 위해 주변 개념과의 연계성을 한눈에 볼 수 있는 마인드맵으로 그 용어가 지니는 위상과 맥락을 확인하는 방법을 고안하였습니다.

이 책의 특징은 이렇습니다.
첫째, 마인드맵을 활용하여 전체 구조를 파악하고 용어가 전체 구조의 어떠한 위치에 있는지 파악할

수 있도록 하였습니다. 둘째, 한자와 원어를 제공함으로써 그 용어의 의미를 알 수 있도록 하였습니다. 셋째, 용어의 설명을 기존의 백과사전과는 달리 이해하기 쉽게 풀어 쓰고, 관련 이미지와 자료를 함께 보여 주고 있습니다. 넷째, 선생님들의 티칭 노하우가 축적된 팁을 쉬운 표현으로 제공하였습니다.

한편 이 책을 통해 보다 많은 사람들이 일상생활에서 많이 쓰이는 지리 용어에 대해 좀 더 쉽게 접근할 수 있기를 바랍니다. 자녀를 둔 학부모님도 아이들의 학습 과정을 지켜만 보는 것이 아니라 함께 읽는다면 지리 현상 전반에 걸쳐 더욱 풍부한 소양을 갖출 수 있을 것입니다. 이 책은 국민 기본 소양으로서의 교육 과정에 기초하여 지리 전반에 걸친 용어를 쉽게 풀어 제공하고 있으므로 단순한 참고서의 성격을 뛰어넘습니다. 다시 말하면 학습 도서이자 일반인이 교양을 쌓고 넓히는 과정에도 도움을 줄 수 있도록 만들어진 일반 교양서로서의 성격을 동시에 지니고 있습니다.

한 장 한 장 넘기며 새로운 용어와 마인드맵을 통해 지리 현상의 의미를 이해하는 것뿐만 아니라, 지리 현상을 분석할 수 있는 관점과 안목이 형성되어 가는 과정의 즐거움을 느낄 수 있기를 기대합니다.

연구 결과를 토대로 쉽게 쓰여질 것이라 생각했으나 집필을 시작한 후 3년이라는 긴 시간이 흐르게 되었습니다. 어려운 과정 속에서 기획하고 집필하는 데 도움을 주신 안지혜님과 출판까지 발걸음을 함께 해 준 여러 선생님들, 격려와 조언을 아끼지 않으며 하나하나 신경 써 주신 푸른길 출판사 김선기 사장님과 염교희 부장님께 감사를 표하는 바입니다.

저자 대표 이두현

차 례

Contents

찾아보기

제1장

국토와 지리 정보

배산임수
산경도
산맥도
혼일강리역대국도지도
천하도
대동여지도
세종실록지리지
택리지
지리 조사
축척
등고선
방위

실측도 / 편찬도
통계 지도
지리 정보의 종류
지리 정보 체계
수리적 위치
지리적 위치
관계적 위치
대척점
영토
영해
영공
배타적 경제 수역

국토와 지리 정보

조상들의 국토 인식
풍수지리 사상 — 배산임수
산지 인식 체계 — 산경도 / 산맥도
고지도 — 조선 전기 — 혼일강리역대국도지도 / 천하도
고지도 — 조선 후기 — 대동여지도
지리지 — 조선 전기 — 세종실록지리지
지리지 — 조선 후기 — 택리지

지리 정보
지리 조사
지도 — 지도 읽기 — 축척 / 등고선 / 방위
지도 — 지도의 종류 — 제작 방법 — 실측도 / 편찬도
지도 — 지도의 종류 — 사용 목적 — 주제도 — 통계지도 / 일반도
지리 정보의 종류
지리 정보 체계

위치와 영역
위치 — 수리적 위치 — 위도 / 경도 / 대척점
위치 — 지리적 위치
위치 — 관계적 위치
영역 — 영토 / 영해 / 영공 / 배타적 경제 수역

배산임수 〔등질 배 背, 뫼 산 山, 임할 임 臨, 물 수 水〕

뒤에는 산이 있고 앞에는 하천이 흐르는 형태의 입지

마인드 맵

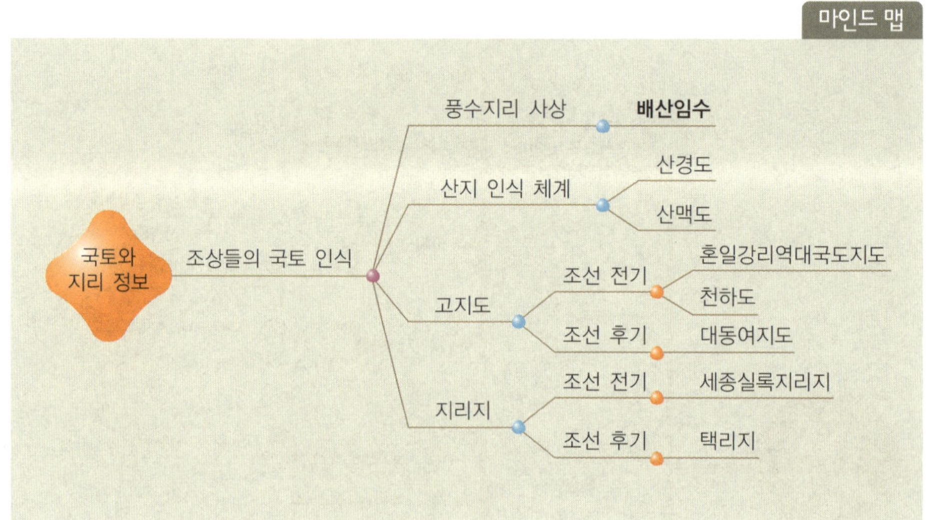

풍수지리 사상은 땅의 기복과 물의 흐름 등으로 땅의 성격을 파악하여 좋은 터전을 찾고자 하는 것이다. 배산임수는 북쪽으로 산을 등지고, 남쪽으로 하천이 흐르는 형태의 지형 배치를 말하며, 이러한 곳에 입지한 취락을 배산임수 취락이라고 한다.

취락 뒤에 위치하는 산은 겨울철 차가운 북서 계절풍을 막아 주며, 과거 중요한 가정용 연료였던 땔감을 제공해 준다. 앞에 흐르는 하천은 밥하고 빨래하는 데 필요한 생활용수와 농사짓는 데 필요한 농업용수를 제공해 준다. 또한 여름철 자주 범람하는 우리나라 하천의 특성으로 인해 하천 주변에 비옥한 충적층이 형성되어 있어 농경지 확보에 유리하다. 이 밖에도 사방이 산과 물로 둘러싸여 있어 방어에 유리하다는 장점도 있었다. 이와 같은 다양한 장점으로 인해 풍수지리에서는 배산임수의 입지를 명당이라고 한다.

▲경복궁의 위치로 본 배산임수

서울의 경복궁은 배산임수의 명당에 위치해 있다. 경복궁의 뒤로는 북악산이 있고 앞으로는 청계천이 흐른다.

▲지형도로 본 배산임수 촌락

예곡리는 산을 등지고 물을 바라보는 전형적인 배산임수 취락이다.

▲강원도 홍천 부근 배산임수 촌락

집들이 모여 있는 마을 뒤로 산이 있고 앞으로는 홍천강이 흐른다.

주제 **2**

산경도

〔뫼 산 山, 지날 경 經, 그림 도 圖〕

분수계를 기준으로 표현한 산지 인식 체계

마인드 맵

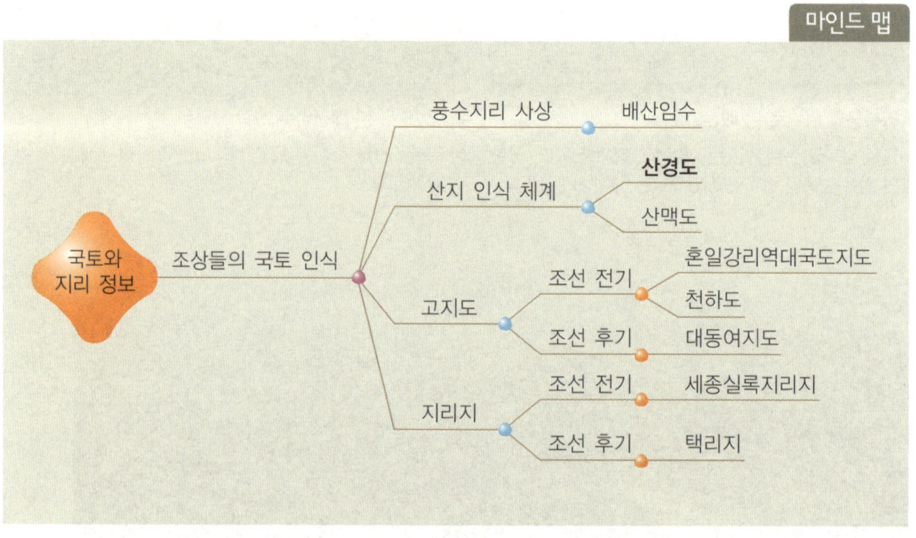

■**분수계**(分水界): 물(水)을 나누는(分) 경계(界). 서로 이웃한 하천의 유역을 나누는 경계로 능선에 해당한다.

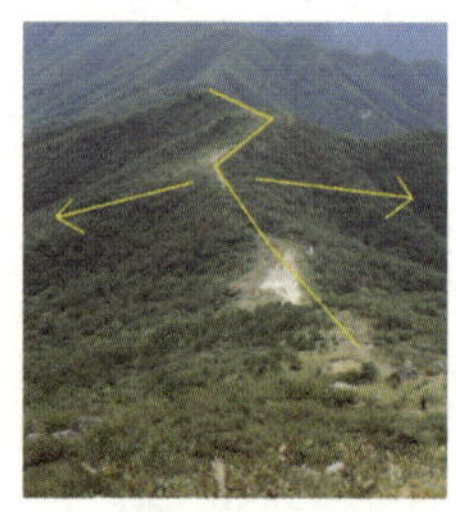

분수계(능선)를 기준으로 빗물이 좌우로 나뉘어 흐른다.

　조선 후기 실학자 신경준은 우리나라의 전통적인 산지 인식 체계를 도표로 정리하여 "산경표"를 편찬하였다. 그 안에는 산지 인식 체계를 바탕으로 산줄기를 지도로 표현한 산경도가 포함되어 있다. 산경도는 산의 흐름을 겉모습, 즉 분수계■를 기준으로 그린 것으로, 여기에는 '산은 물을 나누고 물은 산을 넘지 못한다'는 산자분수령山自分水嶺의 원리가 반영되어 있다.

　일반적으로 분수계는 지역을 나누는 경계 역할도 하였기 때문에 산경도를 보면 하천 중심의 전통 생활권을 파악하는 데 유용하다. 즉, 교통이 불편했던 과거에는 사람들이 높은 산을 넘어 왕래하기가 어려웠기 때문에 분수계 안에 흐르는 하천을 중심으로 문화, 언어, 음식 등이 비슷한 하나의 생활권을 형성하였다.

▲산경도

　산경도에서는 각각 하나의 대간大幹과 정간正幹, 즉 백두 대간과 장백 정간, 그리고 13개의 정맥正脈으로 우리나라의 산지를 표현하였는데, 간幹은 기본이 되는 큰 줄기를 말한다. 백두산을 기준 조산祖山으로 삼아 대간이라 칭한 것을 볼 때 조상들이 백두 대간을 우리 민족의 정기가 흐르는 통로로 인식했음을 알 수 있다. 이러한 이유로 자연 보호 운동가들이 산을 파괴하는 무분별한 개발을 하지 말아야 한다는 주장을 내세울 때 산경도를 활용하기도 한다.

주제 **3**

산맥도
〔뫼 산 山, 줄기 맥 脈, 그림 도 圖〕
지질 구조선을 기준으로 표현한 산지 인식 체계

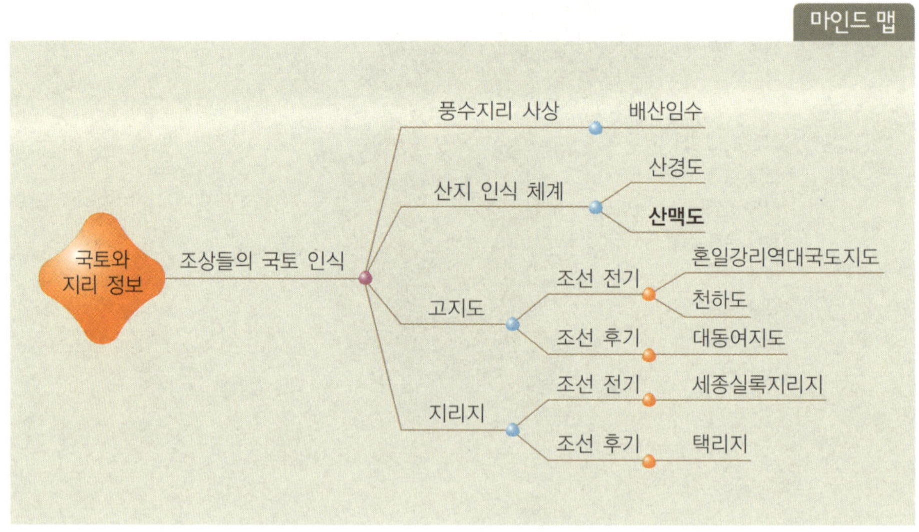

■**지질 구조선**(地質構造線): 주로 지각 운동에 의해서 지층, 기반암 등에 형성되는 선 구조.

■**경동성 요곡 운동**(傾動性撓曲運動): 지층이 어느 한쪽으로 치우쳐 융기하는 운동.

■**송림 운동**(松林運動): 중생대 트라이아스기에 한반도 북부 지방에서 일어난 지각운동.

■**대보 조산 운동**(大寶造山運動): 중생대 쥐라기~백악기에 한반도 전역에서 일어난 지각 운동으로 화강암의 관입이 수반되었다.

우리나라의 산맥도는 일본의 지질학자 고토 분지로가 1900년 말부터 1902년 초까지 두 차례에 걸쳐 한반도를 답사한 후에 땅속의 지질 구조선■을 기준으로 같은 시기, 같은 요인에 의해 형성된 산들을 선으로 연결한 것을 시작으로 한다. 그 후 여러 차례 수정되어 지금의 산맥도가 만들어졌다.

산맥도에 따르면 우리나라의 산줄기는 신생대 제3기 경동성 요곡 운동■으로 형성된 태백산맥·낭림산맥 등의 한국 방향 산맥, 중생대 송림 운동■으로 형성된 강남산맥·적유령산맥·묘향산맥 등의 랴오둥 방향 산맥, 중생대 대보 조산 운동■으로 형성된 차령산맥·노령산맥·소백산맥 등의 중국 방향 산맥으로 나뉜다.

산맥도는 땅속의 지질 구조선을 기준으로 하기 때문에 한반도의 형성 과정

▲차령산맥을 통과하는 남한강

◀산맥도

과 지하자원 및 토양의 분포 등을 파악하는 데 유용하다.

한편 산맥도에서는 남한강이 차령산맥을 통과하는 등 여러 차례 강에 의해 산맥이 끊기는 것을 확인할 수 있다. 이는 땅 위의 분수계를 기준으로 표현한 산경도에서는 불가능한 일이지만, 땅속의 지질 구조선을 기준으로 한 산맥도에서는 가능한 일이다. 산맥도에서는 겉모습이 끊어져 있어도 땅속이 연결되어 있으면 하나의 산맥으로 생각하기 때문이다.

Tip 산경도와 산맥도는 제작 기준이 다르기 때문에 서로 활용하는 분야가 다르다는 점을 꼭 기억해 주세요. 산경도는 하천 중심의 생활권을 파악할 때, 산맥도는 땅속의 지질 구조를 파악할 때 주로 활용한답니다.

혼일강리역대국도지도

〔섞을 혼 混, 한 일 一, 지경 강 疆, 다스릴 리 理, 책력 역 歷, 대신할 대 代, 나라 국 國, 도읍 도 都, 갈 지 之, 그림 도 圖〕

1402년에 제작된 우리나라 최초의 세계 지도

마인드 맵

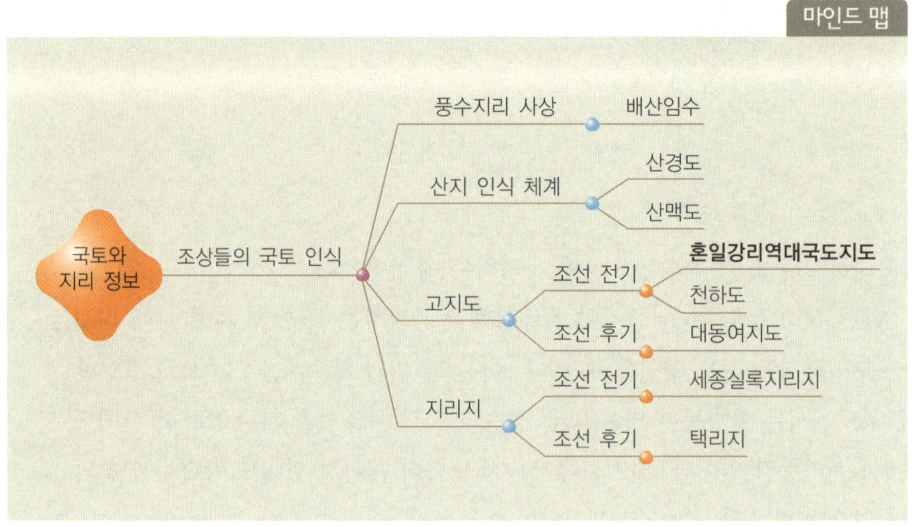

■ **관찬 지도**(官撰地圖): 관청(官)에서 편찬(撰)한 지도(地圖). 조선 전기에는 관, 즉 국가에서 편찬한 지도가 많았다.

■ **편찬도**(編纂圖): 실제로 측량한 결과를 근거로 제작하는 실측도와는 달리 기존의 지도나 통계 자료 등을 근거로 제작하는 지도이다.

우리나라에서 현존하는 가장 오래된 세계 지도로서 1402년태종 2년 김사형, 이회, 이무가 만든 관찬 지도■이다. 중국 원나라의 "혼일강리도" 등에 우리나라와 일본을 추가하여 새로 편집하여 만든 편찬도■이며, 조선 전기 우리 민족의 세계관을 이해할 수 있는 중요한 지도이다. 주요 지명은 중국 원나라 시대의 것들을 사용하였으며, 다양한 색상을 이용해 채색을 하였다.

지도를 보면 중국을 중심으로 왼쪽에는 유럽과 아프리카가, 오른쪽에는 우리나라와 일본이 있다. 중국이 지도의 중심에 가장 크게 자리 잡고 있어 중화 사상이 반영된 전형적인 지도라고 할 수 있다. 또한 우리나라가 일본보다 4배나 크게 그려져 있어 조선 건국의 정당성을 확보하고 왕권을 확립하려는 의도

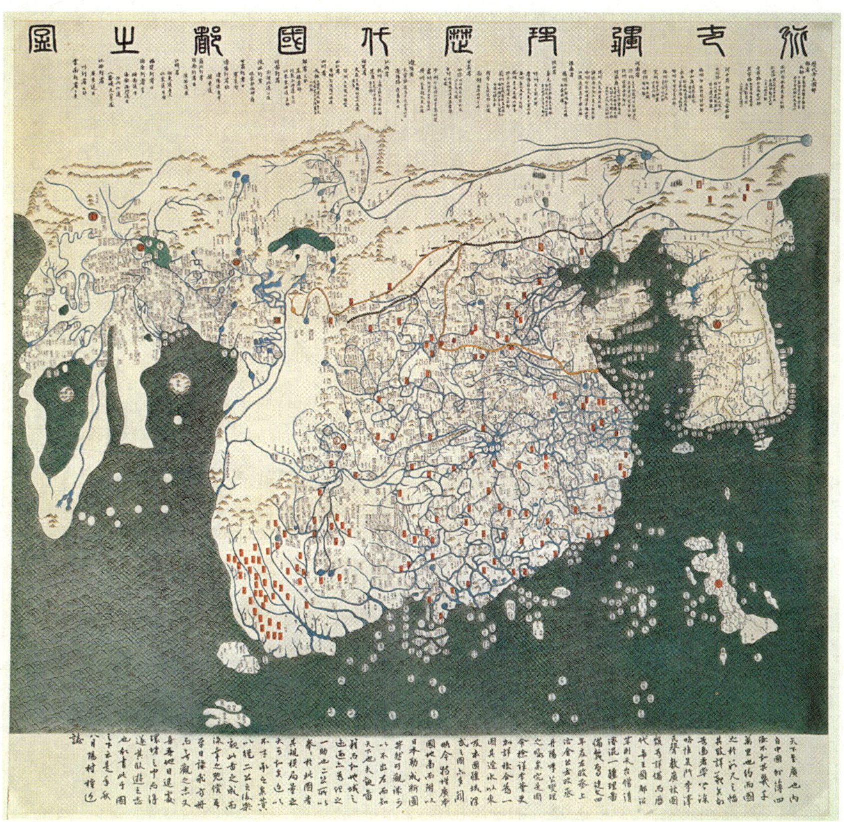

▲ "혼일강리역대국도지도"

가 지도 제작 바탕에 깔려 있음을 알 수 있다.

　한편 이 지도는 아시아, 아프리카, 유럽을 포함하고 있지만 지중해를 강으로, 인도 반도를 단순한 해안선으로 표현하는 등 지도의 왜곡이 심하다. 이는 지도 제작 당시 유럽과 아프리카, 인도 등지에 대한 자세한 정보가 없었기 때문일 것이다.

주제 **5**

천하도 〔하늘 천 天, 아래 하 下, 그림 도 圖〕

조선 중기부터 제작된 원형의 세계 지도

마인드 맵

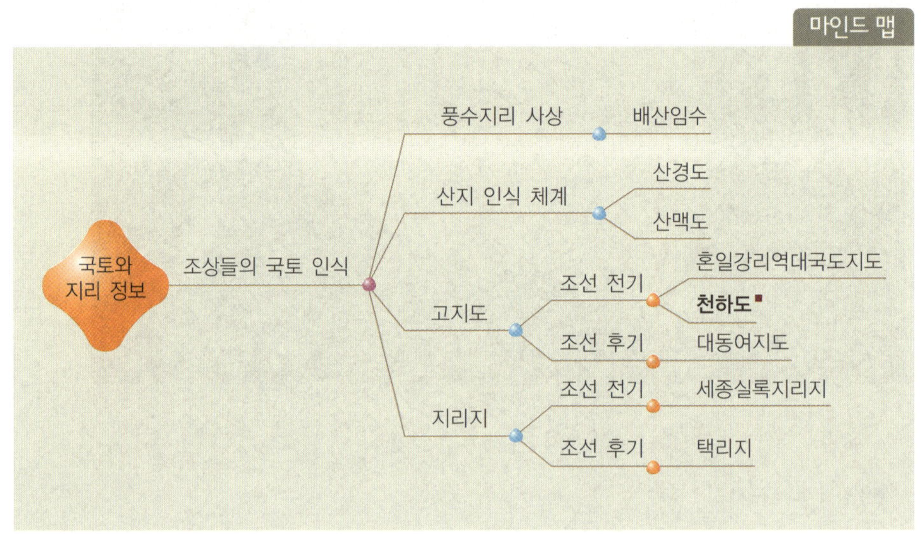

■ **"천하도"**의 제작 시기는 확실하지 않지만 조선 중기 숙종 시대로 추정되며, 중화 사상의 특징이 반영되어 있으므로 마인드 맵에 조선 전기 지도로 분류하였다.

　조선 중기부터 제작된 상상의 세계 지도로 전체적인 형태가 둥글다. 바깥에 약간 네모진 형태의 환대륙과 안쪽에 중심 대륙, 그 사이의 바다인 내해와 바깥쪽을 둥글게 감싼 외해 등 2개의 대륙과 2개의 바다로 세계를 표현하였다. 바로 '하늘은 둥글고 땅은 네모지다'는 동양의 전통 사상을 보여 주는 지도이다. 또한 중심 대륙의 한가운데에 중국이 위치하고 있어 중국 중심의 중화사상이 반영되었음을 알 수 있다

　"천하도"에는 중국, 조선, 일본 등 100여 개의 나라 이름이 나오지만 대부분 가상의 국가들이다. 여기에는 중국의 "산해경"이라는 지리서에 나오는 상상 속의 나라들이 포함되어 있다. 당시에는 중국과 거리가 멀수록 미개한 취급을 받았는데, 이 지도에서 실제의 국명들은 대부분 중심 대륙에 위치하며 가상의

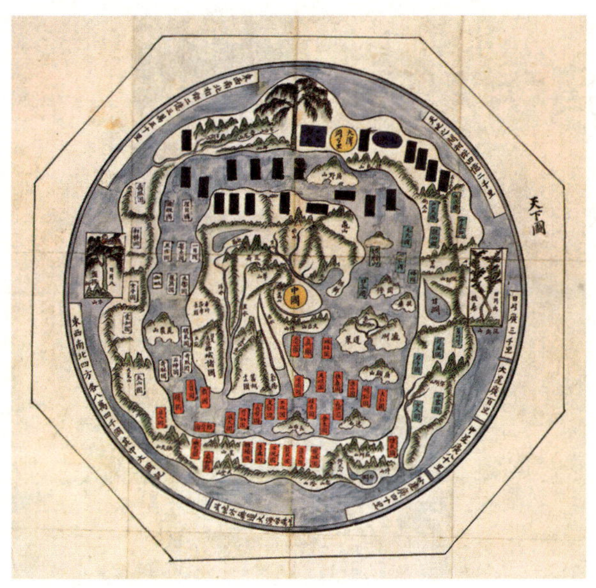

▲ "천하도"

국가들은 대체로 내해와 환대륙에 위치하고 있다.

　"천하도"는 현실에서는 사용할 수 없는 장식용 지도로 추정되며, 중세 유럽의 기독교 사상이 반영된 "TO 지도■"와 성격이 유사하다. 하지만 그 내용이 전혀 다를 뿐만 아니라 중국, 일본 등에서는 찾아볼 수 없는 우리나라 고유의 세계 지도이다.

Tip "천하도"에 나오는 상상 속의 나라들로는 머리가 3개인 사람들이 사는 삼수국(三首國), 온몸이 털로 덮인 사람들이 사는 모민국(毛民國), 눈이 하나인 사람들만 사는 일목국(一目國), 여자들만 사는 여인국(女人國) 등이 있어요.

■ **"TO 지도"**: 중세 유럽에서 사용하던 지도로 당시 유럽인들의 세계관이 반영되어 있다. 원형의 큰 대륙 주위를 바다가 감싸고 있으며, 대륙을 T자 형태로 가로지르는 바다가 있고, 중앙에는 예루살렘이 위치한다.

▲ "TO 지도"

주제 **6**

대동여지도

〔클 대 大, 동녘 동 東, 수레 여 輿, 땅 지 地, 그림 도 圖〕
고산자 김정호가 1861년에 제작한 우리나라 지도

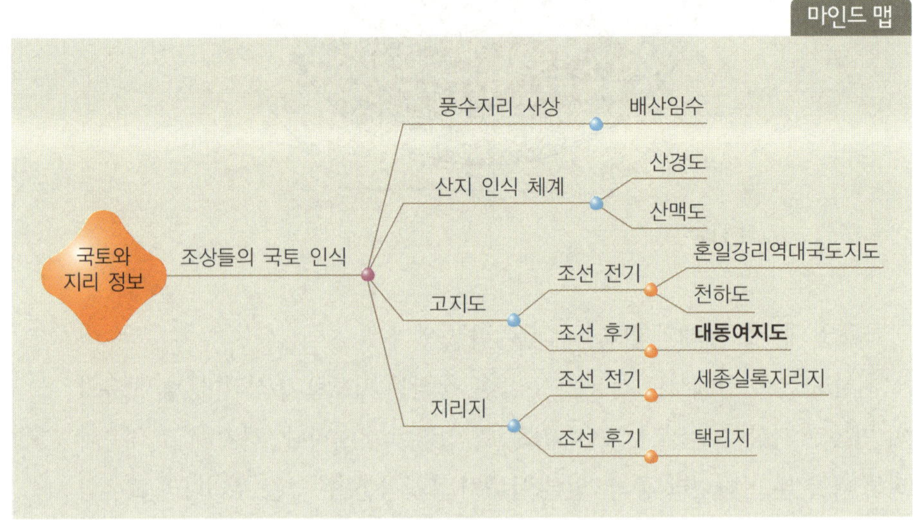

　　1861년철종 12년에 김정호가 만든 목판본 전국 지도로 전체 크기가 가로 약 4m, 세로 약 7m에 이른다. 우리나라를 남북으로 22층으로 나누고 하나의 층을 다시 동서 방향으로 19판으로 나눈 후, 각 층의 판을 연결하여 한 첩을 만들었는데, 이들 총 22첩의 지도를 상하로 연결하면 전국 지도가 되도록 하였다. 각 첩은 병풍처럼 쉽게 접고 펼 수 있게 분첩절첩식分帖折疊式으로 만들어 휴대가 편리하고 실용성이 뛰어나다. 또한 126개의 목판 면에 지도를 새겨 찍어 냈기 때문에 대량 인쇄를 통한 지도의 보급이 가능해져 지도의 대중화에 기여하였다.

　　지도의 이름에서 '대동'은 '동쪽의 큰 나라'라는 뜻이다. 즉 "대동여지도"는 '동쪽 큰 나라의 지도'라는 뜻으로 중국의 영향을 벗어난 자주 의식이 반영된

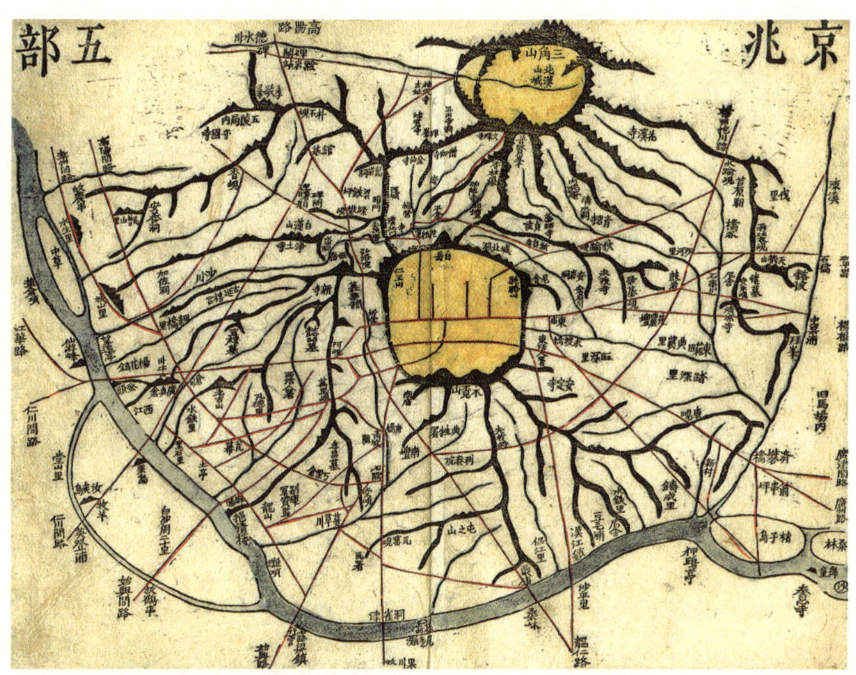

▲ "대동여지도" 중 한양을 그린 '경조오부도'

지도이다.

　한편 "대동여지도"는 도시, 역참, 창고 등을 각종 기호로 정한 '지도표'를 사용하였는데, 이는 현대 지도의 범례에 해당하는 것으로 14개 항목 22종이 표시되어 있다. 또한 축척을 나타내는 표시는 지도에 없지만 도로를 나타내는 선에 10리마다 점을 찍어 실제 거리를 알 수 있도록 제작하였다. 해안선의 형태가 실제와 거의 비슷하며, 등고선이 없어 정확한 높이가 표현되지는 않지만 낮은 산지는 가늘게, 높은 산지는 굵게 표현하여 차이를 두었다.

▲ "대동여지도"의 지도표와 그 해석

주제 **7**

세종실록지리지

〔인간 세 世, 마루 종 宗, 열매 실 實, 기록할 록 錄, 땅 지 地, 다스릴 리 理, 뜻 지 志〕
조선 전기에 간행된 "세종실록"에 수록된 전국 지리지

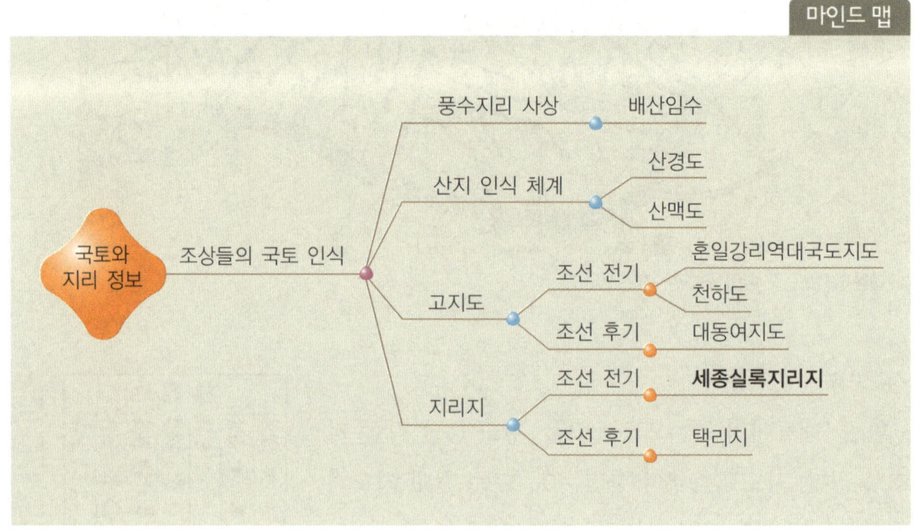

■**지리지**(地理誌): 일정한 지역의 지리적 특성을 종합적 혹은 부문별로 서술한 책으로 지지(地誌)라고도 한다.

조선 제4대 왕인 세종의 재위 기간 동안의 역사를 기록한 "세종장헌대왕실록世宗莊憲大王實錄: 세종실록"에 실려 있는 전국 지리지■이다. 1454년단종 2년에 편찬되었으며, "세종실록" 제148권에서 제155권8권 8책에 해당한다.

세종의 재위 초기 전국의 상황이 기록되어 있는데 각 도의 인구·면적·거리 등이 정확한 수치로 기록되어 있으며, 기온·강수·바람 같은 기후 현상과 각 지방의 풍속이나 민속 및 특산물 등이 기록되어 있다.

조선 전기에 만들어진 지리지는 대부분이 국가 건국 후 통치에 필요한 자료를 수집하기 위해 국가에서 만든 관찬 지리지가 많았는데, 그중에 대표적인 것이 "세종실록지리지"이다.

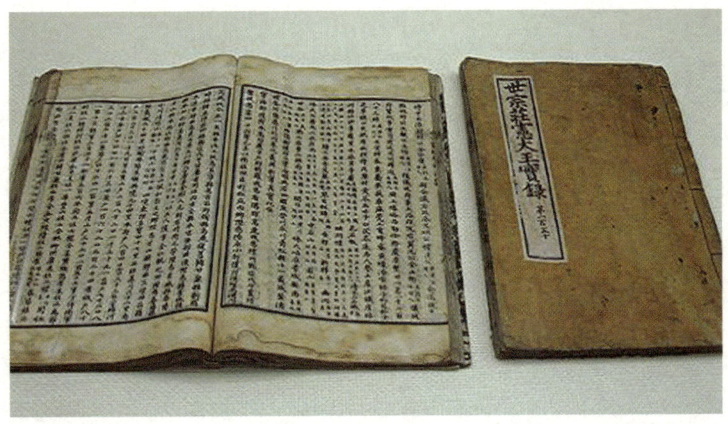
▲ "세종실록지리지"

　"세종실록지리지"는 지지地誌의 체제를 갖춘 현존하는 최고最古의 독자적인 전국 지리지이며, 국가의 통치 체제를 확립하기 위한 자료로 편찬되었기 때문에 당시 전국 각 지역의 사정을 종합적으로 반영하고 있다. 또한 사회·경제·행정·군사적인 내용을 정확하고 상세하게 기록하였다는 특징이 있다.

Tip　조선 전기 지리지 서술의 특징은 설명식 기술이 아니라 백과사전식으로 나열하였다는 것이에요. 따라서 내용이 서로 연결되어 어떠한 의미를 지닌다기보다는 다양한 정보를 그냥 쭉 나열해 놓았다고 보면 돼요.

택리지 〔가릴 택 擇, 마을 리 里, 뜻 지 志〕

조선 후기 실학사상이 반영된 인문 지리지

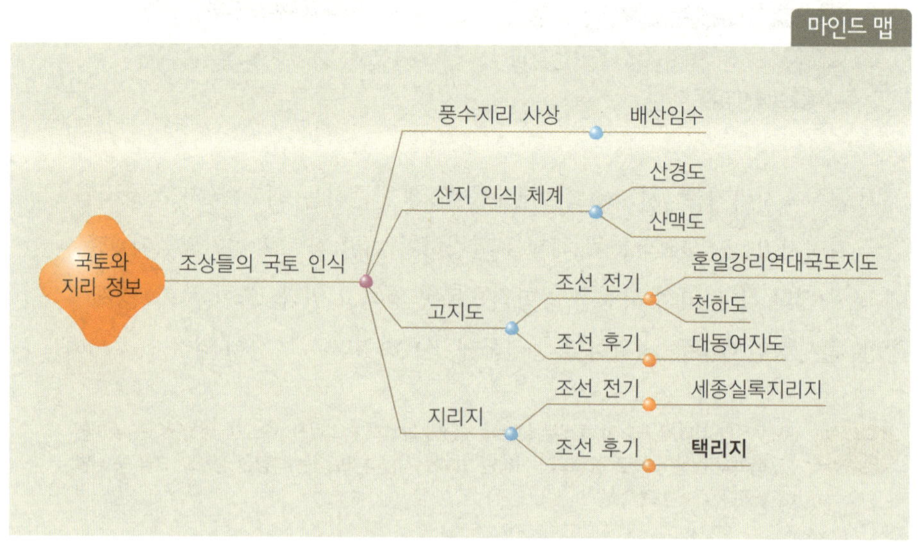

조선 후기 1751년영조 27년에 실학자 이중환이 쓴 인문 지리지이다. 책의 내용은 사민총론, 팔도총론, 복거총론, 총론 등으로 구성되어 있는데 팔도총론과 복거총론이 주를 이루고 있다.

'팔도총론八道總論'에서는 강원도, 경상도, 전라도, 평안도, 함경도, 황해도, 충청도, 경기도 등 우리나라 8도 전역의 지리를 논하고 각 지방의 지역성을 출신 인물과 연관지어 서술하였다. '복거총론卜居總論'에서는 인간이 살 만한 거주지의 조건인 지리지형, 물길 등, 생리경제적 이득, 인심좋은 이웃 관계, 산수아름다운 경치에 대해 서술하였다. 이를 통해 당시의 사람들이 가지고 있던 주거지 선호의 기준을 알 수 있다.

또한 '사민총론四民總論'에서는 선비사, 농민농, 수공업에 종사하는 장인공, 상인상, 즉 사농공상의 유래 및 사대부의 역할과 사명, 국가를 구성하는 백성들의 역할에 대해 기술하였다.

한편 이중환은 실학자답게 실제 생활에 도움을 주고자 다양한 지리 정보를 "택리지"에 수록하였다. 특히 자연 지리적 현상에도 관심을 가지고 있어 한탄강 주변의 현무암 주상 절리를 "마치 벌레가 먹은 것 같다."라고 표현하였다. 하지만 지도와 그림이 하나도 없다는 점은 아쉬운 점이라고 할 수 있다.

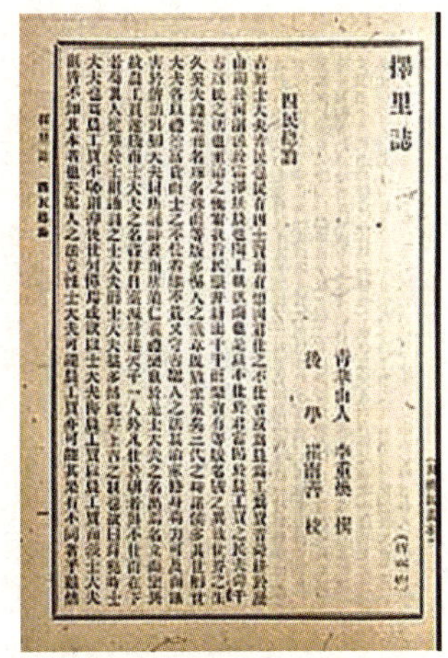

▲ "택리지"의 일부분

Tip 조선 후기에는 다양한 지리지가 편찬되었어요. 서양 세계와 세계 지리를 최초로 소개한 이수광의 "지봉유설", 전국의 역참과 도로망을 정리한 신경준의 "도로고", 우리나라의 영역에 대해 서술한 정약용의 "아방강역고" 등이 있지요. 이들 지리지는 조선 전기 지리지의 백과사전식 나열과는 달리 설명식 기술을 사용했다는 차이점이 있어요.

주제 **9**

지리 조사 〔땅 지 地, 다스릴 리 理, 고를 조 調, 조사할 사 査〕
어떤 장소의 지리 정보를 얻기 위한 일련의 활동

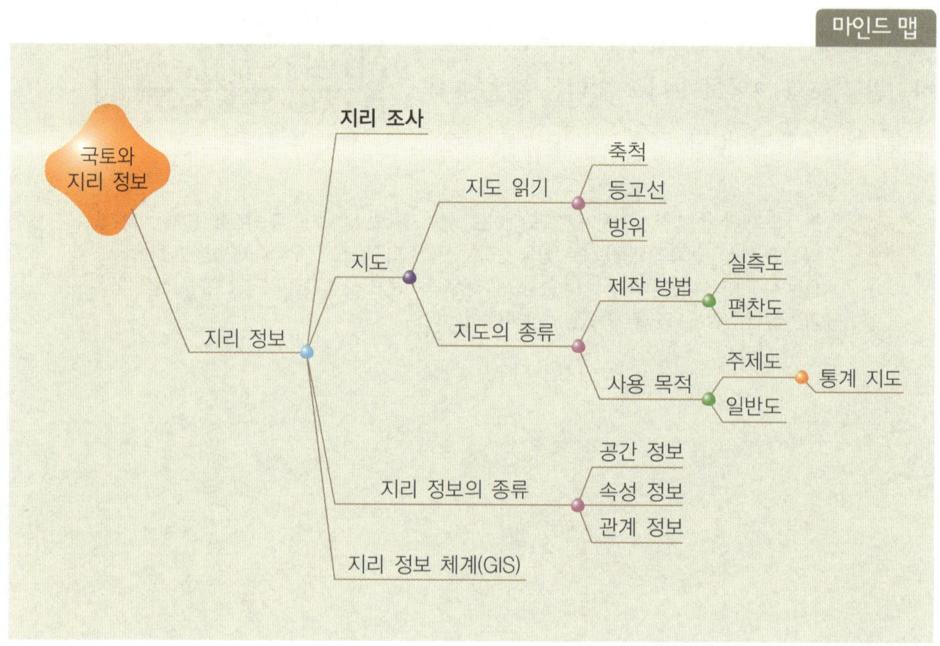

■**지리 정보**: 지표에서 일어나는 자연적·인문적 현상들이 공간상에 어떻게 분포되어 있으며 어떻게 상호 작용하는지에 대한 정보.

　지리 조사의 목적은 지리 정보■를 수집·관찰·분석·종합하여 지역의 특성을 파악하고 지리 현상에 대한 원리를 파악하는 데 있다. 지리 조사는 다음과 같은 순서에 따라 실시한다.

　① 조사 주제 선정: 주제를 결정하여 지리 조사의 전체적인 방향을 결정하는 단계.

　② 조사 지역 선정 및 계획: 조사 주제와 관련된 지역을 선정하고 지리 조사의 계획을 수립하는 단계.

　③ 실내 조사: 조사 지역 또는 주제와 관련된 자료들을 분석해 야외 조사에

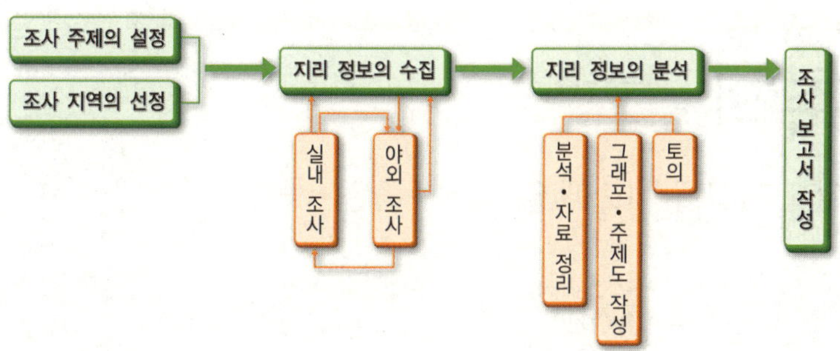

▲지리 조사의 순서

필요한 지식을 얻는 것으로 인터넷 검색, 문헌 및 통계 자료 조사, 설문지 제작, 이동 경로도 작성 등을 하는 단계.

④ 야외 조사: 조사 지역에 직접 가서 하는 모든 조사 활동으로 관찰, 사진 촬영, 면담, 설문, 답사 노트 기록 등을 하는 단계.

⑤ 자료 정리 및 분석: 설문지를 종합하여 통계를 내고, 수집한 각종 자료를 지도화 및 그래프화하고 모둠별 토의 등을 실시하며 정리하는 단계.

⑥ 보고서 작성: 조사한 내용을 토대로 보고서를 작성하여 지리 정보를 완성하는 단계. 보고서에는 이동 경로도, 촬영한 사진, 통계 자료 등을 첨부하면 좋다.

Tip 모둠별 토의는 지리 정보를 분석하고 자료를 정리한 다음에 실시하는 것이 가장 적합해요.

축척 〔줄일 축 縮, 자 척 尺〕
scale

실제 거리를 지도에 일정하게 줄인 비율

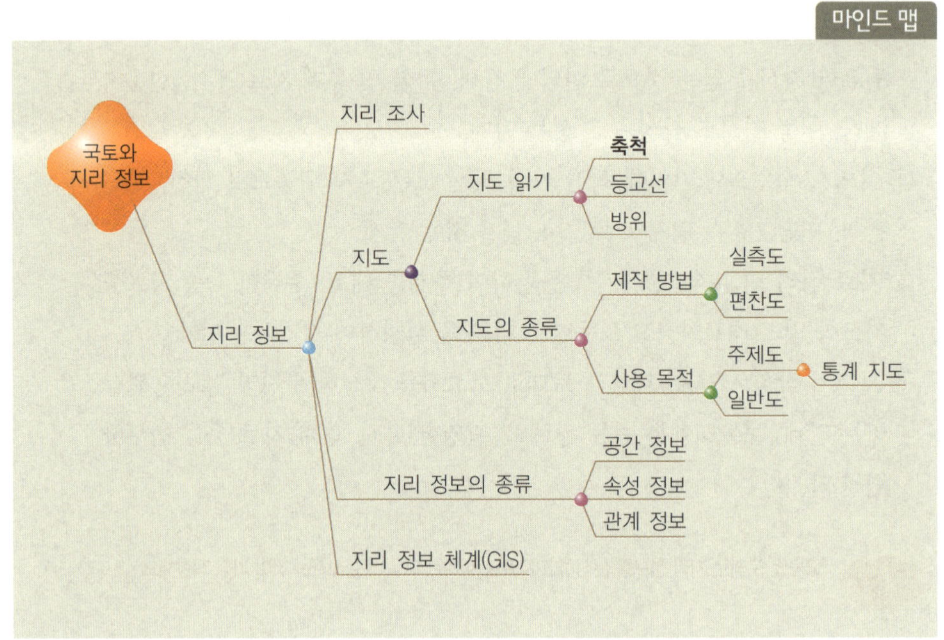

　실제로는 넓은 면적의 다양한 내용이 종이 한 장에 표현되어 있는 지도를 본 적이 있을 것이다. 커다란 실물을 작은 지도에 옮겨 놓으려면 소인국처럼 작게 축소해야 하는데, 실물을 어느 정도 줄였는지 나타내는 축소 비율을 축척이라고 한다. 예를 들어 어떤 지도의 축척이 1:50,000이라는 것은 실제 거리 50,000cm를 지도상에는 1cm로 표현했다는 것을 의미한다.

　축척은 대축척과 소축척으로 나눌 수 있다. 이것은 상대적인 개념으로 좁은 지역을 자세하게 표현하였으면 대축척 지도, 넓은 지역을 간략하게 표현하였으면 소축척 지도라고 한다. 대축척 지도와 소축척 지도를 비교할 때는 분수값

분수식을 비교하여 그 값이 크면 대축척 지도, 그 값이 작으면 소축척 지도라고 한다.

대축척 지도는 어떤 지역을 답사하면서 자세한 정보가 필요할 때 활용하고, 소축척 지도는 전체적인 윤곽이나 흐름, 이동 경로 등을 파악할 때 사용하면 좋다.

축척을 지도에 표현하는 방법에는 비례식, 분수식, 축척자식(줄인자식)이 있다.

▲축척의 표현 방법

등고선 〔무리 등 等, 높을 고 高, 줄 선 線〕
contour line

평균 해수면을 기준으로 같은 높이의 지점을 연결한 선

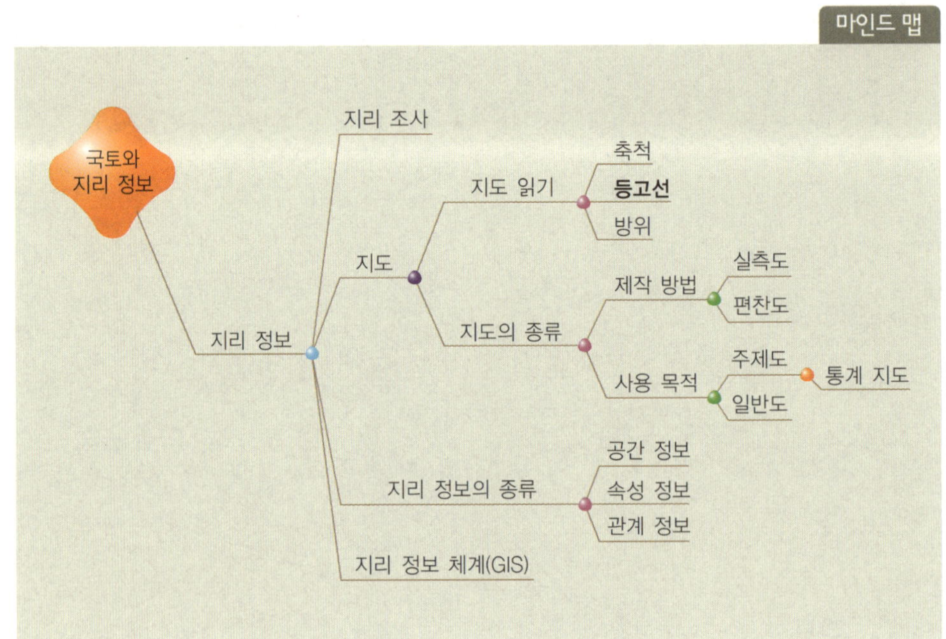

 등고선은 밀물과 썰물의 중간인 평균 해수면에서부터 같은 높이의 지점을 연결한 선으로, 지도의 높낮이와 경사 등 입체감을 표현하는 중요한 요소 중의 하나이다.

 등고선의 특성은 다른 높이의 선과 겹치지 않으며 끊어짐이 없이 하나로 연결된다는 점이다. 등고선의 간격이 좁으면 경사가 급한 급경사, 간격이 넓으면 경사가 완만한 완경사, 등고선이 산 정상을 향해 오목하게 나타나면 계곡, 반대로 볼록하게 나타나면 능선을 표현한 것이다.

 등고선의 종류에는 두꺼운 실선인 계곡선, 가는 실선인 주곡선, 긴 점선인

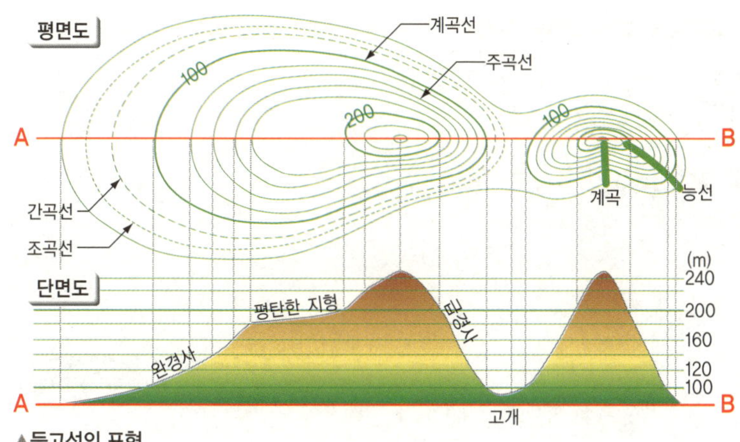

▲ 등고선의 표현

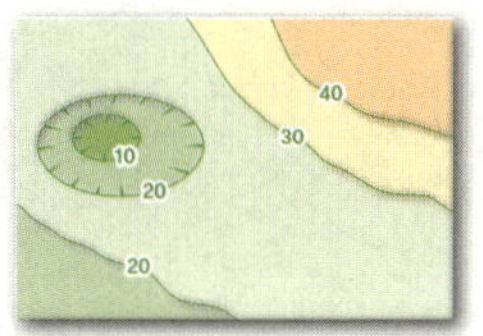

축척 종류	1:5만	1:2.5만	표시법
계곡선	100m	50m	——
주곡선	20m	10m	——
간곡선	10m	5m	-----
조곡선	5m	2.5m	······

▲ 등고선의 종류와 축척의 관계

간곡선, 짧은 점선인 조곡선이 있다. 여기서 주의할 점은 위의 표와 같이 지도의 축척에 따라 선이 나타내는 간격이 다르다는 점이다.

Tip 일반적인 등고선은 바깥쪽에서 안쪽으로 들어갈수록 고도가 높아지지만 저하 등고선(低下等高線)은 안쪽으로 들어갈수록 고도가 낮아져요. 저하 등고선에는 눈금 표시를 하여 일반 등고선과 구분한답니다. 분화구, 웅덩이, 돌리네(Doline) 등과 같이 땅이 움푹 파인 곳을 표현할 때 사용해요.

▲ 저하 등고선의 표현

주제 **12**

방위 〔모 방 方, 자리 위 位〕

지도의 방향을 나타내는 표시

마인드 맵

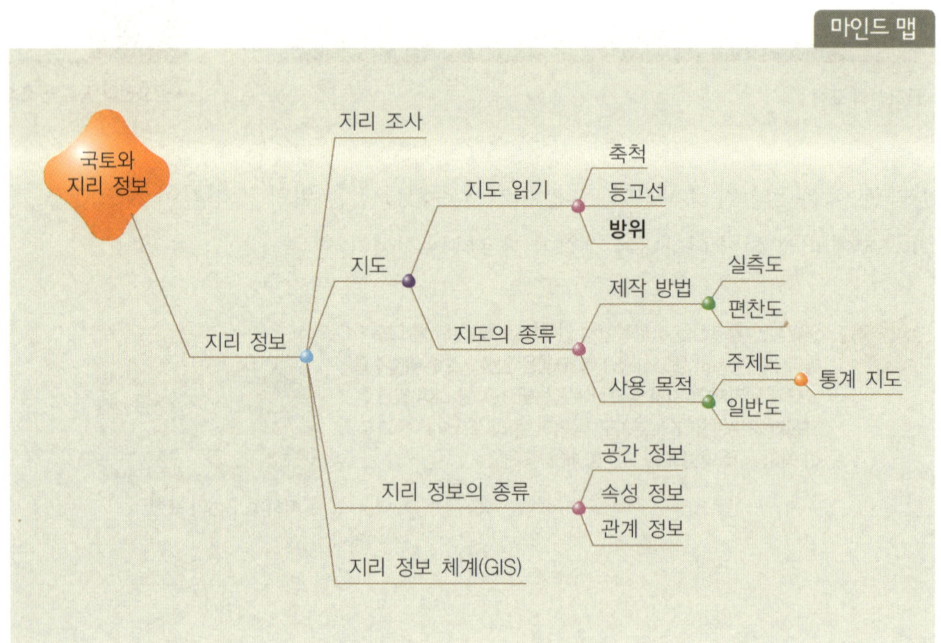

방위는 보통 방향과 같은 의미로 쓰인다. 일반적으로 지구의 남극과 북극을 연결한 자오선을 기준으로 남쪽과 북쪽을 정하고, 이 자오선과 수직으로 만나는 선의 양쪽 방향이 동쪽과 서쪽으로 정해진다. 이것이 우리가 흔히 사용하는 동서남북의 4방위이다. 이 4방위를 기준으로 나눈 8방위와 16방위, 32방위 등이 실생활에 많이 사용된다.

지도에서는 일반적으로 다양한 기호를 사용하여 방향을 나타내는데, 때로는 지도에 방향이 표시되지 않는 경우도 있다. 이럴 때는 지도의 위쪽이 북쪽, 아래쪽이 남쪽, 오른쪽이 동쪽, 왼쪽이 서쪽에 해당된다.

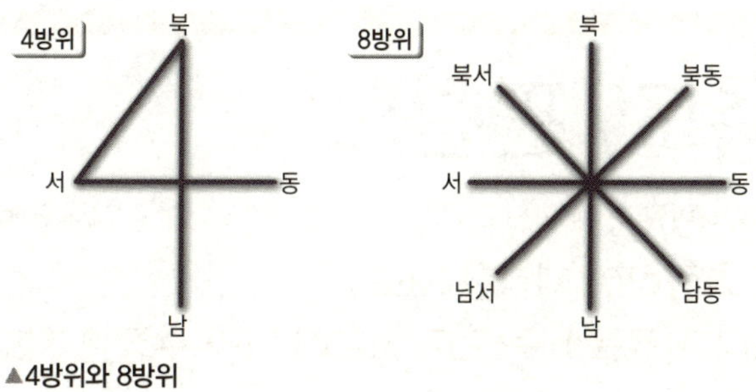

▲4방위와 8방위

Tip 지도에는 방위를 명확하게 표현하기 위해 지구 상의 실제 북쪽인 진북(眞北), 나침반의 자침이 가리키는 북극인 자북(磁北), 지도상의 북쪽인 도북(圖北)과의 편차를 각각 표시하고 있어요.

주제 13

실측도 / 편찬도

〔열매 실 實, 헤아릴 측 測, 그림 도 圖〕 / 〔엮을 편 編, 모을 찬 纂, 그림 도 圖〕

실제로 측량하여 제작한 지도 /
실측도나 자료를 바탕으로 필요에 따라 수정한 지도

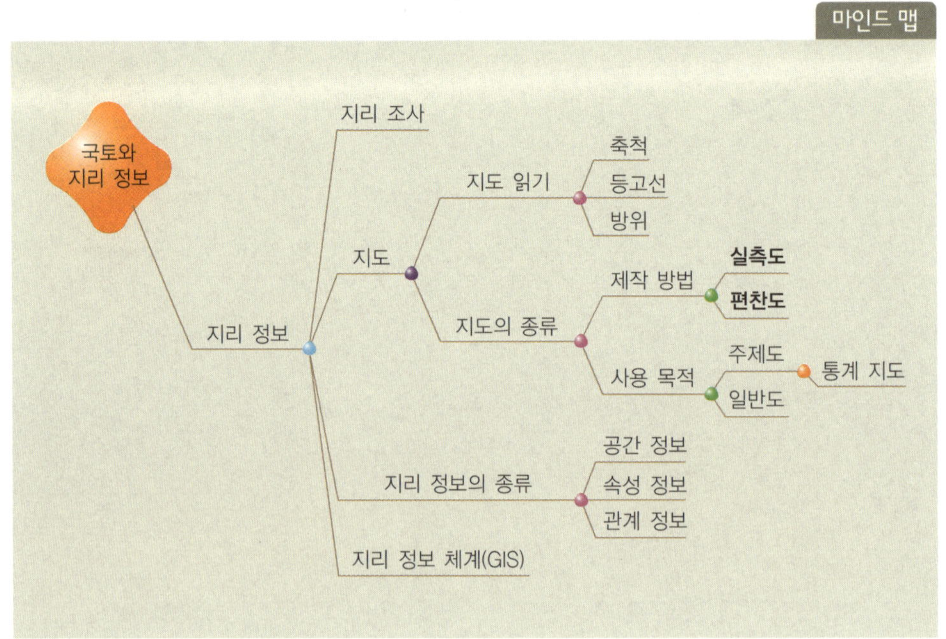

지도는 제작 방법, 축척, 그리고 사용 목적에 따라 구분하는데, 제작 방법에 따라 실측도와 편찬도로 구분할 수 있다.

실측도는 실제로 측량하거나 조사해서 제작한 지도 또는 실제 촬영한 인공위성 사진, 항공 사진 등을 활용하여 제작한 지도로 지도의 축척을 이용하여 실제의 모습을 정확히 파악하기에 편리한 지도이다.

실측도의 예로는 바다의 수심을 측정하여 나타낸 '해도'▪, 각종 지형지물을 표현한 '지형도', 주소에 따른 해당 번지의 면적을 나타낸 '지적도' 등이 있다.

▪**해도**(海圖): 항해에 사용할 목적으로 바다의 상태를 자세히 기록한 지도로 수심, 해저의 성질, 암초의 위치, 조류의 방향, 등대의 위치, 연안의 약도 등이 나와 있다.

편찬도는 실제로 측량하지 않고 기존의 지도나 각종 자료를 편집하여 만든 지도를 말한다. 때로는 사용자의 편의에 따라 지도를 수정하기도 하고, 제작자의 지리적 사상 등을 담아서 지도를 만들기도 한다.

편찬도의 예로는 지구를 적절한 도법을 활용하여 편집하여 제작한 '세계 지도'나 1 : 50,000 지도를 바탕으로 제작한 '지세도'■ 등이 대표적이다.

▲ **실측도 중 해도**
거문도 일대로 숫자는 수심을 나타낸다.

■ **지세도**(地勢圖): 지표의 상태를 나타낸 지도로 지형도보다 생략된 내용은 많지만 넓은 지역을 개관하는 데 편리한 지도이다.

▲ **편찬도 중 세계지도**
실측도를 바탕으로 편집한 대표적인 편찬도이다.

주제 **14**

통계 지도

〔거느릴 통 統, 셀 계 計, 땅 지 地, 그림 도 圖〕

지리 정보를 도형이나 점·선·면 등으로 표현한 지도

마인드 맵

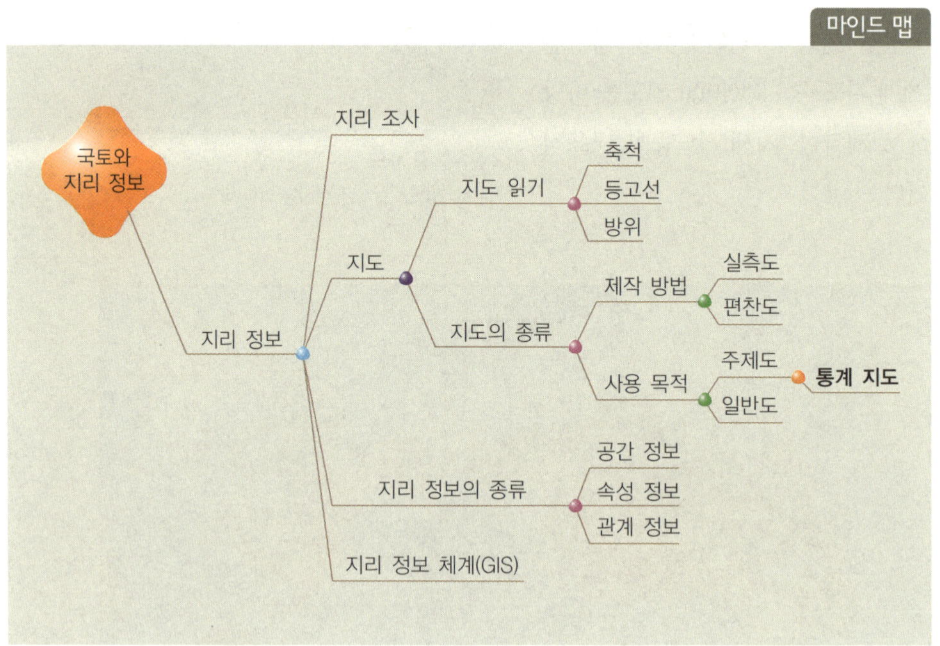

　통계 등을 통해 수치화된 지리 정보를 한눈에 알아보기 쉽도록 점, 선, 면, 색상, 도형 등을 활용하여 지도로 표현한 것을 통계 지도라고 한다. 통계 지도의 종류에는 유선도, 점지도점묘, 등치선도, 단계 구분도, 도형 표현도 등이 있다. 같은 지리 정보라고 할지라도 통계 지도의 종류에 따라 다르게 표현되므로 지리 정보를 지도에 나타낼 때에는 알맞은 통계 지도를 선택해야 한다.

　'유선도'는 정보나 물자 등의 흐름을 화살표의 방향과 굵기를 이용해 이동 방향과 이동량을 나타낸 지도로 물자의 이동, 인구 이동 등을 표현하는 데 적합하다.

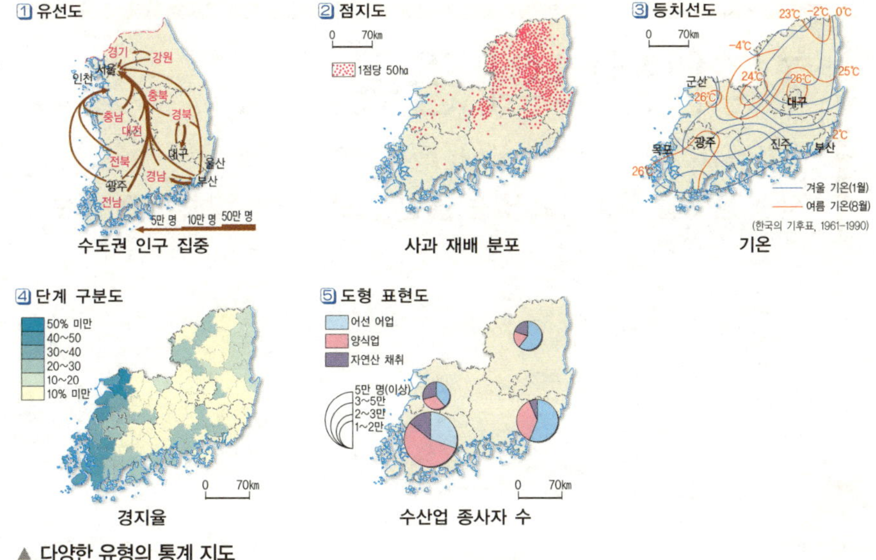

▲ 다양한 유형의 통계 지도

'점지도'는 일정한 수치를 점으로 표현한 통계 지도로 점의 수를 통해 분포나 밀도를 파악한다. 전국의 지하자원 분포, 인구 분포 등을 점지도로 표현하면 통계치의 높고 낮음을 한눈에 파악할 수 있다.

'등치선도'는 같은 수치를 나타내는 점들을 선으로 연결한 지도로 같은 높이를 연결한 등고선도, 같은 온도를 연결한 등온선도, 같은 기압을 연결한 등압선도 등이 있다.

'단계 구분도'는 다양한 통계 수치를 일정한 간격급간으로 나누어 색을 다르게 하거나 모양을 다르게 하여 표현한 통계 지도로 인구 밀도, 성비 등을 표현하는 데 적합하다.

'도형 표현도'는 원이나 막대 등의 도형을 이용하여 통계치를 표현한 지도로 지역별 비교와 크기를 나타내는 데 유용하다. 두 가지 이상의 통계 자료를 동시에 나타낼 수 있다는 장점이 있다.

> **Tip** 각각의 통계 지도를 어떤 경우에 사용하는지 예시를 알아 두는 것은 매우 중요해요. 예를 들면 전국의 젖소 분포는 점지도를, 가축의 종류와 총마릿수를 표현할 때는 도형 표현도를, 가축의 이동을 표현할 때는 유선도를, 가축을 사육하는 비율을 표현할 때는 단계 구분도를 사용하는 것이 좋아요.

지리 정보의 종류

〔땅 지 地, 다스릴 리 理, 뜻 정 情, 알릴 보 報, 씨 종 種, 무리 류 類〕
지리 정보를 구성하고 있는 공간 정보, 속성 정보, 관계 정보

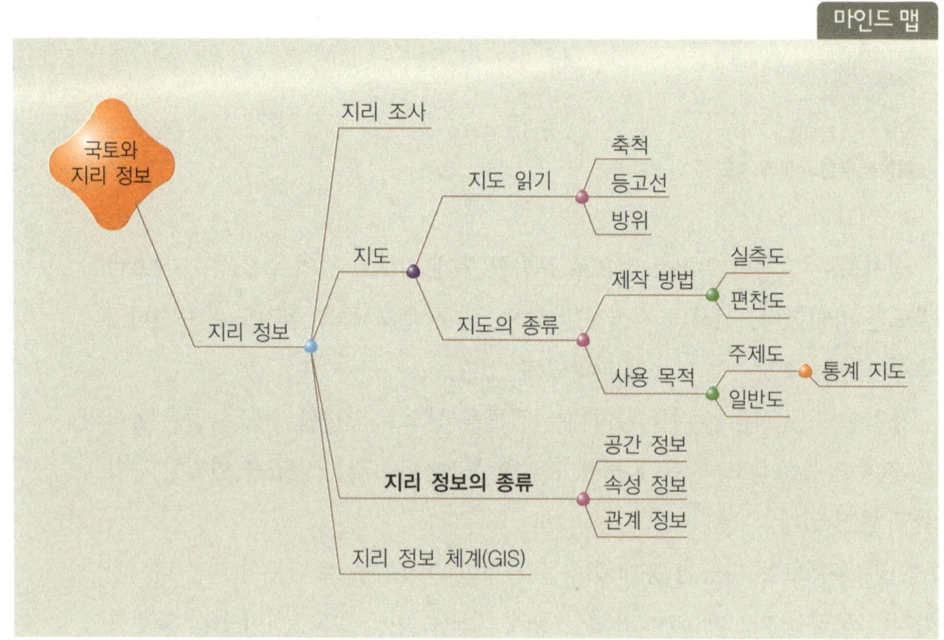

■**지리 정보**: 지표에서 일어나는 자연적·인문적 현상들이 공간상에 어떻게 분포되어 있으며 어떻게 상호 작용하는지에 대한 정보.

지리 정보■를 구성하고 있는 종류에는 공간 정보, 속성 정보, 관계 정보가 있다.

'공간 정보'는 어떤 장소의 위치나 형태 등에 관한 정보로 점·선·면 등의 형태로 표현된다. 즉 어떤 시의 행정 구역에 따른 위치나 시의 경계에 관한 정보가 공간 정보에 해당된다.

'속성 정보'는 어떤 장소의 특성을 설명하는 정보를 말하는데, 다양한 인문적·자연적 정보로 나타낸다. 예를 들면 어떤 시의 인구, 기온, 강수량, 특산물

▲중국의 인구 밀도를 나타낸 지도(속성 정보)

등이 속성 정보에 해당된다.

'관계 정보'는 장소 간 또는 지역 간에 일어나는 상호 작용이나 계층 관계를 설명하는 정보이다. 지리 정보를 얻고자 하는 지역 주변에 어떤 도시나 군이 분포하는지 등을 살펴보고 해당 지역들 간의 인접성, 계층성 등을 파악하는 것을 말한다.

수아는 1학년 1반에서 수업을 듣고 있고 안경을 쓴 여학생이며, 수아의 앞에는 용희, 뒤에는 우림, 옆에는 옥희와 철수가 있어요. 여기에서 1학년 1반은 공간 정보, 안경 쓴 여학생은 속성 정보, 수아 주변의 친구들은 관계 정보에 해당된답니다.

주제 **16**

지리 정보 체계

〔땅 지 地, 다스릴 리 理, 뜻 정 情, 알릴 보 報, 몸 체 體, 맬 계 系〕
geographic information systems: GIS
다양한 지리 정보를 수치화하여 컴퓨터에 입력·저장하고 이를 분석·종합하여 제공하는 정보 처리 체계

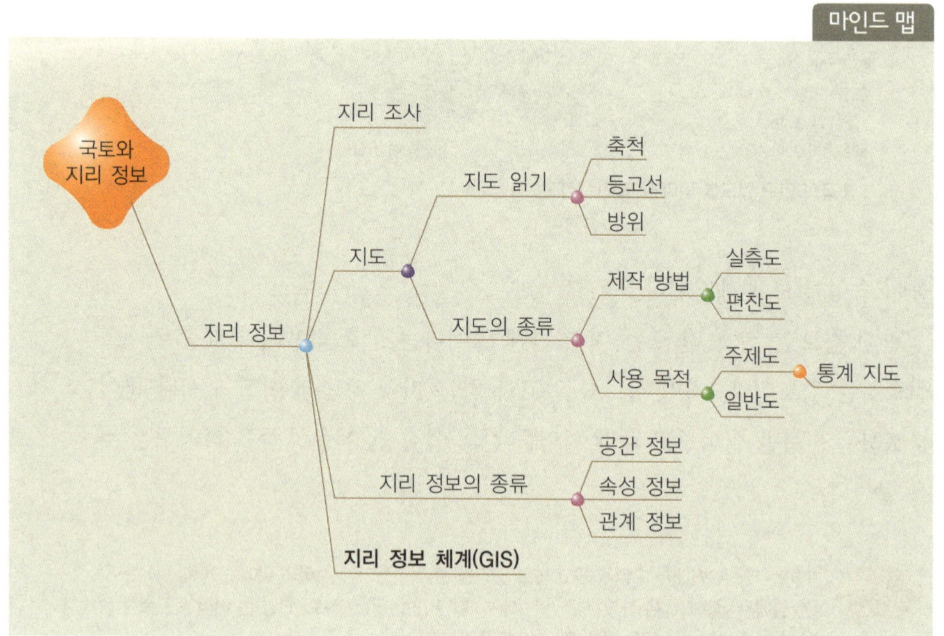

지리 정보 체계GIS는 수집한 다양한 지리 정보를 컴퓨터가 인식할 수 있도록 디지털화하여 수치 지도Digital Map로 작성하고, 이를 사용자의 필요에 따라 다양한 방법으로 분석·종합하여 제공하는 정보 처리 체계이다.

GIS는 복잡한 자료를 신속·정확하게 지도상에 나타낼 수 있으므로 각종 정보 분석에 소요되는 시간을 단축시켜 주며, 자료의 시각화가 편리하고, 종이 지도에 비해 지도의 축소·확대·중첩이 용이하다.

GIS는 공공시설이나 상점의 입지 같은 공간적 의사 결정▪은 물론 시설물의 관리나 재난·재해 관리, 도시 계획 등 다양한 분야에서 널리 활용된다. 우리가 일상생활에서 편리하게 이용하는 교통 안내 시스템도 GIS 활용 분야 중 하나이다.

Tip GIS를 이용하여 지리 정보를 분석할 때 기본이 되는 것은 조사 지역에 관한 다양한 주제도를 겹치는 중첩 분석을 한 다음 제시된 조건을 만족시키는 최적의 장소를 찾아내는 거예요. 이와 같이 다양한 주제도를 중첩하여 가장 적합한 지역을 선정하는 문제는 시험에도 자주 출제되고 있어요.

▪**공간적 의사 결정**: 일상생활에서 발생하는 공간과 관련된 문제를 해결하기 위한 의사 결정. '어디에, 무엇을 입지시키느냐'가 대표적인 예이다.

주제 **17**

수리적 위치

〔셈 수 數, 다스릴 리 理, 과녁 적 的, 자리 위 位, 둘 치 置〕

위도와 경도의 수치로 표현한 위치

마인드 맵

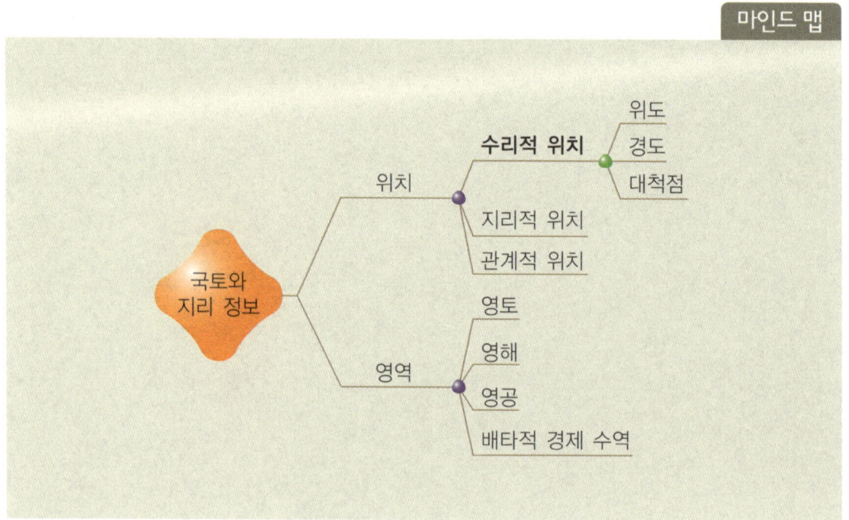

　어떤 장소 또는 어떤 나라가 어디에 위치하는지를 위도와 경도의 수치로 나타낸 것을 수리적 위치라고 한다. 위도와 경도는 지구 상의 위치를 나타내는 좌표축이다.

　위도는 좌표축의 가로선으로 적도를 기준으로 남북으로 평행하게 그은 선이다. 적도를 0°로 하고 남쪽의 것은 남위 0~90°로 북쪽의 것은 북위 0~90°로 나타낸다. 우리나라는 북위 33~43°에 위치한다.

　위도에 따라서 태양 에너지의 입사 각도가 달라지기 때문에 기후도 다르게 나타난다. 즉 적도를 기준으로 열대 기후, 온대 기후, 냉대 기후, 한대 기후가 순서대로 나타난다. 우리나라가 위치한 북반구의 중위도는 사계절이 뚜렷하고 냉대 기후와 온대 기후가 나타난다.

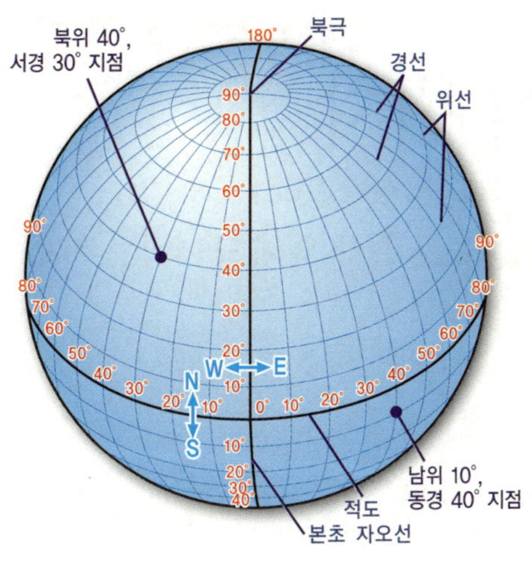

▲위도와 경도

경도는 좌표축의 세로선으로 영국의 구舊 그리니치 왕립천문대현재는 케임브리지에 위치 위를 지나는 본초 자오선prime meridian을 기준0°으로 동쪽의 것은 동경 0~180°, 서쪽의 서경 0~180°로 구분한다.

경도는 어떤 지역의 시간을 결정하는데, 지구는 둥근 '구'이기 때문에 전체가 360°이고 하루에 한 바퀴씩 자전을 하기 때문에 360°를 24시간으로 나누면 경도 15°마다 1시간의 차이가 생기는 것을 알 수 있다. 우리나라는 동경 124~132° 사이에 위치하며, 시간의 기준이 되는 표준 경선은 동경 135°를 사용하기 때문에 세계 표준시greenwich mean time: GMT보다 9시간이 빠르다.

지리적 위치

〔땅 지 地, 다스릴 리 理, 과녁 적 的, 자리 위 位, 둘 치 置〕
바다나 땅 등 지형지물에 의해 표현되는 위치

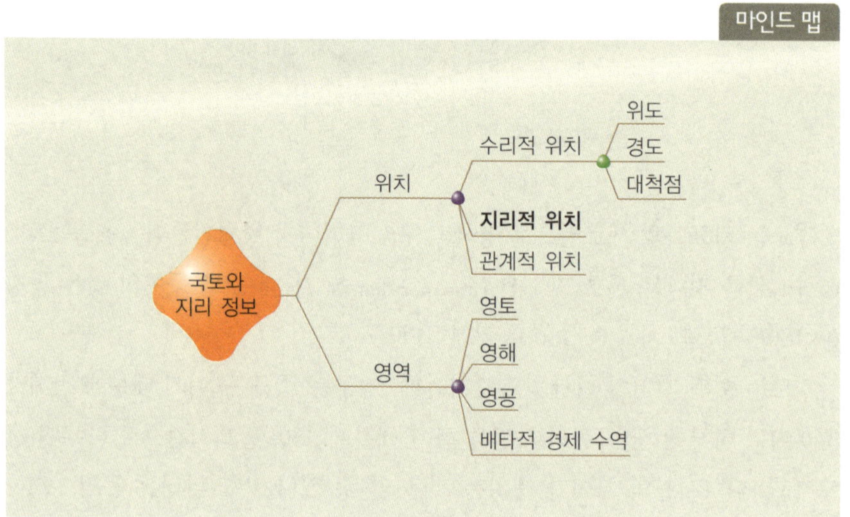

어떤 나라는 바다 한가운데에 있는 섬나라이고, 어떤 나라는 대륙의 한가운데에 위치한 내륙국이며, 또 어떤 나라는 바다와 육지의 중간에 위치한 반도국이다. 이처럼 바다나 땅 등 지형지물을 기준으로 표현되는 위치를 지리적 위치라고 한다.

우리나라의 지리적 위치는 먼저 유라시아 대륙의 동안東岸에 위치한다는 점이다. 따라서 연교차가 큰 대륙성 기후와 계절에 따라 풍향이 바뀌는 계절풍 기후가 나타난다. 중위도 대륙의 동안은 탁월풍▪인 편서풍이 대륙 쪽에서 불어오기 때문에 대륙의 성질이 강하여 연교차가 큰 대륙성 기후가 나타난다. 이와 반대로 대륙의 서안西岸은 편서풍이 바다에서 불어와 연교차가 작은 해양성 기후가 나타난다.

▪**탁월풍**(卓越風): 대기 대순환으로 인해 항상 일정한 방향으로 부는 바람. 무역풍, 편서풍 등이 해당한다.

▲지리적 위치에 따른 대륙의 동안과 서안 기후 특징

  또한 우리나라의 지리적 위치는 대륙과 해양의 중간인 반도국이라는 점이다. 따라서 대륙과 해양으로의 진출이 용이하고, 임해 공업과 원양 어업에 유리하다.

▲대륙과 해양으로 진출하기 유리한 우리나라의 지리적 위치

우리나라가 북반구의 중위도에 위치하여 사계절이 나타난다는 것은 수리적 위치의 특징이고, 유라시아 대륙의 동안에 위치하여 대륙성 기후와 계절풍 기후가 나타난다는 것은 지리적 위치의 특징이라는 것을 혼동하면 안 돼요.

관계적 위치

〔관계할 관 關, 맬 계 係, 과녁 적 的, 자리 위 位, 둘 치 置〕

어떤 국가와 그 주변 국가와의 관계로 나타나는 상대적인 위치

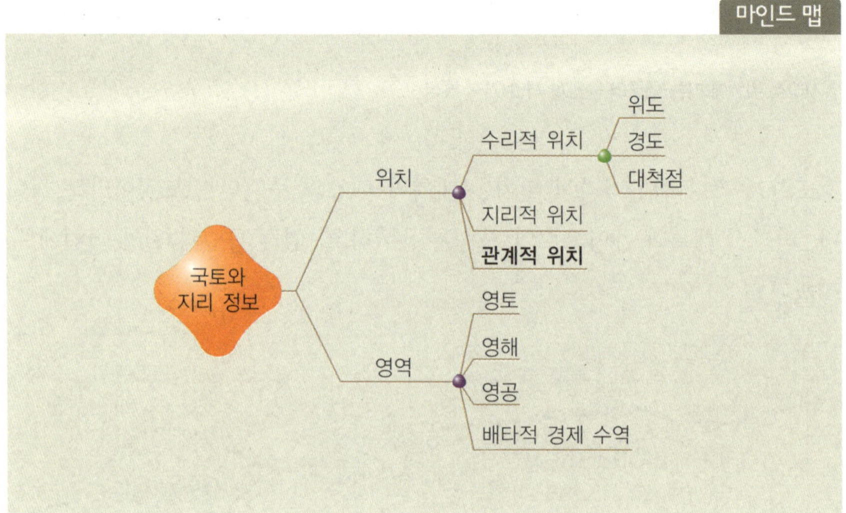

주변 국가들과의 관계에서 그 나라의 위치를 살펴보는 것을 관계적 위치라고 한다.

우리나라의 경우 조선 시대에는 중국이라는 강대국의 주변에 위치한 작은 나라로 '주변적 위치'였다. 그러던 것이 근대인 19세기 말에 들어와서는 해양으로 진출하기 위한 중국의 대륙 세력과 대륙으로 진출하기 위한 일본의 해양 세력이 우리나라로 들어오면서 '육교적 위치'로 바뀌었다.

이후 냉전 시대에는 중국·소련과 이데올로기를 같이 하는 사회주의의 북한과 미국·일본과 이데올로기를 같이 하는 민주주의의 남한이 대치하는 '전초적 위치'였다. 그러나 최근에는 경제 성장과 외교력 성장을 바탕으로 동북아시아의 중심적 위치로 자리하고 있다.

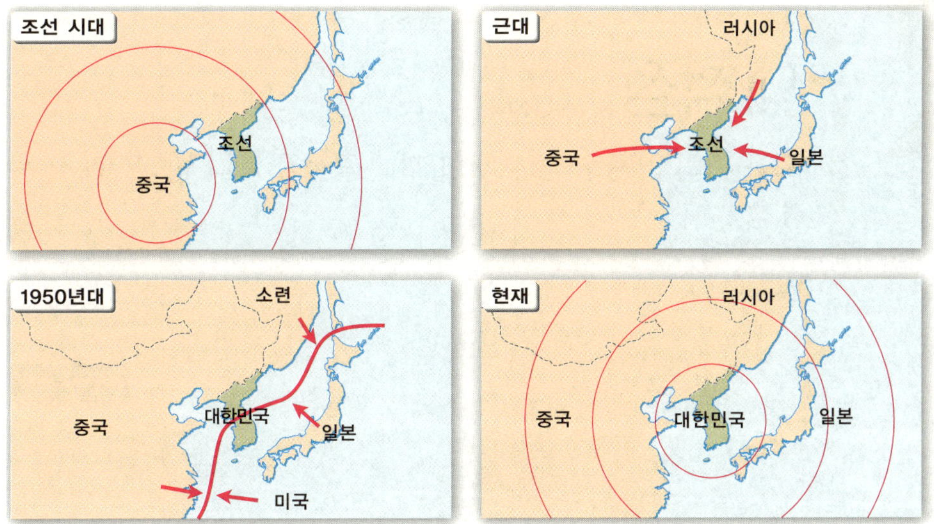

▲우리나라의 관계적 위치의 변화

이와 같이 관계적 위치는 주변 국가와의 상황에 따라 변화하기 때문에 가변적 위치 또는 상대적 위치라고도 한다.

 **Tip** 현재 우리나라가 위치한 동북아시아는 중국, 일본, 러시아, 미국 등 강대국들이 위치해 있거나 진출해 있는 세계에서 유일한 지역이기 때문에 주변 국가와의 관계적 위치가 수시로 변화해요. 우리나라는 그 가운데에서 동북아시아의 중심으로 자리 잡기 위해 더욱 노력해야겠죠.

대척점 〔대할 대 對, 밟을 척 蹠, 점 점 點〕
antipodes

지구 위의 어떤 지점에 대해 지구 중심을 지나 반대편에 있는 지점

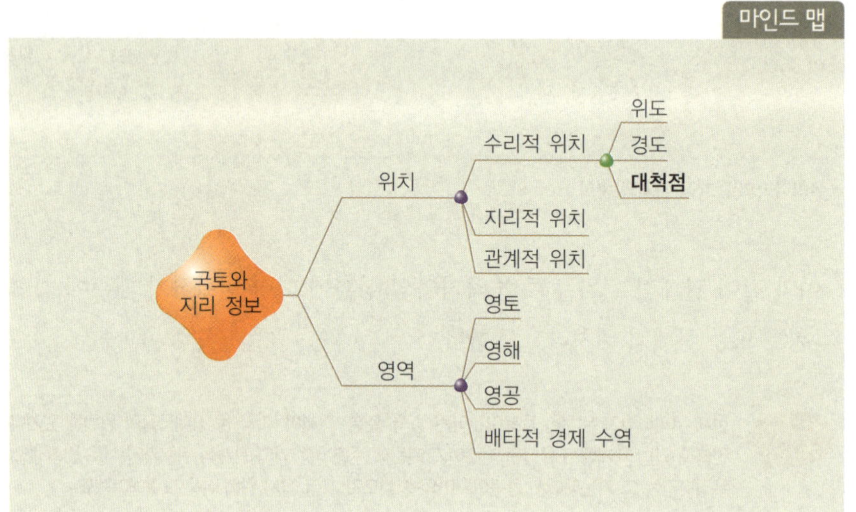

지구의 어떤 지점의 반대 지점을 대척점이라고 하는데, 이곳은 반드시 지구의 중심을 지나는 반대 지점이어야 한다. 따라서 대척점의 수리적 위치를 찾을 때는 위도의 경우 적도를 기준으로 반대에 위치하므로 북위는 남위로, 남위는 북위로 바꾸면 된다. 또한 경도는 본초 자오선을 기준으로 반대에 위치하므로 동경은 서경으로, 서경은 동경으로 바꾸고 180°에서 그곳의 경도를 빼면 된다.

어떤 지점과 그 지점의 대척점은 시간과 계절이 정반대이다. 지구는 자전축이 기울어진 채로 태양 주위를 공전하므로 계절 변화가 발생하는데, 북반구와 남반구의 계절은 서로 반대가 된다. 또한 대척점은 시간상으로 정확히 12시간의 차이가 나는 곳이기 때문에 어떤 지점이 밤이면 대척점은 낮, 낮이면 밤이 된다.

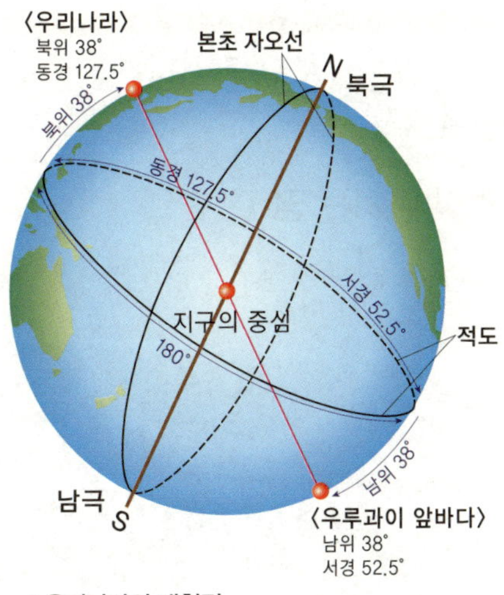

▲ 우리나라의 대척점

　우리나라의 중심인 북위 38°, 동경 127.5°의 대척점은 우루과이 몬테비데오 앞바다로 그곳의 수리적 위치는 남위 38°, 서경 52.5°이다.

쉽게 말해 내가 지금 서 있는 곳에서 발 아래를 뚫고 들어간다고 가정할 때 지구 중심을 지나서 나오는 반대편이 대척점이에요. 여기서 하나 더 생각해 보면 북극의 대척점은 바로 남극이 되겠죠.

주제 **21**

영토 〔거느릴 영 領, 흙 토 土〕
territory

한 나라의 주권이 미치는 땅

마인드 맵

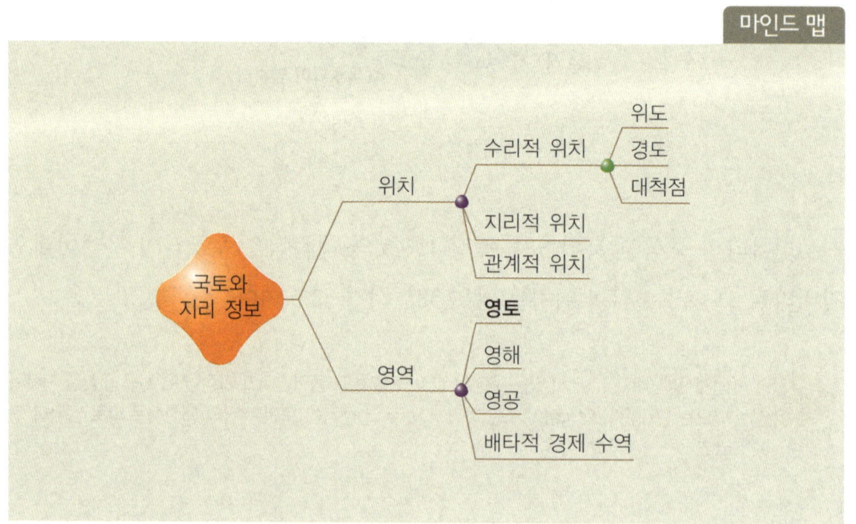

■**주권(主權)**: 국가의 의사를 최종적으로 결정하는 최고의 권력으로 영토·국민과 함께 국가 구성의 3요소이며, 대내적으로 최고성과 대외적으로 자주성·독립성을 갖는다.

한 나라의 주권■이 미치는 범위를 영토라고 한다. 영토는 국가의 영역 중에서도 가장 핵심이 되는 부분이다. 영토가 없으면 영해도 없고, 영공도 없기 때문이다. 국가의 통치권이 강력하게 미치는 영토는 우리나라의 경우 한반도와 주변의 섬으로 구성된다.

한반도의 남북 길이는 약 1,100km이며, 동서 폭의 평균은 약 300km이다. 총면적은 남북한을 합쳐서 약 22만 km²이며, 남한의 면적은 약 10만 km² 정도이다. 남북한을 합친 면적은 영국이나 뉴질랜드와 비슷하며, 남한의 면적은 포르투갈이나 헝가리와 비슷하다.

우리나라의 영토는 간척 사업으로 조금씩 증가하고 있는 추세이다. 삼면이 바다로 둘러싸인 우리나라에는 총 3,358개의 섬이 있는데 그중 사람이 거주하

▲우리나라의 영토

는 유인도가 482개, 사람이 살지 않는 무인도가 2,876개로 무인도의 개수가 훨씬 많다.

대한민국 헌법 제3조에는 "대한민국의 영토는 한반도와 그 부속 도서로 한다."라고 되어 있어요. 이는 직접적으로는 한반도의 영토를 명확히 규정하고 간접적으로는 대한민국의 영토를 확정함으로써 침략에 의한 영토 확장의 의도가 없음을 명시한 것이기도 해요.

주제 **22**

영해 〔거느릴 영 領, 바다 해 海〕
territorial sea

영토에 인접한 해역으로, 한 나라의 주권이 미치는 바다

마인드 맵

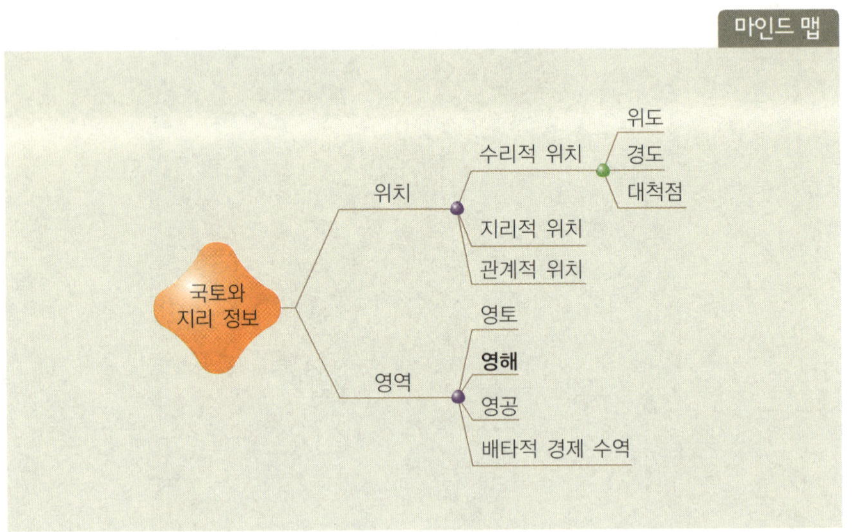

한 나라의 주권이 미치는 바다를 가리키는 영해는 최근 해상 교통, 해저 자원, 수산 자원의 중요성이 높아짐에 따라 관심이 증가하고 있다.

일반적으로 썰물 때의 해안선인 최저 조위선▪에서 12해리까지를 그 나라의 영해로 규정한다. 따라서 최저 조위선을 사용하는 영해의 기준선을 통상 기선通常基線이라고 한다. 우리나라의 동해, 제주도, 울릉도, 독도의 경우는 해안선이 단조롭기 때문에 통상 기선에서부터 12해리까지를 영해로 설정하였다.

그러나 황해와 남해는 해안선이 복잡하고 섬이 많기 때문에 통상 기선을 사용하는 데 어려움이 있다. 따라서 가장 외곽에 있는 섬을 직선으로 연결한 직선 기선에서부터 12해리까지를 우리나라의 영해로 설정하고 있다. 또한 대한 해협의 경우 일본의 쓰시마 섬이 가까이 위치하고 있어 직선 기선에서부터 3

▪**최저 조위선**(潮位線): 해수면이 가장 낮은 썰물 때의 해안선. 최저 간조선(干潮線)이라고도 한다.

▲우리나라의 영해

해리를 영해로 설정하였다.

해리海里는 항해나 항공 등에서 사용하는 거리의 단위로 1해리는 1,852m이며, 따라서 12해리는 약 22km가 된다.

간척을 하면 영토는 확장되지만 영해는 변함이 없어요. 일반적으로 최저 조위선 안쪽의 간석지에서 간척 사업이 이루어지기 때문이죠. 특히 우리나라의 경우 황해안과 남해안에서 주로 간척 사업이 이루어지는데, 그곳은 모두 최외곽의 섬을 직선으로 연결한 직선 기선을 사용하므로 간척 사업이 영해 확장에 영향을 주지 않아요.

주제 **23**

영공 〔거느릴 영 領, 빌 공 空〕
territorial air

한 나라의 주권이 미치는 하늘

마인드 맵

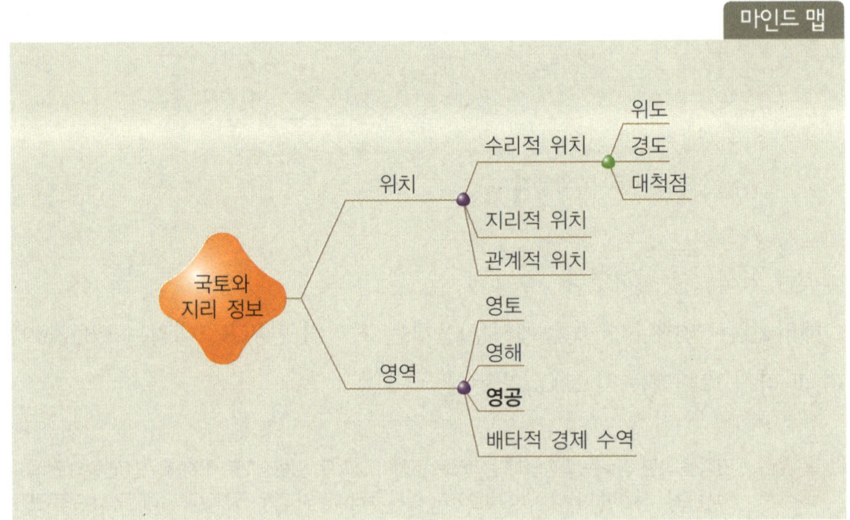

  한 나라의 주권이 미치는 하늘의 영역인 영공은 영토와 영해의 상공을 말한다. 영공의 높이는 다양한 의견이 있으나 일반적으로는 대기권까지의 높이를 그 나라의 영공으로 본다.

  대기권은 지구를 둘러싼 대기의 범위를 말하는데, 지상에서부터 대류권, 성층권, 중간권, 열권으로 구성되어 있다.

  대기권의 최하층인 대류권에서는 뜨거운 공기는 위로, 차가운 공기는 아래로 내려가는 대류 현상이 나타난다. 대류권과 중간권 사이의 대기층인 성층권에는 오존층이 있으며 대기가 안정되어 비행기 등의 항로로 이용된다. 열권에서는 인공위성이 돌아다니는데, 지리에서는 인간과 관련이 깊은 대류권 정도까지만 관심을 가지고 연구한다.

　최근에는 비행기 항로로의 이용, 인공위성의 발달 등으로 인해 국가의 영역으로서 영공의 중요성이 점차 확대되고 있어 그 상부 한계에 대한 논란이 계속되고 있다.

배타적 경제 수역

〔밀칠 배 排, 다를 타 他, 과녁 적 的, 지날 경 經, 건널 제 濟, 물 수 水, 지경 역 域〕
exclusive economic zone: EEZ

기선에서 200해리까지의 수역 중에서 영해를 제외한 수역

마인드 맵

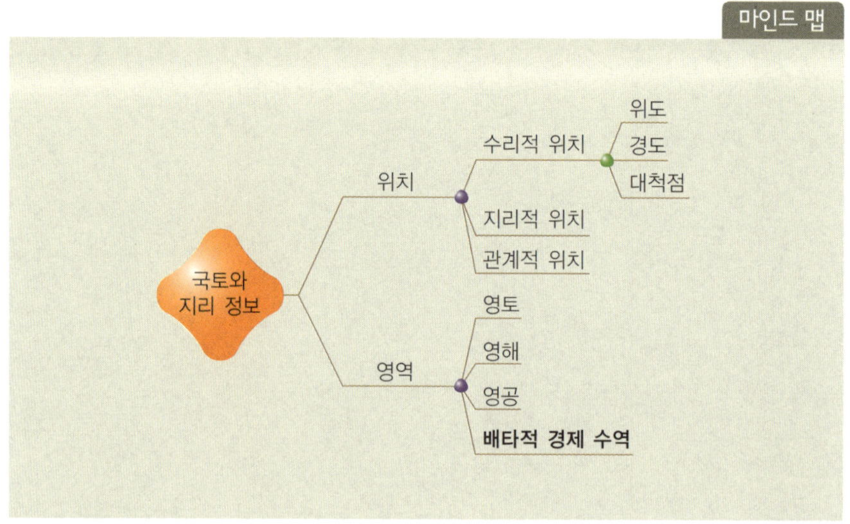

　배타적 경제 수역은 영해의 기선에서부터 200해리까지의 수역 중 영해를 제외한 수역으로 국가의 영역에는 포함되지 않는다. 배타적 경제 수역과 영해의 차이점은 영해는 경제적 권한과 군사적 권한이 모두 연안국에 있다는 점이고, 배타적 경제 수역은 수산 자원·해저 자원의 개발이나 어업 활동 등의 경제적 권한만 연안국에 주어진다는 점이다. 따라서 배타적 경제 수역 안에서는 타국의 배나 항공기의 이동이 자유로우며 해저 케이블▪의 매설 등도 가능하다.

　우리나라는 중국과 일본이 인접해 있어서 중국과는 80~350해리, 일본과는 24~450해리 정도 떨어져 있다. 따라서 한국과 중국, 일본의 배타적 경제 수역은 서로 중복이 불가피하다. 이를 해결하기 위해 한국과 중국이 공동으로 사용

▪**해저 케이블**(submarin cable): 대륙과 대륙, 육지와 섬 등과 같이 바다를 사이에 두고 격리된 두 지점 사이의 통신을 위해 해저에 부설되는 케이블.

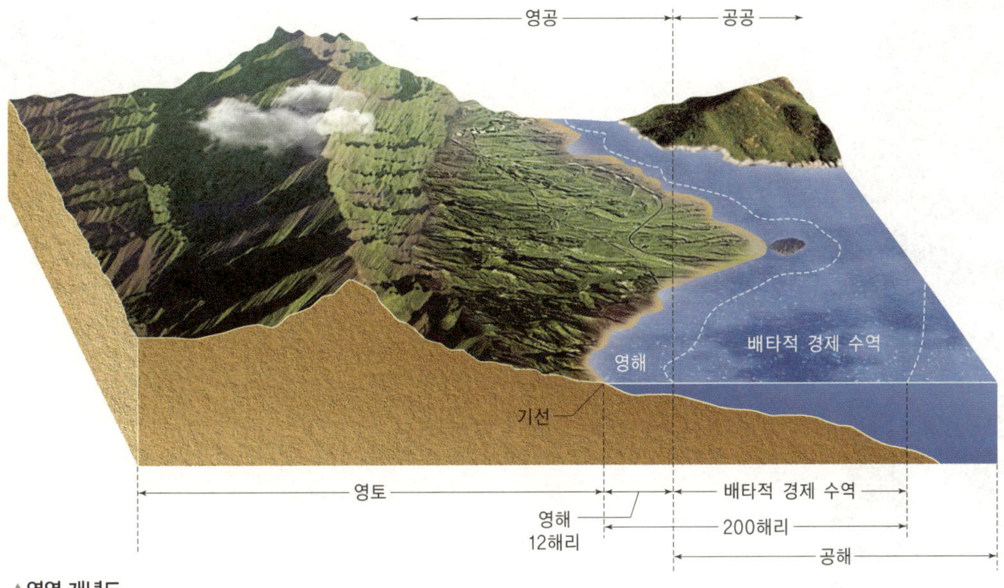

▲영역 개념도

하는 한·중 잠정 조치 수역이 존재하고, 한국과 일본이 공동으로 사용하는
한·일 중간 수역이 존재한다. 이곳에서는 두 나라가 모두 경제적인 활동을 할
수 있다.

Tip 한·일 중간 수역에 대화퇴 어장의 50% 정도가 포함되어 있어요. 이는 어족 자원의 확보라는 점에서는 유리하지요. 그러나 우리 영토인 독도가 한·일 중간 수역에 존재하여 독도 주변 12해리만 우리의 영해로 인정을 받는다는 점은 아쉬운 부분이에요.

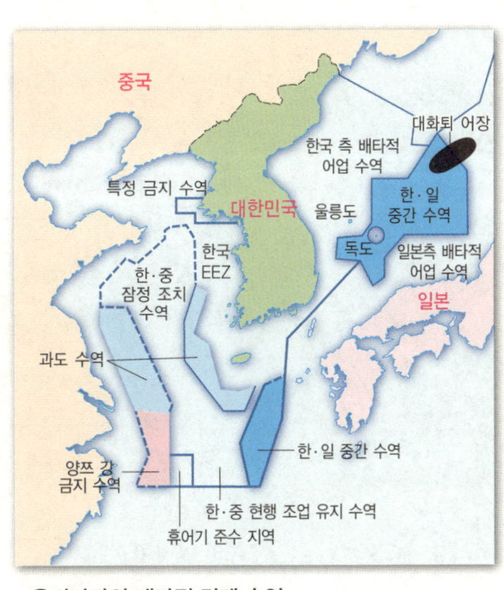

▲우리나라의 배타적 경제 수역

제2장

기후와 생활

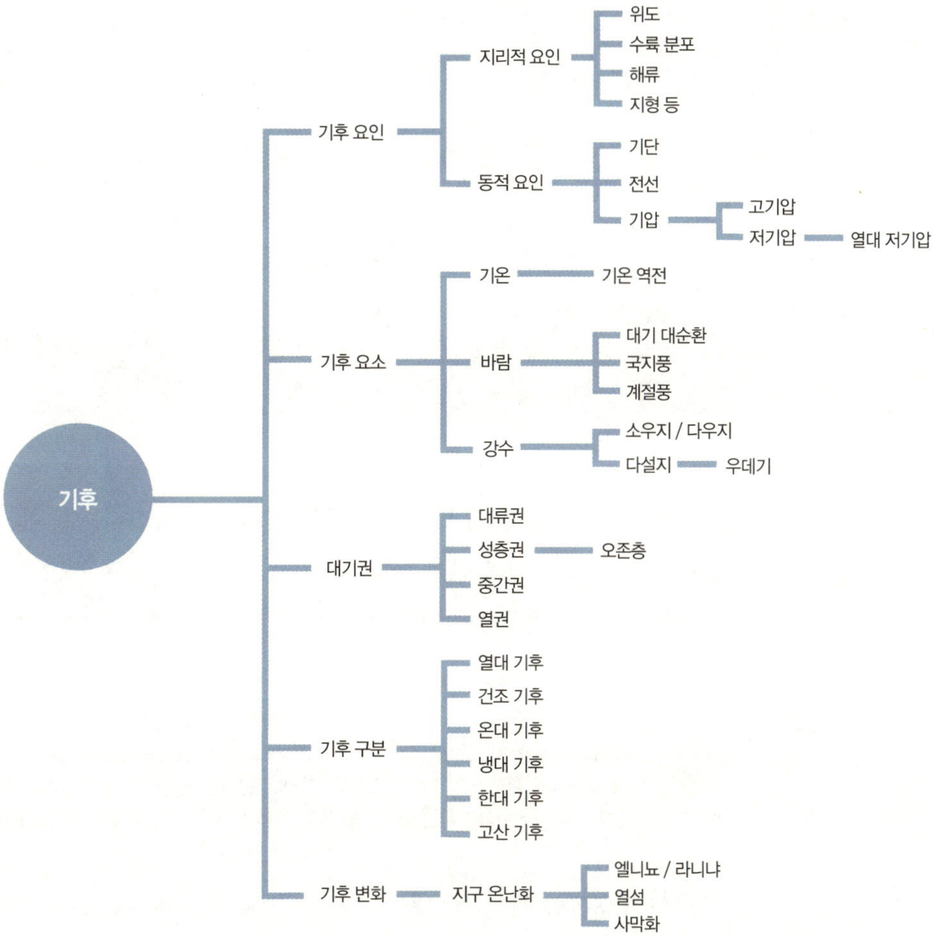

기후

기후 요인
지리적 요인
위도
수륙 분포
해류
지형 등
동적 요인
기단
전선
기압
고기압
저기압
열대 저기압

기후 요소
기온
기온 역전
바람
대기 대순환
국지풍
계절풍
강수
소우지 / 다우지
다설지
우데기

대기권
대류권
성층권
오존층
중간권
열권

기후 구분
열대 기후
건조 기후
온대 기후
냉대 기후
한대 기후
고산 기후

기후 변화
지구 온난화
엘니뇨 / 라니냐
열섬
사막화

주제 **1**

기후 〔기운 기 氣, 기후 후 候〕
climate

일정한 지역에서 장기간에 걸쳐 반복되는 평균적이고 종합적인 대기 상태

마인드 맵

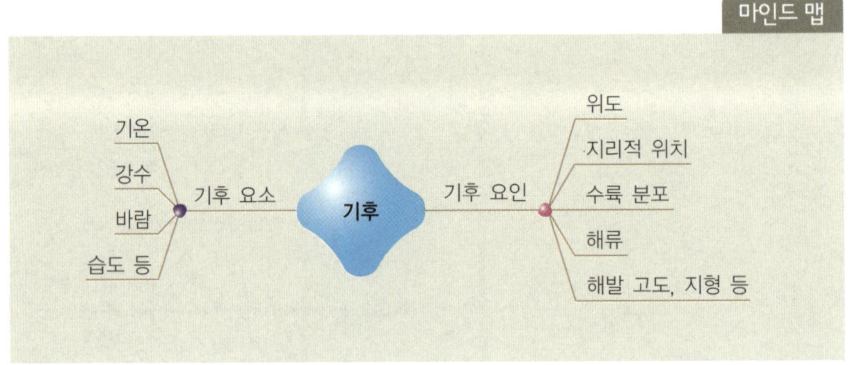

우리는 일기 예보를 통해 그날그날의 날씨를 파악한다. 이렇듯 날씨기상, weather는 어느 지역의 순간적단기간인 대기 상태를 말한다. 하지만 이러한 날씨를 오랜 시간에 걸쳐 종합하여 누적시켜 보면 그 지역에서 장기간에 걸쳐 반복되는 평균적인 대기 상태를 알 수 있는데 이를 기후라고 한다.

Tip 날씨와 기후가 헷갈리죠? 일기 예보에서 기상 캐스터가 "오늘의 날씨를 알려 드리겠습니다."라고 하는 것을 본적 있을 거예요. '오늘'처럼 짧은 단위는 날씨라고 해야 하고요, 지구 온난화 현상이나 엘리뇨 현상과 같은 장기간에 걸쳐 반복되는 것은 이상 '기후'라고 해야 해요!

기후를 구성하는 요소를 기후 요소라고 한다. 기후 요소는 일기 예보에서 쉽게 접할 수 있는 기온, 강수, 바람, 습도 등으로 기후를 파악하는 데 중요한 역할을 한다. 이러한 기후 요소는 각 지역마다 차이가 나는데 그 원인은 각 지역의 위도, 지리적 위치대륙 동안·서안, 수륙 분포, 해류, 해발고도, 지형 등의 기후 요인에 의해서 '기온이 높거나 낮고, 강수량이 많거나 적고' 등의 차이가 발생

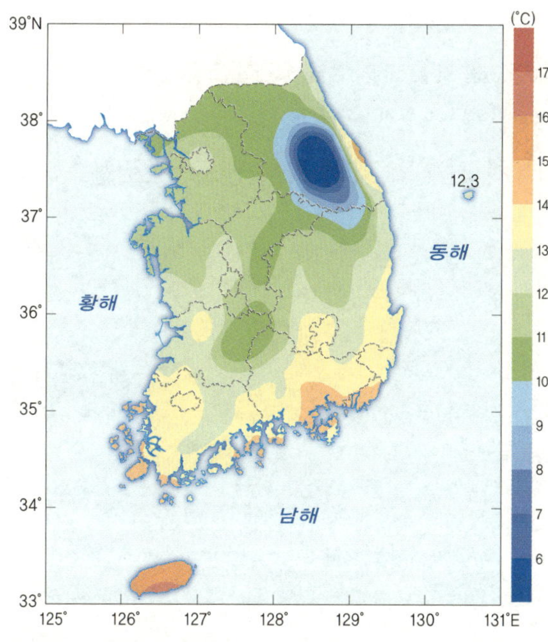

▲**기후 구분도** [출처: 기상청]
남한의 연평균 기온을 표현하였다

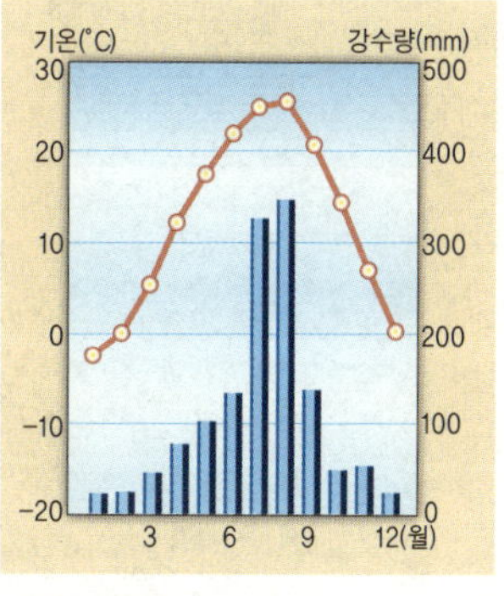

▲**기후 그래프**
서울의 월평균 기온과 강수량을 나타
낸다. 막대그래프는 강수량, 꺾은선 그
래프는 기온을 의미한다.

하기 때문이다.

　기후는 위와 같이 지도기후 구분도로 표현하기도 하고 그래프로 나타내기도 한
다. 이때 기후 그래프는 기온과 강수량을 바탕으로 그린다.

주제 2

기후 요인 〔기운 기·氣, 기후 후 候, 요긴할 요 要, 인할 인 因〕
climatic element

기후 요소에 영향을 미쳐 기후의 지역 차를 만드는 요인

마인드 맵

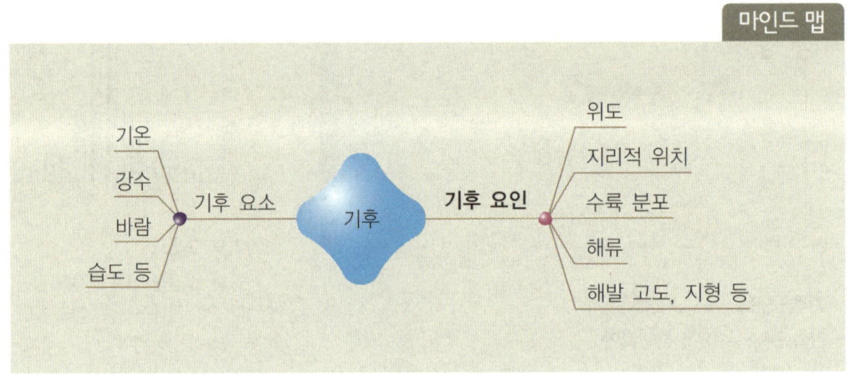

　기후 요인인자에는 지형, 위도처럼 거의 변하지 않는 지리적정적 요인과 기단, 전선, 기압 배치와 같이 수시로 변하는 동적 요인이 있지만 장기간의 기후에 더 중요한 영향을 미치는 지리적 요인에 대해서만 생각해 보자.

　지리적 요인 중에서 기후에 가장 큰 영향을 미치는 것은 위도이다. 위도에 따라 태양 복사 에너지를 받는 양이 달라지는데, 저위도에서 가장 많이 받고 고위도로 갈수록 감소한다. 따라서 세계의 기온 분포를 살펴보면 저위도에서 고위도로 갈수록 대체로 연평균 기온이 낮아진다.

　둘째, 같은 대륙이라 할지라도 동안에 위치하는지, 서안에 위치하는지에 따라 기후 차이가 뚜렷하게 나타난다. 이와 관계된 기후 요인을 지리적 위치라고 한다. 중위도에 위치한 유라시아 대륙의 서안은 연중 바다를 지나온 편서풍의 영향을 받기 때문에 기온의 연교차가 작고 강수량이 고르게 나타난다. 그러나 유라시아 대륙의 동안은 서안에 비해 편서풍이 약해 계절풍의 영향을 받게 된다. 따라서 기온의 연교차가 크고 강수량의 계절적 차이도 크다.

파리(프랑스) ℃(연평균 기온 10.6℃)

1월	2월	3월	4월	5월	6월
3.5	4.2	6.6	9.5	13.2	16.3
7월	8월	9월	10월	11월	12월
18.4	18.0	15.3	11.4	6.7	4.2

하바롭스크(러시아) ℃(연평균 기온 1.8℃)

1월	2월	3월	4월	5월	6월
−20.9	−17.3	−7.0	−20.9	−17.3	−7.0
7월	8월	9월	10월	11월	12월
21.1	19.8	13.3	4.4	−8.1	−17.8

▲**파리와 하바롭스크의 월평균 기온 비교**

파리와 하바롭스크의 위도는 거의 비슷하지만 대륙의 서안에 위치한 파리에 비해 대륙의 동안에 위치한 하바롭스크의 기온 변화가 훨씬 크게 나타난다.

셋째, 육지와 해양의 배열 상태를 말하는 수륙 분포에 따라서도 기후 차이가 발생한다. 육지와 해양은 비열 차이가 있어서 온도 변화가 다르게 나타난다. 해양의 비열이 육지의 비열보다 크기 때문에 육지의 가열과 냉각이 해양보다 빠르게 진행되므로 육지의 온도 변화가 해양보다 크다. 따라서 해양성 기후는 연교차가 작고 대륙성 기후는 연교차가 크게 나타난다.

넷째, 광범위한 바닷물의 이동인 해류에 따라서도 기후 차이가 발생한다. 따뜻한 난류의 영향을 받는 지역은 대체로 온난 습윤하며, 한류가 흐르는 지역은 대체로 서늘하고 곳에 따라 건조한 기후가 발달하기도 한다.

이 외에도 해발 고도나 지형 등에 의해서도 기후 차이가 발생한다.

기후 요인은 기후 요소를 결정짓는 원인이에요. 다시 말해 위도, 지리적 위치, 수륙 분포, 해류, 해발 고도, 지형 등의 기후 요인에 따라서 지역마다 기온, 강수, 바람, 습도 등이 다르게 나타나는 것이죠.

주제 **3**

대기권 〔큰 대 大, 기운 기 氣, 우리 권 圈〕
atmosphere

지구를 둘러싸고 있는 대기의 층

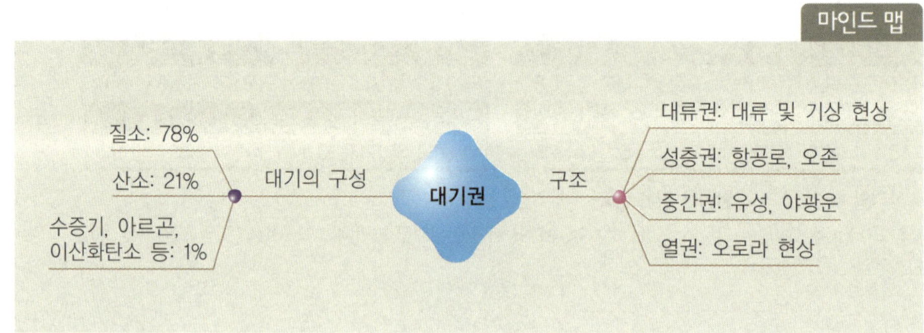

▲대기가 존재하는 지구의 모습

■**균질권**: 공기의 운동으로 상하의 공기가 잘 혼합되어 기체들의 조성비가 일정한 대기층.

　지구 중력에 의해 지표면 가까이에 밀착되어 지구와 함께 회전하고 있는 여러 기체를 대기공기라고 하며, 대기가 존재하고 있는 층을 대기권이라고 한다. 대기권은 지표로부터 1,000km까지이지만 그중 지표에서 100km까지의 균질권■만을 대기권이라고 부르기도 한다.

　대기의 대부분은 78%의 질소와 21%의 산소로 구성되며 나머지 1% 정도를 수증기, 아르곤, 이산화탄소 등이 차지한다.

　대기권은 지구의 온도를 유지시켜 주고, 생명체에 산소를 공급해 주며, 지구 외부의 해로운 빛과 운석 충돌로부터 지구를 보호해 주는 중요한 역할을 하고 있다.

　이러한 대기권은 지표면에서부터 기온의 변화에 따라 대류권–성층권–중간권–열권으로 구분된다.

　'대류권'은 우리가 살고 있는 지표면으로부터 고도 약 12km까지의 대기층으로 지표면에서 방출되는 지구 복사 에너지의 영향으로 고도가 높아질수록 온도가 낮아진다. 대류권의 가장 큰 특징은 대류 현상이 나타난다는 점인데, 이로 인해 여러 가지 기상 현상이 일어난다.

'성층권'은 대류권 위의 대기층으로 고도가 높아져도 온도 변화가 거의 없다가 어느 위치부터는 오히려 기온이 상승하는 기온 역전 현상이 일어난다. 대기의 움직임이 적어 기상 현상이 거의 없는 안정된 층으로 비행기의 항로로 이용된다. 특히 성층권에는 오존층이 존재하고 있다.

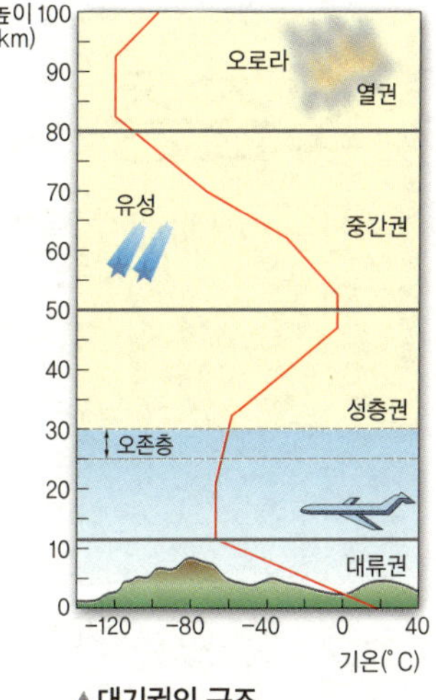

▲ 대기권의 구조

성층권 위의 '중간권'은 고도 50~80km 사이의 대기층으로 대류권과 마찬가지로 대류 현상이 일어나지만 수증기가 없기 때문에 기상 현상은 나타나지 않는다. 한편 중간권에서는 유성과 야광운을 볼 수 있다.

'열권'은 고도 80km 이상의 대기층으로 오로라 현상이 나타난다.

Tip 대기권은 우리가 발을 딛고 사는 대류권에서부터 상층으로 올라가면서 성층권, 중간권, 열권의 순서로 구분돼요. 여기서 앞 글자를 하나씩 따서 '**대성**이는 짐승돌 중에서는 키가 **중간** 이하라 **열** 받았다'라고 문장을 만들어 보면 쉽게 외울 수 있을 거예요.

주제 **4**

오존층 〔-, 층층層〕
ozone layer

성층권 내에 오존이 집중적으로 분포한 고도 25~30km 사이의 층

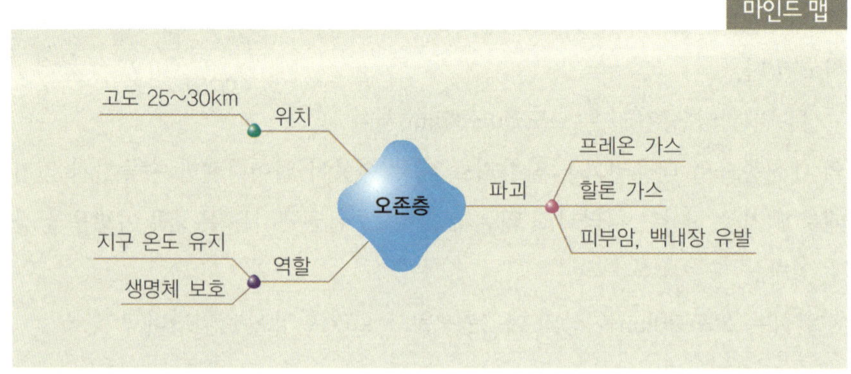

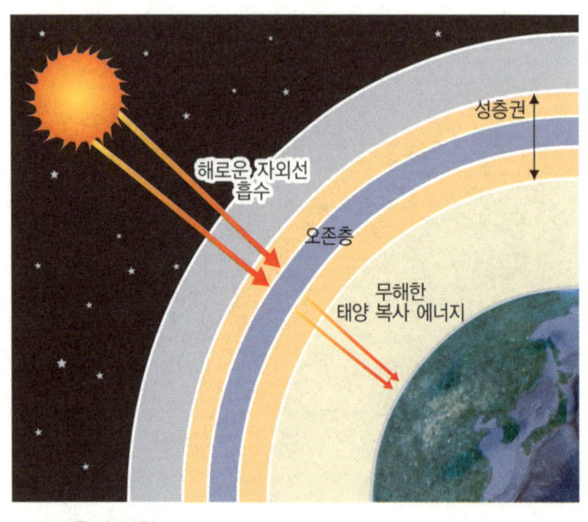

▲오존층의 역할

오존O_3은 산소 원자 3개로 만들어진 분자로 대부분 성층권 내의 고도 25~30km에 집중적으로 분포하고 있는데, 이를 오존층이라고 한다.

오존층은 태양에서 방출하는 해로운 자외선을 흡수하여 지표로 도달하는 것을 막아 생명체를 보호하는 역할을 한다. 또한 태양 복사 에너지를 흡수하여 대기를 가열시키고, 지구 복사 에너지가 대류권 밖으로 빠져나가는 것을 막아 준다. 만약 지구에 오존층이 없다면 지표면의 온도가 유지되지 않을 뿐만 아니라 자외선이 지표까지 그대로 도달하여 생물체가 존재하기 어려울 것이다.

한편 스프레이, 냉장고·에어컨의 냉매 등으로 이용하는 프레온 가스염화불화

탄소, CFCs와 소화기에 사용되는 할론 가스halon gas 등은 오존층을 파괴하고 있다. 오존층 파괴의 흔적은 남극 상공에 나타나는 오존 구멍ozone hole을 통해서 확인할 수 있을 만큼 심각하다.

오존층이 파괴되면 생명체에 해로운 자외선이 지표면까지 도달하여 피부암, 백내장 등 인간의 건강을 위협하고 생태계도 파괴시킬 수 있다. 이를 해결하기 위해 세계 각국 대표들이 모여 오존층 파괴 물질 사용 금지에 관한 '몬트리올 의정서'를 발효하는 등 규제를 강화하고 대체 물질 개발에 힘쓰고 있다.

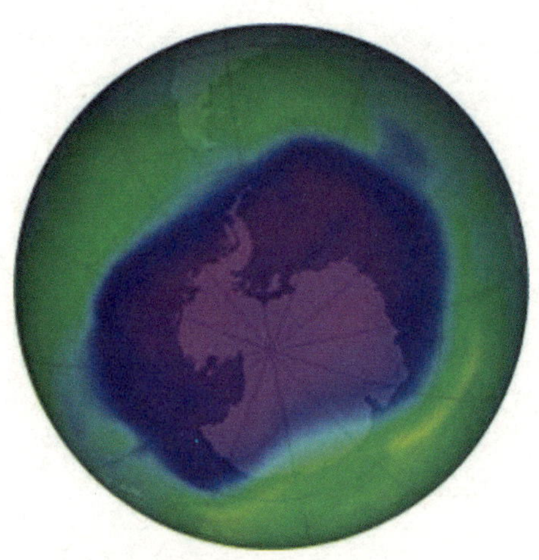

▲미국 항공 우주국(NASA)의 위성이 포착한 남극 상공의 오존층 [출처: NASA]
푸른색과 보라색은 오존층이 희박한 곳이다.

오존층 파괴의 심각성이 국제 사회에 드러나면서 1987년 프레온 가스 사용 금지를 규정한 '몬트리올 의정서'가 채택되었어요. 세계 196개국이 동참하여 노력한 결과 최근에는 오존층 파괴가 감소하고 있다는 반가운 소식도 들려오고 있답니다. 이렇게 우리 모두가 힘을 합치면 불가능해 보이는 전 지구적인 환경 문제도 해결할 수 있을 거예요.

주제 5

대기 대순환

〔큰 대 大, 기운 기 氣, 큰 대 大, 돌 순 循, 고리 환 環〕
atmospheric general circulation

지표면의 불균등한 열 분포를 해소하기 위한 전 지구적인
대기 운동

마인드 맵

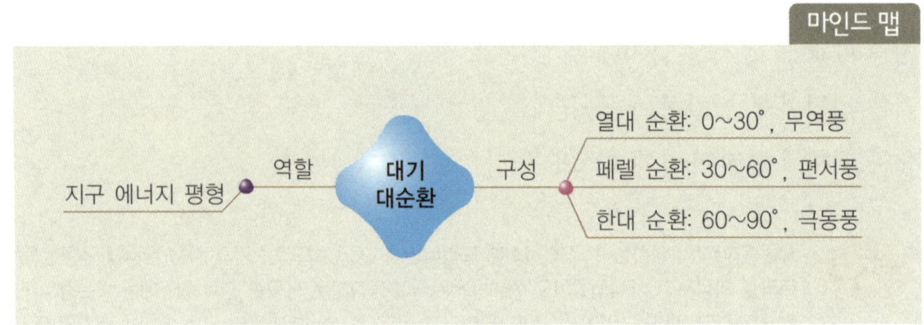

지구 표면은 위도에 따라 태양 복사 에너지를 받는 양이 다르기 때문에 저위도에서는 열 과잉이, 고위도에서는 열 부족이 발생한다. 이러한 지구 표면의 불균등한 열 분포를 해소하고 지구의 에너지 평형을 맞추기 위한 전 지구적인 대기 운동을 대기 대순환이라고 한다.

대기 대순환은 열대 순환, 페렐 순환, 한대 순환으로 구성된다. 열대 순환은 적도 부근에서 상승한 공기가 남·북위 30°에서 하강하는 순환이고, 한대 순환은 극지방에서 하강한 공기가 저위도로 이동하다가 남·북위 60° 부근에서 상승하여 다시 극지방으로 이동하는 순환이다. 페렐 순환Ferrell은 이 두 순환 사이 남·북위 30~60°에서 일어나는 간접 순환이다.

적도 부근은 태양 복사 에너지를 많이 받기 때문에 상승 기류가 발생하여 저기압대를 형성하는데, 이를 적도 저압대라고 한다. 적도 부근에서 가열된 공기는 상승하다가 대류권 계면▪에 이르면 더 이상 상승할 수 없어 고위도로 이

▪**대류권 계면**(對流圈界面): 대류권과 성층권의 경계로 평균 고도는 약 11km이다.

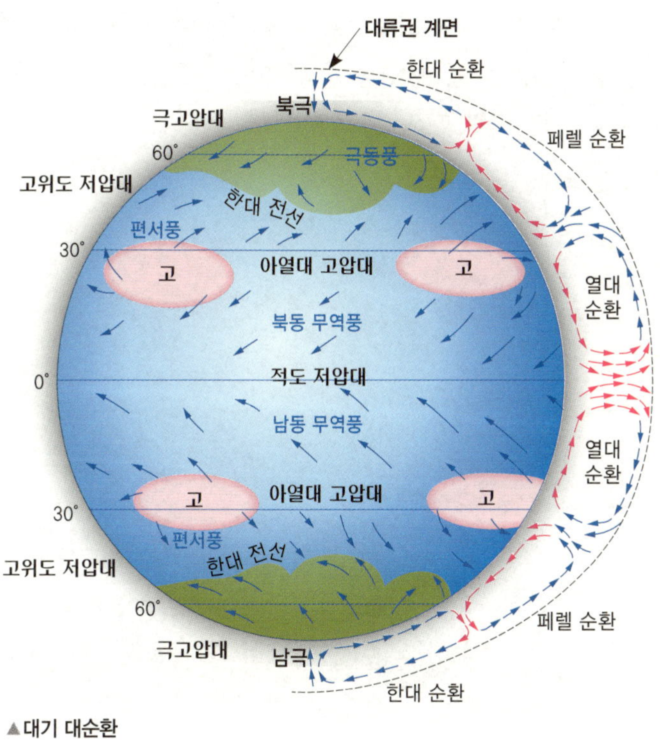

▲ 대기 대순환

동한다.

고위도로 이동한 공기는 남·북위 30°에 이르면 더 이상 이동할 수 없을 만큼 공기가 퇴적되어 지표로 하강하여 고기압대를 형성하는데, 이를 아열대 고압대라고 한다. 이렇게 하강한 기류가 저위도로 향하면 무역풍$_{0→30°}$, 고위도로 향하면 편서풍$_{30→60°}$이 된다.

열이 부족한 극지방에서는 지속적으로 공기가 침강하여 고기압대를 이루는데, 이를 극 고압대라고 한다. 퇴적된 공기는 저위도로 이동하는데, 이를 극동풍$_{90→60°}$이라고 한다. 극동풍은 위도 60° 부근에서 편서풍과 만나면 상승 기류를 형성하여 고위도 저압대를 이루는데, 이곳에서 한대 전선이 발생한다.

우리가 사는 이 세상은 균형을 참 좋아하지요. 열이 과잉(+)된 곳이 있으면 바람과 해류가 열심히 열이 부족(−)한 곳으로 열을 이동시켜 균형을 맞추어 준답니다.

기온 〔기운 기 氣, 따뜻할 온 溫〕
air temperature

대기의 온도

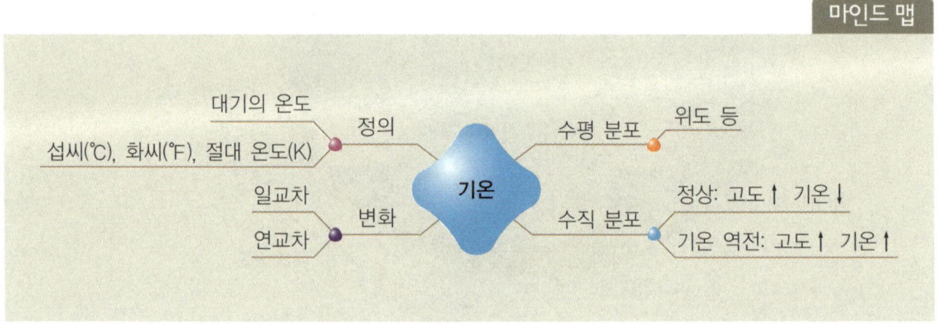

■**화씨온도**: 기압이 1일 때 물이 어는 온도를 32℉, 물이 끓는 온도를 212℉로 정하고 이 사이를 180등분한 온도 단위.

■**절대 온도**: 물질의 성질에 의존하지 않는 온도 단위. 이론상 최저 온도를 0K이라고 하며, 0K은 −273.15℃이다.

기온은 인간의 삶에 가장 큰 영향을 미치는 기후 요소로 섭씨온도℃와 화씨온도℉▪ 및 절대 온도K▪로 표시한다. 우리나라를 포함한 아시아에서는 주로 섭씨온도를 사용하는 데 비해 미국을 비롯한 영어권과 유럽에서는 화씨온도를 사용하는 경우가 많다.

기온 분포는 근본적으로 위도에 따라 지표면이 받는 태양 에너지가 다르기 때문에 차이가 나타난다. 세계의 등온선도를 보면 대체로 태양 에너지를 많이 받는 적도 부근의 기온이 높고, 태양 에너지를 적게 받는 양극으로 갈수록 기온이 낮아지는 것을 알 수 있다. 이러한 기온 차는 위도뿐만 아니라 수륙 분포, 지형, 해류 등의 영향을 받기 때문에 복잡하게 나타난다.

지구의 자전에 의해 낮과 밤이 생기고 기온의 일교차가 발생한다. 기온의 일교차는 일 최고 기온에서 일 최저 기온을 빼서 구할 수 있다. 일 최고 기온은 태양이 남중하는 12시에서 3~4시간이 지난 후에 나타나며, 일 최저 기온은 태양이 뜰 무렵에 나타난다.

지구의 공전에 의해서는 계절이 변하기 때문에 기온의 연교차가 생긴다. 기

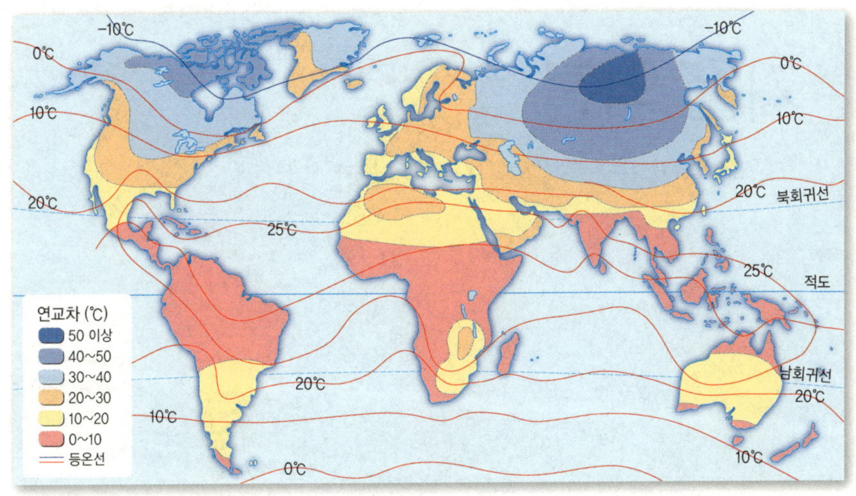

▲세계의 등온선도와 연교차

온의 연교차는 가장 더운 달의 평균 기온에서 가장 추운 달의 평균 기온을 빼서 구한다. 우리나라의 경우는 8월의 기온에서 1월의 평균 기온을 빼면 연교차를 구할 수 있다.

우리나라는 북반구에 위치하여 7~8월이 태양 에너지를 가장 많이 받는 여름이고 12~1월이 가장 추운 겨울인 것은 잘 알고 있죠? 반대로 남반구에 위치한 오스트레일리아, 아르헨티나, 칠레 등의 나라는 12~1월이 여름, 7~8월이 겨울이랍니다. 그래서 남반구에서는 크리스마스하면 반바지를 입은 산타 할아버지와 해변에서 붉은 비키니를 입은 사람들을 떠올린답니다.

기온 역전 〔기운 기 氣, 따뜻할 온 溫, 거스릴 역 逆, 구를 전 轉〕
inversion of air temperature

고도가 높아질수록 기온이 높아지는 현상

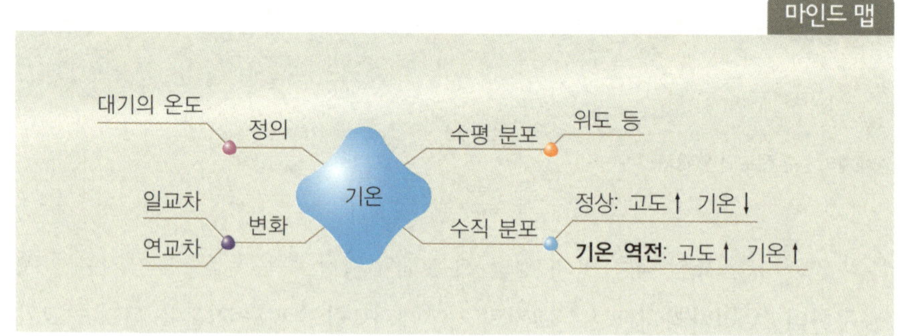

일반적으로 대류권 내에서는 고도가 높아질수록 기온이 내려간다. 등산을 해 보면 이 사실을 쉽게 알 수 있는데 평지에서 산 정상으로 올라갈수록 기온이 점점 낮아지는 것을 느낄 수 있다. 대개 고도가 100m 상승할 때마다 0.65℃씩 기온이 낮아지는데 이를 기온 감률■이라고 한다.

■**기온 감률**(氣溫減率): 기온이 감소하는 비율로 6.5℃/km이다. 이는 지표면의 평균 기온인 15℃와 대류권 계면의 평균 기온인 −56.5℃의 차이를 대류권 계면의 평균 고도인 11km로 나눈 값이다.

하지만 이러한 정상 상태의 대기만 있는 것은 아니다. 간혹 이와 반대로 고도가 높아질수록 오히려 기온이 높아지는 경우가 발생하는데 이를 기온 역전이라 하고, 그 층을 기온 역전층이라고 한다.

역전층이 형성되면 무겁고 찬 공기는 지표 가까이에, 가볍고 따뜻한 공기는 그 위에 자리 잡으므로 대기의 상태가 매우 안정적이다. 따라서 상하층 간 혼합이 일어나지 않기 때문에 그림과 같이 역전층 내에 오염 물질이 존재할 경우 빠져나가

▲고도에 따른 기온의 분포와 역전층의 형성

지 못해 대기의 오염도가 높아진다.

　해가 지면 태양 복사는 멈추지만 지구 복사는 계속 된다. 따라서 지표면은 열을 흡수하지 못한 채 계속 방출하므로 냉각되는데 이를 복사 냉각이라고 한다. 이때 지표면 부근의 공기가 상층의 공기보다 빠르게 냉각되면 기온 역전이 나타난다. 바람은 공기를 혼합시키기 때문에 역전층은 바람이 없는 맑은 날 밤에 잘 발생한다. 또한 지표면이 눈으로 덮여 있을 경우에는 눈이 태양 복사 에너지를 평소 보다 많이 반사시키기 때문에 복사 냉각이 활발히 일어나 기온 역전이 더 잘 발생한다. 또한 산지에서는 산 정상의 차가운 공기가 사면을 타고 흘러내려 저지대에 쌓이면서 기온 역전이 발생하기도 한다.

　이와 같이 역전층은 지표면이 일시적으로 냉각된 경우에 주로 발생하기 때문에 태양 복사 에너지를 받아 지표면이 가열되거나, 바람이 불어 공기가 혼합되면 파괴되어 정상의 기온 분포로 되돌아온다.

Tip　상쾌한 아침에 조깅을 하면 무조건 건강에 좋다고요? No! No! 그렇지 않은 경우도 있어요. 기온 역전이 자주 발생하는 이른 아침은 역전층이 형성되어 대기의 오염도가 높아요. 사실 하루 중 오염 물질의 농도가 가장 높은 시간이니까 역전층이 발생한 날은 아침 조깅을 피하는 것이 좋답니다.

기압 〔기운 기 氣, 누를 압 壓〕
atmospheric pressure

대기가 지표면에 가하는 압력

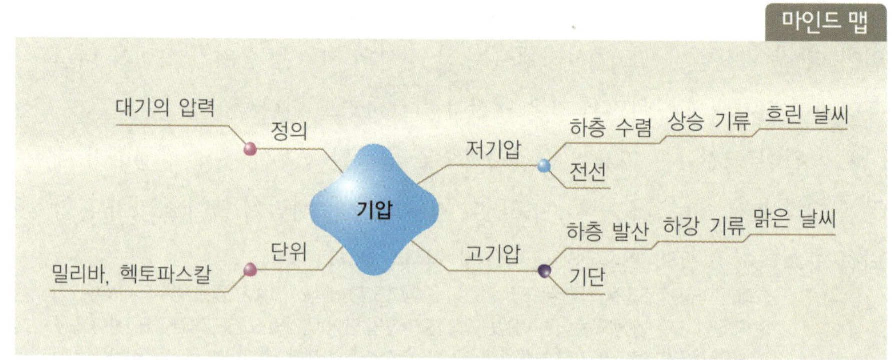

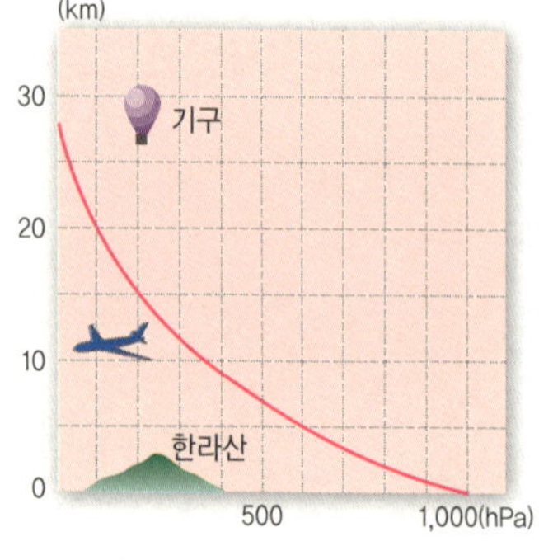

▲ 고도별 기압 분포

공기는 지표 위에 둥둥 떠 있는 것처럼 생각되지만 실제로는 중력으로 인해 지표에 압력을 가하고 있다. 이렇게 공기가 지표에 가하는 압력을 기압이라고 하며 고기압과 저기압으로 분류한다. 고도가 높아지면 중력의 영향이 감소하기 때문에 기압도 급격하게 낮아진다. 기압의 단위로는 밀리바mb, 헥토파스칼hPa 등이 사용되며, 1기압은 1,013.25hPa로 이를 표준 기압평균 기압이라고 한다.

그러면 고기압이란 표준 기압보다 높다는 것을 의미할까? 그렇지 않다. 기압의 분류는 지극히 상대적인 개념으로 같은 고도에서 주변보다 기압이 높은 구역을 고기압이라고 한다. 기압이 높은 구역은 하층에서 주변으로 공기가 발산하층 발산되고, 그 빈 공간을 채우기 위해 상층에서는 하강 기류가 형성된다. 공기가 하강하면 압력이 상승하여 기온이 높아지며 응결 상태인 공기는 증발이 일어나서 구름이 있다가도 없어진다. 따라서 고기압 구역에서는 대체로 날

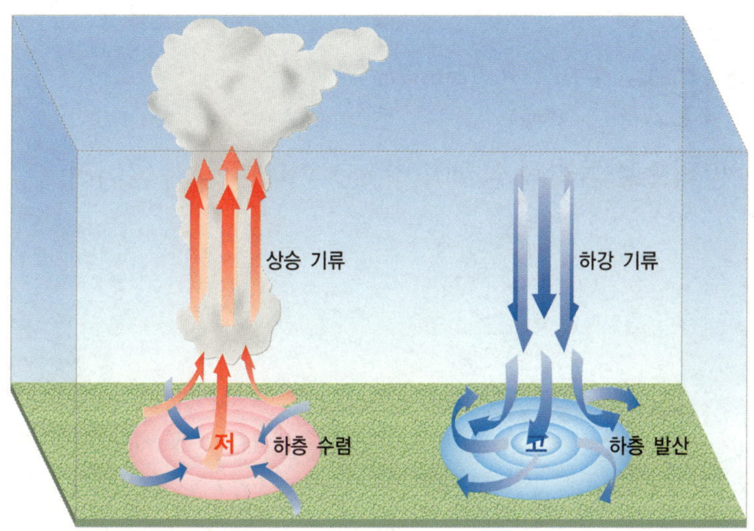

▲저기압과 고기압

씨가 맑다.

　반면에 주변보다 기압이 낮은 구역은 저기압이라고 한다. 저기압 구역은 주변부에서 저기압 중심으로 바람이 불어 들어가 공기가 모여 들면서 하층 수렴 상승 기류가 형성된다. 상승 기류가 발달하면 구름이 생겨 날씨가 흐려지며 강수를 동반하기도 한다. 공기가 상승할 때는 기압이 낮아지면서 열을 소모하게 되므로 기온이 하강하고 응결이 일어나 구름이 형성되기 때문이다.

기단 〔기운 기 氣, 둥글 단 團〕
air mass

수평적으로 물리적 성질이 비슷한 거대한 공기 덩어리

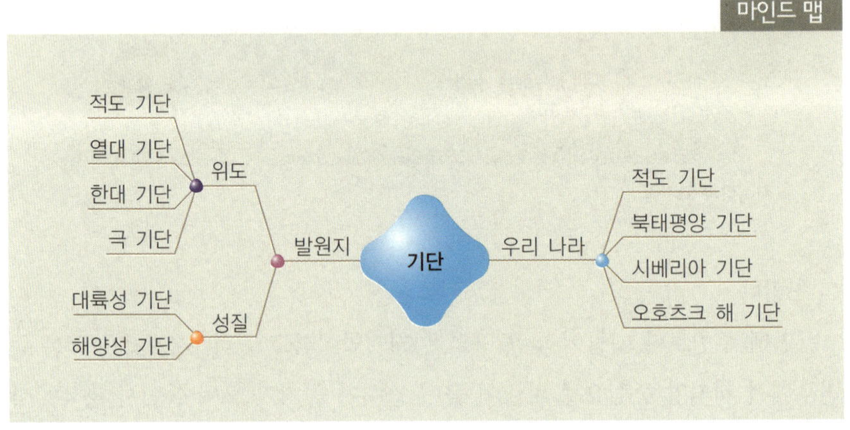

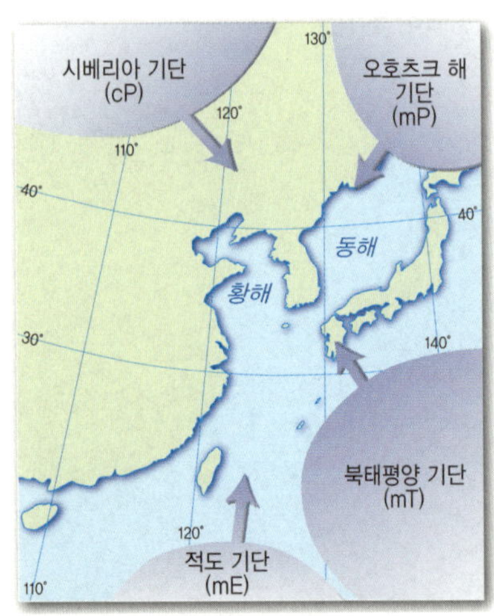

▲**우리나라에 영향을 주는 기단**
중위도에 위치한 우리나라는 기단의 발원지로는 부적합하지만 계절에 따라 다양한 기단의 영향을 받는다.

기단이란 물리적 성질이 비슷한 공기가 모여 있는 공기의 덩어리이다. 그러나 공기가 모여 있다고 해서 모두 기단이 되는 것은 아니고 수직 3~10km, 수평 1,000km가 넘는 대규모의 공기 덩어리를 기단이라고 한다. 공기가 모여 있다 보니 대부분 주변보다 기압이 높은 고기압 상태이다.

넓은 범위에 걸쳐 성질이 비슷한 지표면 위에 오랫동안 머물러 있던 공기는 지표면의 성질을 반영하게 된다. 그러므로 기단은 발원지의 지리적 특성을 반영하게 된다. 즉, 고위도에서 발원한 기단은 한랭하고 저위도에서 발원한 기단은 온도가 높다. 기단은 발원한 위도에 따라 적도 기단Equatorial air mass, 열대 기단Tropical air mass, 한대 기단Polar air mass, 극기단Arctic air mass으로 구분한다. 또한 대륙에서 발원한 대륙성 기단continental air mass은 건조하고, 해양에서 발생한 해양성 기단maritime air mass은 습윤하다.▪

우리나라에 영향을 주는 기단은 건조하고 한랭한 대륙에서 만들어지는 시베리아 기단cP, 습윤하고 한랭한 바다에서 만들어지는 오호츠크 해 기단mP, 습윤하고 더운 바다에서 만들어지는 북태평양 기단mT과 적도 기단mE 등이 있다.

기단	영향을 미치는 시기	성질	영향
시베리아 기단 (cP)	겨울	한랭 건조	서고동저형 기압 배치, 북서 계절풍, 삼한 사온, 폐쇄적 가옥 발달(북부 지방), 김장
북태평양 기단 (mT)	여름	고온 다습	남고북저형 기압 배치, 남동 계절풍, 열대야, 소나기, 개방적 가옥 발달(남부 지방), 벼농사
오호츠크 해 기단 (mP)	늦봄~초여름	한랭 다습	동고서저형 기압 배치, 북동풍, 영동 지방: 냉량 습윤, 영서 지방: 고온 건조
적도 기단(mE)	늦여름~초가을	고온 다습	태풍

▲우리나라에 영향을 주는 기단의 특징

Tip 기단은 우리나라의 사계절 날씨를 생각하면 이해하기 쉬워요. 무더운 여름철 날씨는 고온 다습한 북태평양 기단의 영향을 받아 나타나고요. 시리도록 차가운 바람이 불어오는 겨울철 날씨는 시베리아 기단의 영향을 받기 때문이랍니다.

주제 **10**

전선 〔앞 전 前, 줄 선 線〕
front

성질이 서로 다른 두 기단이 만난 면이 지표면과 만나는 경계선

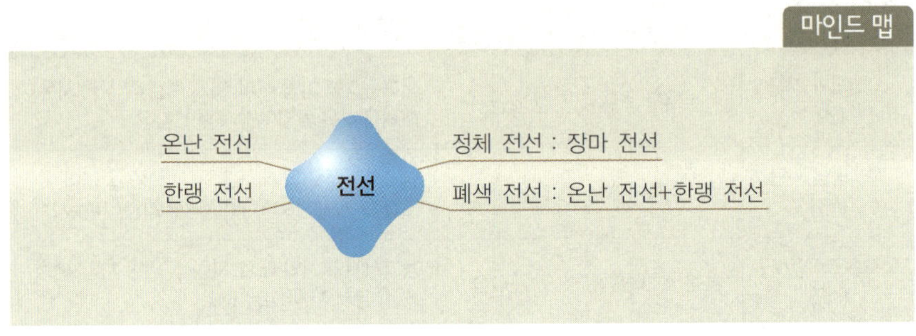

■**일기도상에 나타나는 전선의 형태**

온난 전선

한랭 전선

장마 전선

폐색 전선

성질이 다른 두 기단이 만나는 면을 전선면이라 하고, 전선면이 지표면과 만나는 경계선을 전선이라고 한다. 전선은 15~200km의 폭을 가지지만 일기도상에서는 선▪으로 표현되며, 주변에 비해 상대적으로 기압이 낮기 때문에 저기압이 잘 발달한다. 또한 전선은 성질이 다른 양쪽 기단과 함께 이동하기 때문에 전선이 통과할 때에는 날씨에 급격한 변화가 온다.

전선의 종류에는 온난 전선, 한랭 전선, 정체 전선, 폐색 전선이 있다.

'온난 전선'은 온난 기단이 한랭 기단 위를 미끄러지듯이 올라가면서 만들어진다. 온난전선은 기울기가 완만하여 전선의 폭이 넓고, 층운형의 구름이 발달한다. 따라서 비교적 넓은 강수 구역에 약한 비가 지속적으로 내린다.

'한랭 전선'은 한랭 기단이 온난 기단 밑으로 파고들어 따뜻한 공기를 밀어 올려 형성된다. 전선의 기울기가 가파르기 때문에 전선의 폭이 좁고, 적운형의 구름이 발달한다. 따라서 강수 구역이 좁고 짧은 시간에 소나기 형태로 비가 내린다.

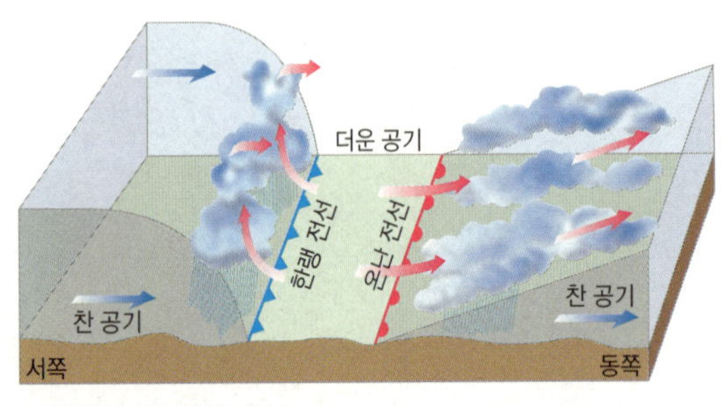

▲ 온난 전선과 한랭 전선

　한랭 전선은 찬 기류가 따뜻한 기류보다 강한 것이고, 온난 전선은 따뜻한 기류가 찬 기류보다 강한 것이다. 한랭 기단과 온난 기단의 세력이 비슷할 때에는 전선이 이동하지 않는데 이를 '정체 전선'이라고 한다. 초여름 우리나라에 영향을 주는 장마 전선이 그 대표적인 예이다. 장마 전선은 6월 하순부터 7월 하순까지 약 한 달간 영향을 미치며, 흐린 날씨가 지속되고, 비가 자주 내린다.

　'폐색 전선'은 한랭전선과 온난 전선이 겹쳐지면서 형성된다. 한랭 전선은 온난 전선보다 더 빠른 속도로 이동하는데 한랭 전선이 온난 전선을 따라 잡으면 온난 전선이 상공으로 밀려 올라간다. 대부분의 폐색 전선이 여기에 해당하지만 반대로 한랭 전선이 상공으로 밀려 올라가는 경우도 있다.

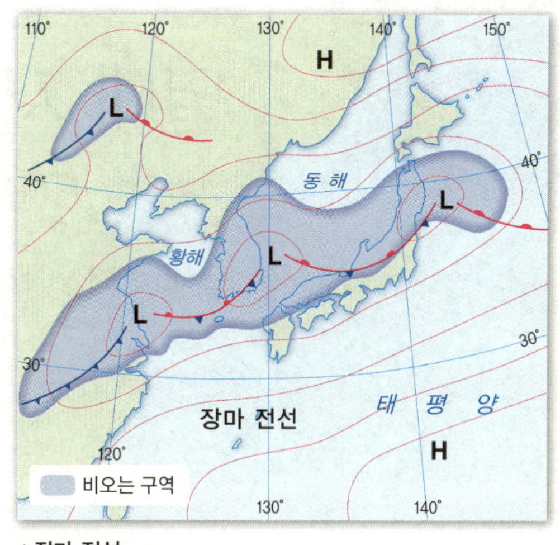

▲장마 전선

전선의 양쪽에서는 기류가 수렴하기 때문에 전선 부근에서는 상승 기류가 형성돼요. 특히 따뜻한 기단 쪽에서 뚜렷하지요. 여기서는 수증기의 응결이 일어나므로 강수 현상을 동반하는 경우가 대부분이에요. 이렇게 내리는 비를 전선성 강수라고 한답니다.

열대 저기압

〔더울 열 熱, 띠 대 帶, 낮을 저 低, 기운 기 氣, 누를 압 壓〕
tropical cyclone

열대의 해상에서 발생하는 강력한 저기압

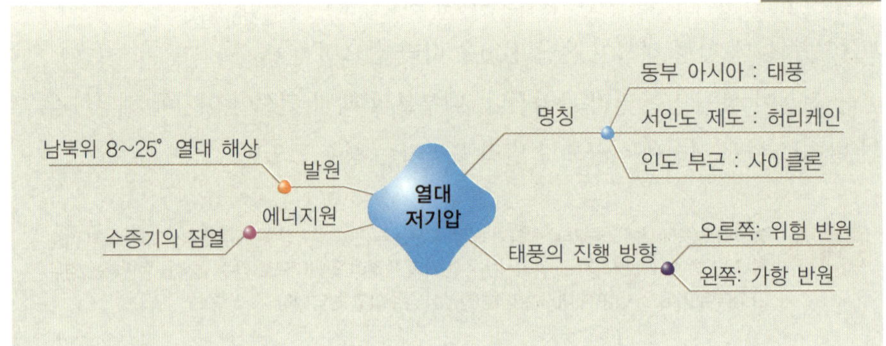

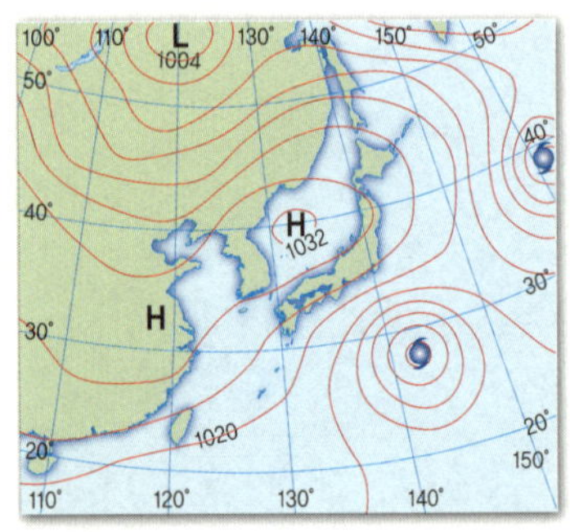

▲ 태풍 시 일기도

    남·북위 8~25°의 열대 해상에서 발생하는 저기압을 열대 저기압이라고 한다. 우리가 흔히 알고 있는 태풍typhoon은 열대 저기압 중에서 중심 최대 풍속이 17m/sec 이상이며, 강한 폭풍우를 동반한 것을 말한다.

    따뜻한 열대 바다에서 증발하는 수증기가 모여 들어 상승하면서 엄청난 양의 에너지를 대기에 공급하게 된다. 이렇게 발달한 태풍은 시속 120~200km의 강풍과 집중 호우를 동반하여 풍수해風水害를 입히는데, 강력한 태풍은 히로시마에 투하된 원자 폭탄의 1만 배나 되는 위력을 가지고 있다. 하지만 여름철 무더위를 식혀 주고 적조赤潮 현상을 완화시켜 주는 등의 긍정적인 역할도 하고 있다.

    북반구에서 태풍은 대체로 무역풍 지대에서는 북서쪽으로 이동하다가 편서

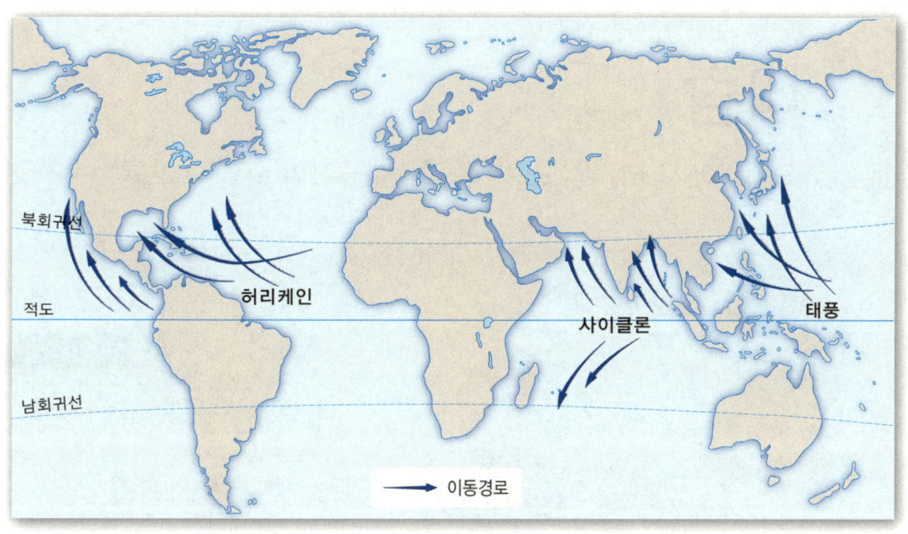

▲ 열대 저기압의 발생 위치와 명칭

풍 지대에 진입하면 방향을 전환하여 북동쪽으로 이동하고, 육지에 도착하면 에너지원인 수증기의 공급이 차단되어 결국 소멸하게 된다.

태풍의 중심부인 '태풍의 눈'은 먹구름의 수직 벽으로 둘러싸여 있는데, 주변과 달리 공기가 하강하는 곳이라 비바람이 없는 맑은 하늘이 나타난다. 태풍의 눈을 중심으로 오른쪽 반원은 위력이 강해 '위험 반원危險半圓', 왼쪽 반원은 비교적 덜 위험하여 항해가 가능할 정도라는 의미로 '가항 반원可航半圓'이라고 부른다. 태풍은 중심을 향해 반시계 방향으로 바람이 불어 들어가는데, 대기 대순환에 의한 탁월풍과 태풍의 풍향이 일치하는 곳에서는 바람이 더욱 강하게 불고 반대되는 곳에서는 상쇄되기 때문이다.

열대 저기압은 발생하는 해역에 따라 부르는 이름이 다른데 우리나라를 포함한 동부 아시아에서는 태풍, 인도 부근에서는 사이클론, 서인도 제도 부근에서는 허리케인이라고 부른다.

주제 **12**

바람 wind

고기압에서 저기압으로 이동하는 공기의 수평적 흐름

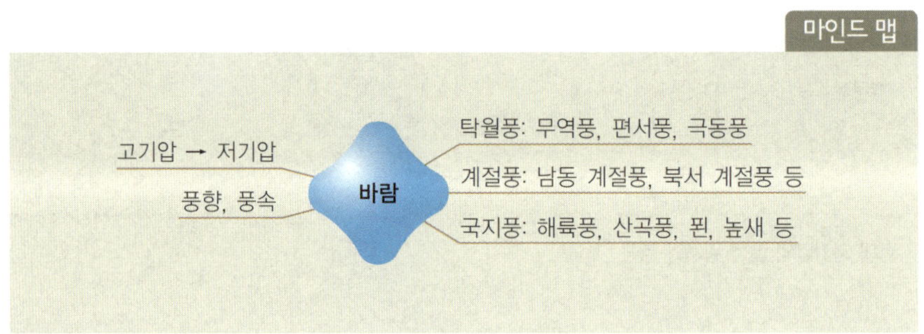

기압이 높은 곳고기압에서 낮은 곳저기압으로 공기가 수평적으로 이동하는 현상을 바람이라고 한다. 바람은 풍향과 풍속 두 가지로 표시하는데 풍향wind direction은 바람이 불어오는 방향을 기준으로 나타내며, 바람의 속도인 풍속 wind speed은 m/sec와 knkt 혹은 knot, 노트의 단위로 표현된다.

바람은 규모에 따라 나눌 수 있는데, 가장 규모가 큰 바람은 지구의 에너지의 평형을 맞추기 위해 발생하는 대기 대순환과 관련된 지구 규모의 바람이다. 이는 일정 방향으로 탁월하게 불기 때문에 탁월풍 혹은 항상풍 혹은 일반풍이라고 부르며, 무역풍·편서풍·극동풍으로 구분된다.

지구 규모보다 작은 규모로는 계절의 변화에 따라 바람의 방향이 바뀌는 계절풍이 있다. 계절풍은 육지와 해양의 비열 차이로 발생하는데 여름에는 육지가 빠르게 가열되어 저기압이 되고 해양은 상대적으로 고기압이 된다. 따라서 해양에서 육지 쪽으로 바람이 분다. 겨울에는 반대로 육지가 빠르게 냉각되어 상대적으로 따뜻한 해양이 저기압이 되고 육지는 고기압이 된다. 따라서 육지에서 해양 쪽으로 바람이 분다.

국지적인 규모의 바람은 해안 지역에서 육지와 해양의 비열 차이로 발생하

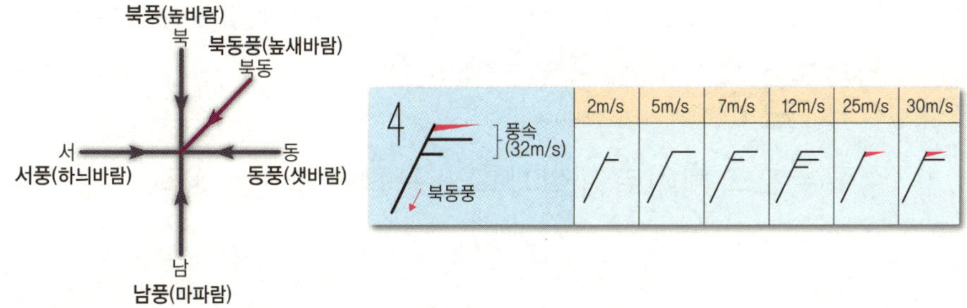

▲풍향과 풍속의 표현

는 해륙풍, 산간 지방에서 산 정상과 골짜기의 가열과 냉각 차이로 발생하는 산곡풍 등이 있다.

　세계 각 지역에서 국지적인 바람이 규칙적으로 불기도 하는데 초봄 알프스 산지에서 부는 고온 건조한 푄föhn, 푄과 유사한 원리로 우리나라 영서 지방에 부는 높새바람, 겨울철 아드리아 해 연안에서 부는 한랭하고 강한 보라bora 등이 있다.

Tip　바람의 종류도 다양하죠? 다시 한 번 정리해 보면 규모에 따라 가장 큰 지구 규모의 탁월풍(무역풍, 편서풍, 극동풍), 그다음으로 대륙 혹은 국가 정도 규모의 지역에 영향을 미치는 계절풍이 있어요. 좀 작은 규모로는 해륙풍과 산곡풍, 푄, 높새바람 등의 국지풍도 있지요.

주제 **13**

계절풍 〔계절 계 季, 마디 절 節, 바람 풍 風〕
monsoon

수륙 분포의 차이로 계절에 따라 풍향이 바뀌는 바람

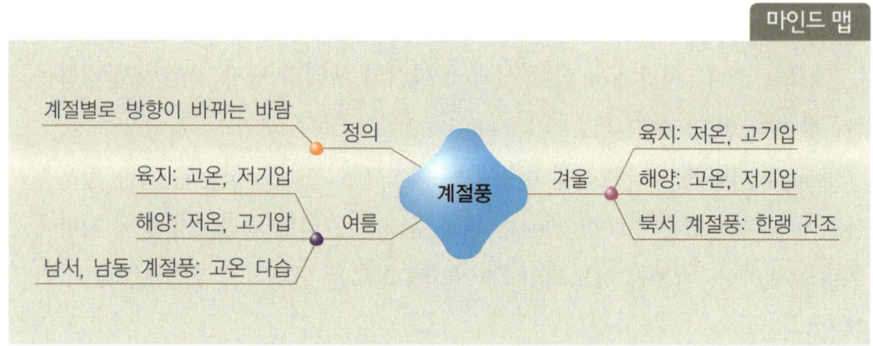

■ **몬순**(monsoon): 계절을 뜻하는 아랍 어인 마우심 (mausim)에서 유래하였다.

계절에 따라 풍향이 현저하게 바뀌어 부는 바람을 계절풍이라고 하며, 몬순■ 이라고도 한다. 육지와 해양의 비열 차이 때문에 발생한다.

여름철 높은 온도로 가열된 육지는 저기압 상태가 되고 상대적으로 저온인 해양은 고기압 상태가 된다. 바람은 고기압에서 저기압으로 불게 되므로 여름 에는 해양에서 육지로 덥고 습한 계절풍이 분다. 겨울에는 반대로 육지가 빠르 게 냉각되어 고기압 상태가 되고 해양은 상대적으로 온도가 높아 저기압 상태 가 되어 육지에서 해양으로 차고 건조한 계절풍이 분다.

계절풍은 세계 곳곳에서 나타나지만 아시아 지역에서 가장 탁월하게 발달한 다. 여름 계절풍에 의한 덥고 비가 많이 내리는 날씨는 이 지역의 벼농사 발달 과 밀접한 관련이 있다.

계절풍의 종류로는 열대 계절풍 온대 계절풍으로 나누어 볼 수 있는데 열대 계절풍은 여름 계절풍이 강하고, 온대 계절풍은 겨울 계절풍이 강하다.

우리나라는 여름에는 태평양 쪽에서 불어오는 고온 다습한 남서·남동 계절 풍의 영향을 받고, 겨울에는 시베리아 쪽에서 불어오는 한랭 건조한 북서 계절

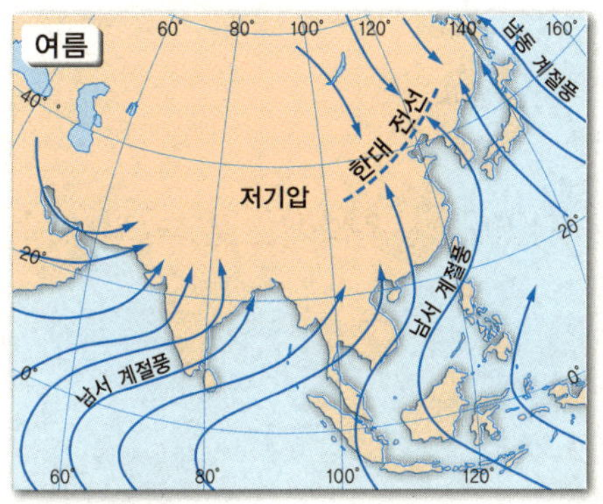

▲ 여름 계절풍

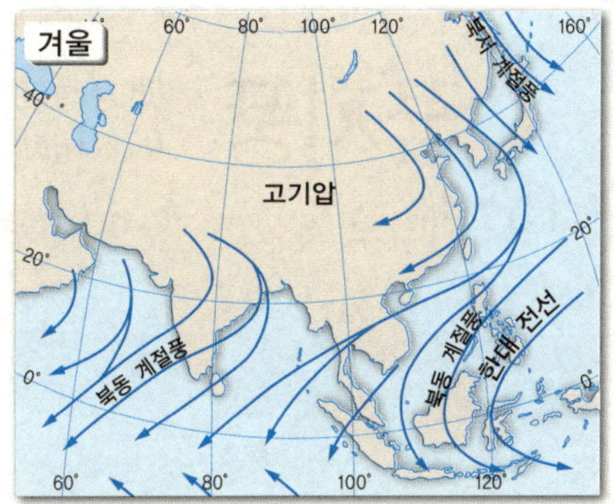

▲ 겨울 계절풍

풍의 영향을 받는다.

Tip 바람은 불어오는 방향에 따라 성질이 달라요. 첫째, 바다에서 불어오면 습윤하고, 육지에서 불어오면 건조하다는 것을 기억해 주세요. 둘째, 저위도에서 불어오면 따뜻하고(고온), 고위도에서 불어오면 차가워요(한랭). 예를 들어 시베리아처럼 고위도의 육지에서 바람이 불어오면 고위도니까 한랭, 육지니까 건조한 성질의 바람이 되는 거죠.

주제 14

국지풍 〔판 국 局, 땅 지 地, 바람 풍 風〕
local wind

지역적 특성과 관련하여 좁은 지역에서 규칙적으로 부는 바람

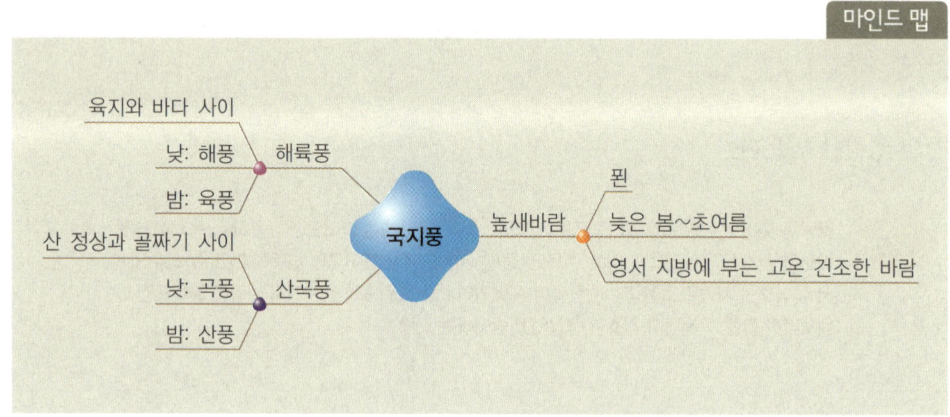

지역적 특성으로 인해 좁은 지역에서 규칙적으로 반복해서 부는 바람을 국지풍지방풍이라고 한다. 국지풍에는 해륙풍과 산곡풍, 높새바람 등이 있다.

해륙풍海陸風은 육지와 해양 사이의 비열 차이로 낮과 밤에 따라 방향이 바뀌어 부는 바람이다. 낮에는 육지가 해양보다 먼저 가열되어 가벼워진 육지의 공기가 상승하여 저기압 상태가 되고 해양은 상대적으로 고기압 상태가 된다. 따라서 바다에서 육지로 해풍이 분다. 밤에는 육지가 빠르게 냉각되므로 상대적으로 해양의 공기가 더 따뜻하다. 따라서 낮과 기압 배치가 반대가 되어 육지에서 해양으로 육풍이 분다.

산간 지방에서는 낮과 밤의 정상부와 골짜기의 기온 차이로 바람의 방향이 바뀌는데, 이를 산곡풍山谷風이라고 한다. 낮에 산 정상부가 먼저 가열되면 산 정상부는 저기압 상태가 되고 골짜기는 고기압 상태가 되어 골짜기에서 산 정상 쪽으로 곡풍이 분다. 밤에는 산 정상이 빠르게 냉각되므로 상대적으로 따뜻

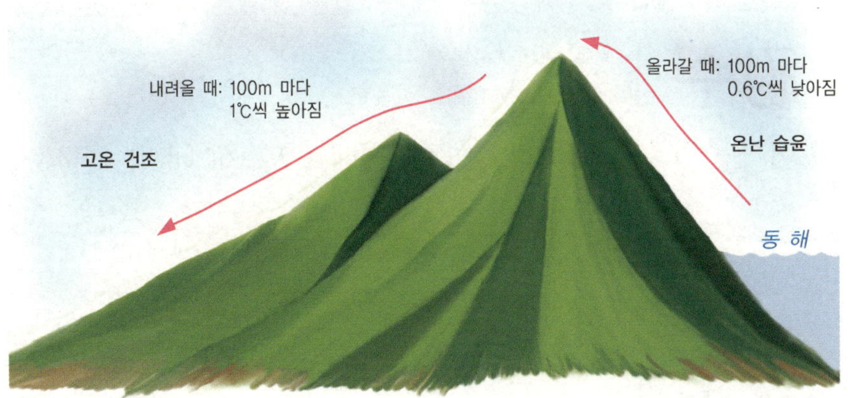

▲ 높새바람의 원리

한 골짜기가 저기압 상태가 되고 산 정상부는 고기압 상태가 되어 반대로 산 정상부에서 골짜기 쪽으로 부는 산풍이 분다.

푄föhn은 지중해의 습한 바람이 알프스 산맥을 넘으면서 비를 내리고 스위스로 부는 고온 건조한 바람의 이름에서 유래한 것으로, 바람의지바람그늘■ 사면에 부는 고온 건조한 국지풍을 의미한다.

푄의 일종으로 우리나라에서는 늦은 봄부터 초여름 사이에 태백산맥을 넘어 영서 지방으로 고온 건조한 북동풍이 부는데 이를 높새바람이라고 한다. 영동 지방으로 유입하는 습한 공기는 태백산맥을 만나 상승하게 된다. 상승하는 공기는 100m 올라갈 때마다 약 0.6℃씩 온도가 낮아지며 결국은 응결되어 비를 뿌린다. 그 후 건조해진 공기는 영서 지방으로 100m 내려갈 때마다 약 1℃씩 온도가 높아져 고온 건조한 바람이 되는데, 이 바람은 영서 지방과 경기 지방에 가뭄한발 피해를 준다.

■ **바람받이**(windward) 사면은 바람이 불어오는 곳으로, 바람이 사면의 경사를 따라 상승하는 사면이다. 반대로 **바람의지**(leeward) 사면은 산을 타고 상승한 공기가 산을 넘어 하강하는 곳이다.

> **Tip** 해가 뜨는 낮에는 바다에서 육지 쪽으로 해(海)풍이 불고(똑같이 '해' 자가 들어가는 것으로 암기하세요!), 해가 뜨는 낮에는 골짜기에서 산 정상으로 곡(谷)풍이 불어요(곡풍의 '곡' 자는 '골짜기 곡'이죠? 해골이라고 앞 글자를 따서 암기하세요!).

주제 **15**

강수 〔내릴 강 降, 물 수 水〕
precipitation

대기 중의 수증기가 비, 눈 등의 형태로 지표에 내리는 현상

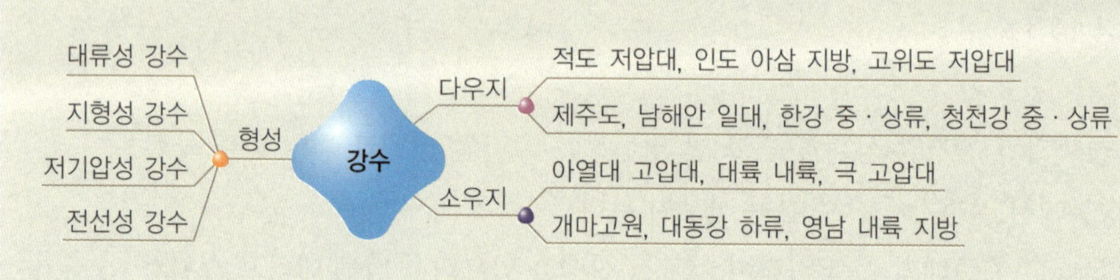

비가 오든강우, 눈이 오든강설, 우박이나 진눈깨비 등이 내리든 대기 중의 수분이 지표로 내려오는 것을 통틀어 강수라고 한다. 강수는 인간 생활에 필요한 물의 공급원이며, 인류의 생존에 꼭 필요한 기후 요소이다.

강수가 형성되기 위해서는 기본적으로 공기가 상승해야 한다상승 기류. 상승하는 공기는 기온 감률에 따라 점차 냉각되다가 이슬점 온도▪에 도달하면 응결이 이루어져 구름이 만들어지고 강수가 발생한다.

형성 원인에 따른 강수의 종류에는 대류성 강수, 지형성 강수, 저기압성 강수, 전선성 강수가 있다.

대류성 강수는 한여름 오후에 국지적으로 단시간 동안 내리는 우리나라의 소나기나 열대 지방의 스콜squall처럼 강한 태양열로 가열된 지표에서 대류 현상에 의해 공기가 상승하면서 발생하는 강수이다.

지형성 강수는 습기를 머금은 공기가 산지를 만나 강제적으로 상승하면서 내리는 것으로, 우리나라 대부분의 다우지▪가 여기에 해당한다.

저기압 중심으로 모여든 공기가 상승 기류를 형성하여 내리는 비를 저기압

▪**이슬점 온도**: 기압과 수증기량이 일정할 때 기온이 내려가 수증기량이 포화 상태가 될때의 온도.

▪**다우지**(多雨地): 일정 기간 동안 다른 지역보다 기준량 이상으로 비가 많이 내리는 지역.

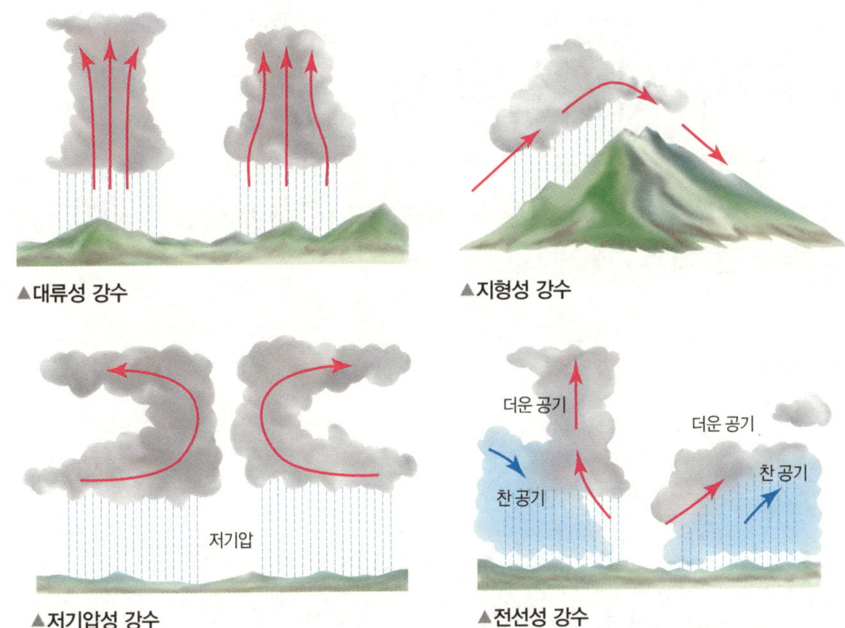

성 강수라고 한다. 열대 지역의 바다에서 상승한 따뜻한 수증기가 에너지원이 되어 발달한 열대 저기압은 강한 바람과 호우를 동반하는데, 늦여름부터 초가을까지 우리나라에 영향을 주는 태풍에 의한 강수가 대표적인 예이다.

마지막으로 성질이 서로 다른 두 기단이 만나면 전선이 형성되고, 전선면을 따라 공기가 상승하면서 강수가 발생하는데 이를 전선성 강수라고 한다. 정체 전선에 의한 우리나라의 장마를 예로 들 수 있다.

Tip 비가 오려면 무조건 공기가 상승해야 해요. 공기가 상승하면 일단 기온이 낮아지고, 그러면 공기 중의 수증기가 쉽게 응결되어 구름이 만들어지면서 비를 뿌리거든요. 따라서 무겁고 찬 공기가 하층, 가볍고 따뜻한 공기가 상층에 위치한 안정된 대기와 하강 기류가 있는 고기압 구역에서는 비가 내리기 어렵답니다!

다우지 / 소우지

〔많을 다 多, 비 우 雨, 땅 지 地〕/ 〔적을 소 少, 비 우 雨, 땅 지 地〕

일정 기간 동안에 다른 지역보다 기준량 이상으로 비가 많이 내리는 지역 / 적게 내리는 지역

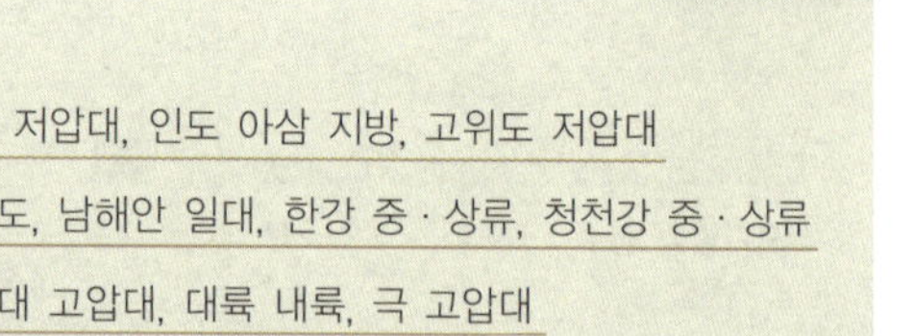

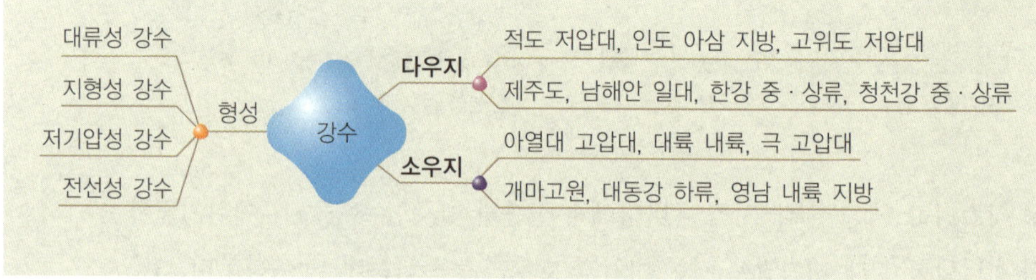

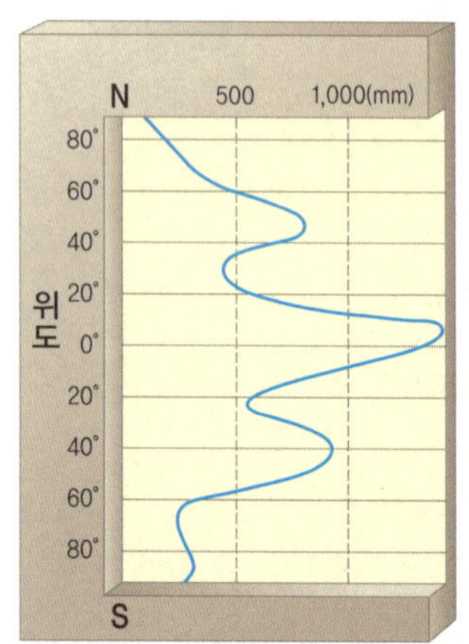

▲ **위도별 연평균 강수량**

■ **지형성 강수**: 습기를 머금은 공기가 산지를 만나 강제적으로 상승하면서 발생하는 강수.

세계의 연평균 강수량은 약 880mm이지만 강수량의 지역적 차이는 매우 크다. 강수량의 분포는 위도, 지리적 위치, 수륙 분포 등 다양한 기후 요인의 영향을 받는다.

일정 기간 동안의 강수량이 다른 지역보다 기준량 이상으로 많은 지역을 다우지라고 한다. 세계적인 다우지로는 강한 일사로 인해 매일 소나기스콜가 내리는 적도 저압대, 계절풍과 히말라야 산맥의 영향을 받아 여름철에 비가 많이 내리는 인도의 아삼 지방, 한대 전선이 형성되어 비가 많이 내리는 고위도 저압대 등이 있다. 우리나라의 다우지로는 제주도, 남해안 일대, 한강 중·상류 지역, 청천강 중·상류 지역을 들 수 있는데 대체로 지형성 강수■의 형태로 비가 집중되는 지역이다.

다우지와 반대로 강수량이 다른 지역보다 기준량 이하로 적은 지역을 소우지라고 한다. 세계적인 소우지로는 연중 하강 기류가 존재하는 아열대 고압

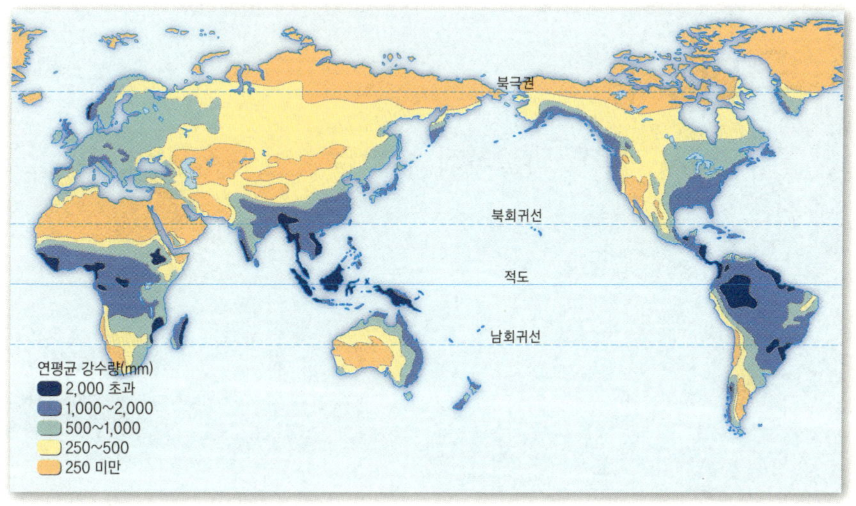

▲세계의 연평균 강수량 분포도

대, 바다에서 멀리 떨어져 수증기의 유입이 어려운 대륙의 내륙, 열 부족으로 공기가 침강하는 극 고압대 등이 있다. 우리나라의 대표적인 소우지는 산맥으로 둘러싸여 있는 개마고원, 평야 지역인 대동강 하류, 분지 형태의 영남 내륙 지방 등이 있다.

Tip 우리나라의 다우지에서는 비의 피해를 줄이기 위해 주변 지역보다 터를 높게 돋우어서 터돋움 집을 지어 생활하기도 해요. 황해안 일대의 소우지에서는 천일제염업을, 영남 내륙 지방에서는 당도가 높은 사과를 재배하기도 하지요.

주제 **17**

우데기

울릉도에서 가옥의 바깥쪽에 처마 밑을 둘러싸고 있는 방설을
위한 외벽

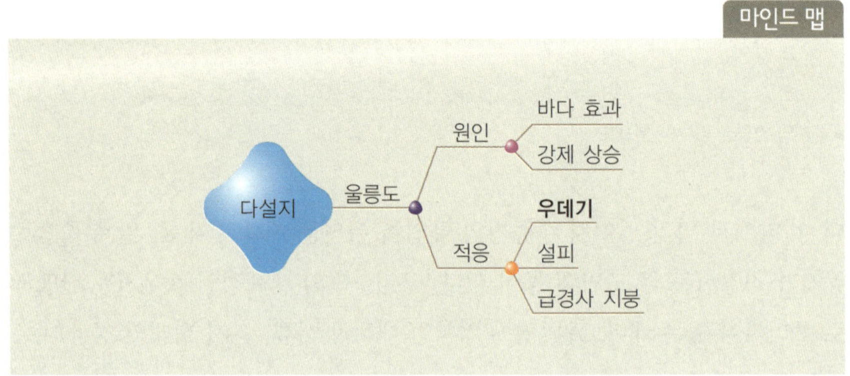

울릉도 전통 가옥에서 볼 수 있는 독특한 형태의 방설防雪을 위한 외벽을 우
데기라고 한다.

울릉도는 우리나라의 대표적인 다설지인데, 겨울철 차가운 북서 계절풍이
동해를 지나면서 습기를 머금은 채 이동하다가 울릉도에 부딪치면 강제 상승
하여 많은 눈을 뿌리기 때문이다. 우리나라 대부분의 지역은 강수량이 여름철
에 집중되는 데 비해, 울릉도의 기후 그래프를 보면 겨울철 강설로 인해 연중
강수량이 고른 것을 알 수 있다.

이렇게 눈이 많이 내리는 울릉도에서는 눈이 집으로 들이치는 것을 막고, 이
동 및 활동 공간축담을 확보하기 위하여 우데기를 설치하여 많은 눈에 적응하
면서 살아왔다.

우데기는 처마 바로 안쪽에 여러 개의 기둥을 세우고 억새나 옥수숫대로 이
엉을 엮어 출입문을 제외하고 집을 둘러쳐서 만든다. 우데기는 방설의 기능 외

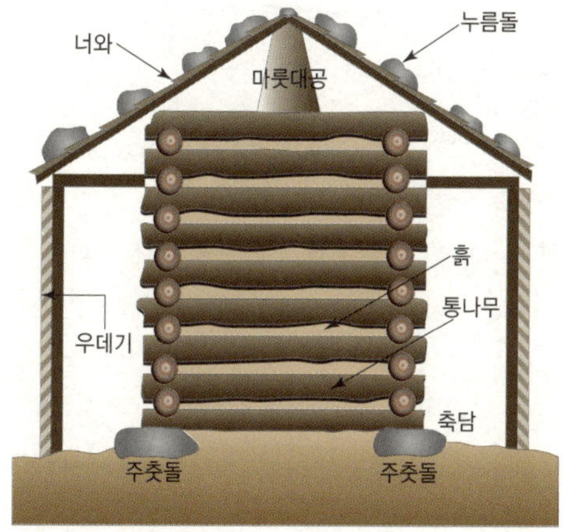

▲우데기의 구조

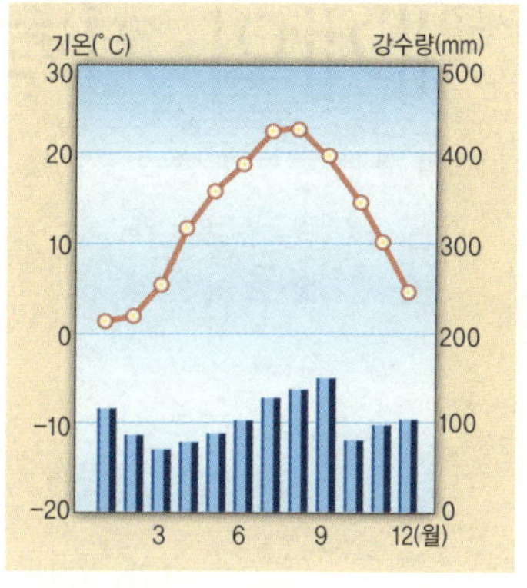

▲울릉도의 기후 그래프

에도 차가운 바람을 막아 주고, 햇빛을 차단하는 기능도 한다. 외부에 눈이 많이 쌓인 경우에 축담은 저장과 작업을 위한 공간으로 이용된다.

이 외에도 눈 위를 쉽게 걸을 수 있도록 신발 바닥에 덧대어 신는 설피나 눈이 쌓여 지붕이 무너지지 않도록 급경사의 지붕을 만드는 것도 눈에 적응하여 살아가는 모습이다.

우데기는 눈이 집으로 들이치는 것을 막아서 실내 생활 공간을 만들어 주는 방설벽을 말하는 것이지, 울릉도 전통 가옥의 명칭이 아니라는 점을 기억해 두세요.

주제 **18**

세계의 기후 구분

〔인간 세 世, 지경 계 界, 기운 기 氣, 기후 후 候, 구분할 구 區, 나눌 분 分〕

비슷한 특성을 보이는 유형별로 기후 지역을 구분한 것

마인드 맵

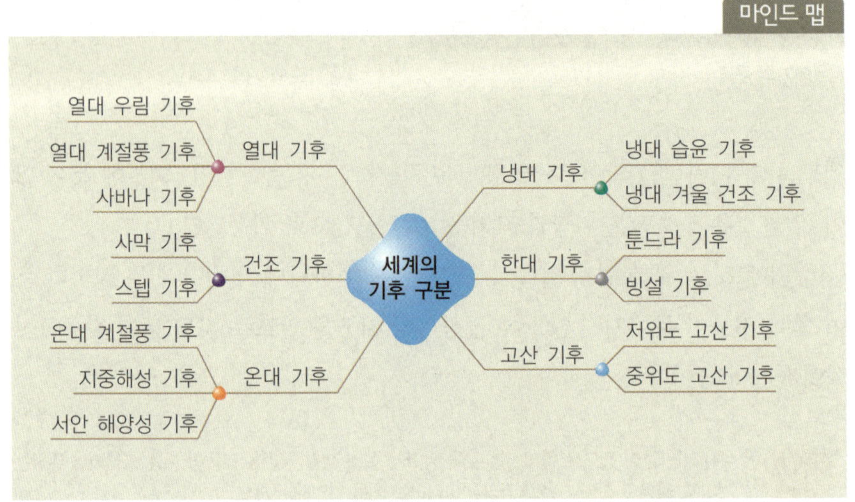

현재 널리 사용되고 있는 기후 구분은 독일의 기후학자인 쾨펜Köppen, w.p이 고안한 것으로, 그는 식생이 그 지역의 기온 및 강수량과 밀접한 관련이 있을 것으로 가정하고 식생의 분포를 기준으로 세계의 기후를 구분하였다.

쾨펜은 위도에 따라 저위도와 고위도에 각각 한 가지 기후형, 중위도에 두 가지 기후형을 정하고, 건조 기후형을 추가하여 총 5가지 기후형을 만들었다. A열대 기후, B건조 기후, C온대 기후, D냉대 기후, E한대 기후의 기호를 써서 제1차 구분을 하였으며, 원래는 3차까지 세분하였으나 간단하게 제1차 구분만 살펴보면 오른쪽 표와 같다.

세계의 기후 구분도를 보면 기후형은 대체로 적도에서 극으로 가면서 A 기후형에서 E 기후형으로 바뀌는 것을 알 수 있다.

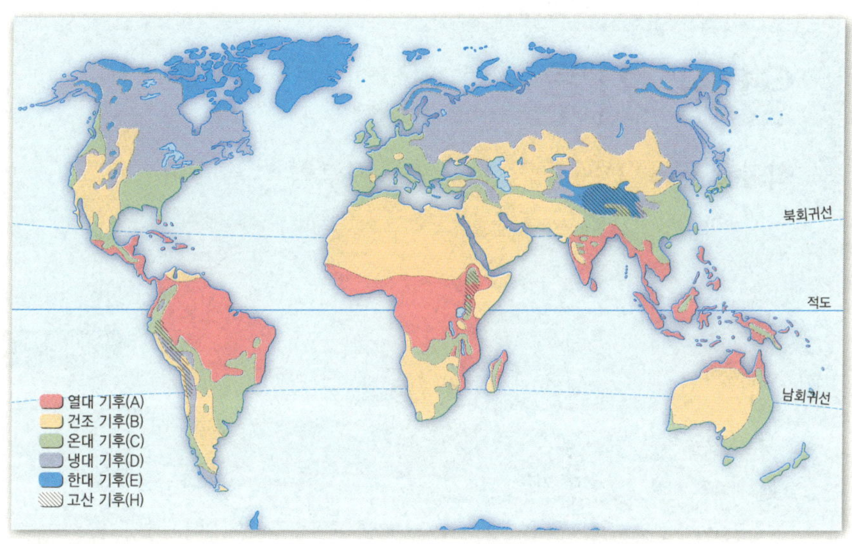

▲세계의 기후 구분

세계의 기후는 적도에서 극으로 가면서 대체로 A–B–C–D–E 기후형의 순서로 분포한다. 북반구와 남반구의 기후는 대략 대칭적으로 분포하지만, 남반구에는 D 기후형이 없는 것이 특징이다. 세계적으로 높은 산이 위치한 지역에서는 H 기후형이 나타난다.

	기준	위도	제1차 구분 기호	기후형
기온	최한월 평균 기온■이 18℃ 이상	저위도	A	열대 기후
강수량	강수량이 증발량보다 적음	·	B	건조 기후
기온	최한월 평균 기온이 −3~18℃ 미만	중위도	C	온대 기후
	최한월 평균 기온이 −3℃ 미만		D	냉대 기후
	최난월 평균 기온■이 10℃ 미만	고위도	E	한대 기후

▲쾨펜의 기후 구분

■**최한월 평균 기온**(最寒月 平均氣溫): 1년 중에서 가장(最) 추운(寒) 달(月)인 최한월의 평균 기온.

■**최난월 평균 기온**(最煖月 平均氣溫): 1년 중에서 가장(最) 더운(煖) 달(月)인 최난월의 평균 기온.

　A, C, D 기후형은 나무가 자랄 수 있는 수목 기후이지만, B 기후형은 너무 건조해서, E 기후형은 너무 추워서 나무가 자랄 수 없는 무수목 기후이다.

　쾨펜은 처음 기후 구분 방법을 제시한 이후 여러 차례에 걸쳐 수정하여 1936년 최종 결과를 발표하였다. 그러나 현재 사용하는 일반적인 기후 구분은 지리학자 트레와다Trewartha, G에 의해 수정·보완된 것이다. 트레와다는 D 기후형을 세분하고 고산 기후를 새로 추가하여 H 기후형으로 분류하였다.

주제 **19**

열대 기후

〔더울 열 熱, 띠 대 帶, 기운 기 氣, 기후 후 候〕
tropical climate

최한월 평균 기온이 18℃ 이상인 기후형

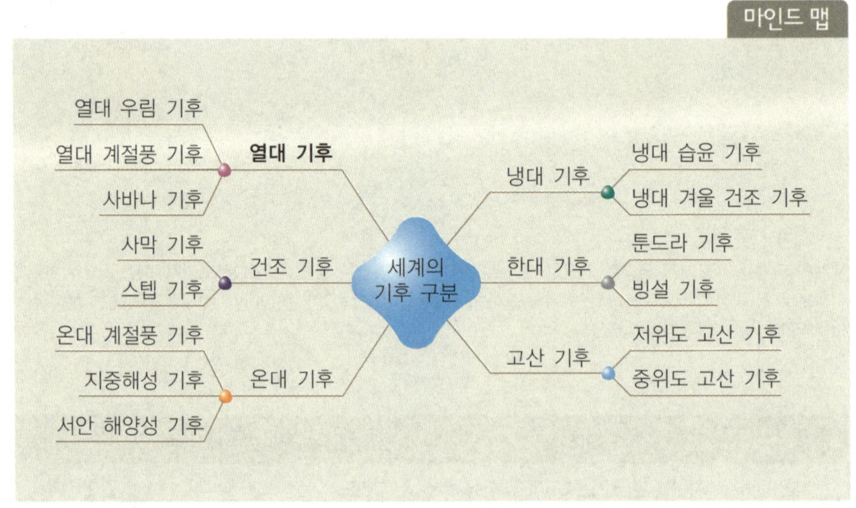

저위도 지방에서 나타나는 기후로 최한월 평균 기온이 18℃ 이상인 기후이다. 열대 기후는 열대 우림 기후, 열대 계절풍 기후, 사바나 기후로 세분할 수 있다.

적도 주변 남·북위 5~10°에서 나타나는 열대 우림 기후는 주로 남아메리카의 아마존 분지, 북부 아프리카의 콩고 분지, 동남아시아 일대에 분포한다. 일 년 내내 계절의 변화 없이 고온 다우高溫多雨한 날씨가 지속되며, 낮 동안에는 강한 태양열로 상승 기류가 발달하여 스콜squall이라 불리는 소나기가 내린다. 종일 내리쬐는 햇빛과 풍부한 강수량 덕분에 다양한 종의 나무가 빼곡히 섞여 있는 열대 우림이라는 식생이 발달하였으며, 가옥은 더위와 해충을 피하고 홍수에 대비하는 고상 가옥▪, 수상水上 가옥의 형태로 발달하였다. 이 지역의 전통 농업은 이동식 화전 농업▪이었으나 식민 지배를 겪은 후에는 고무, 카카오,

▪**고상 가옥**(高床家屋): 지면의 열과 습기를 피하기 위해 땅에 기둥을 박고 지면에서 바닥을 1~2m 띄워 지은 집.

▪**화전 농업**(移動式火田農業): 토지에 불(火)을 질러 잡초와 나무를 태운 땅(田)에 농사 짓는 방법(農業).

▲ 열대 우림 기후

▲ 사바나 기후

커피 등을 재배하는 플랜테이션▪ 형태의 상업적 농업이 주를 이룬다. 동남아시아 지역에서는 일 년에 벼를 두 번 수확하는 이기작▪이 행해지기도 한다.

남·북위 5~25° 사이에 분포하는 열대 계절풍 기후는 열대 우림 기후와 같이 연평균 강수량이 많지만 계절풍의 영향으로 짧은 건기가 존재한다. 여름에는 열대의 따뜻한 바다에서 육지로 불어오는 습한 바람이 비를 많이 내리고, 반대로 겨울에는 육지에서 불어오는 건조한 바람으로 인해 비가 거의 내리지 않는다. 남부 아시아와 동남아시아, 남아메리카 북동부, 오스트레일리아 북동부가 해당되며, 특히 지형의 영향을 크게 받는 인도의 아삼 지방과 방글라데시는 세계적인 다우지로 유명하다. 열대 계절풍 기후가 나타나는 지역에서는 벼농사가 주로 발달하였는데 지역에 따라 이기작도 가능하다.

사바나 기후는 남·북위 5~20°^{아시아 지역은 북위 10~30°}에 걸쳐 분포한다. 열대 우림 기후와 열대 계절풍 기후 지역 주변에서 나타나며 인도, 타이, 캄보디아, 베네수엘라, 콜롬비아 등이 해당된다. 건기와 우기가 명확하게 구분되는데, 여름에 강수가 집중되고 겨울은 건조하다. 이러한 강수의 계절적 편차로 인해 사바나라고 불리는 독특한 식물 경관이 발달해 있다. 키가 큰 풀이 가득한 초원이 펼쳐져 있고, 드문드문 가뭄에 잘 견디는 껍질이 두꺼운 나무들이 자라며, 이를 먹이로 하는 초식 동물과 그들을 먹이로 하는 육식 동물이 먹이 사슬을 이루고 있는 사바나는 야생 동물의 낙원이다.

"타잔"이라는 애니메이션을 한 번쯤은 본 적이 있죠? 타잔이 살고 있는 밀림이 바로 열대 우림 기후가 나타나는 곳이에요. 그리고 "동물의 왕국"에서 종종 볼 수 있는 마른 풀이 무성하고 드문드문 우산 모양의 나무가 있는 초원이 바로 사바나 기후가 나타나는 곳이랍니다.

▪ **플랜테이션**(plantation): 열대와 아열대에서 이루어지는 농업 형태. 서양의 자본과 기술력, 원주민의 값싼 노동력을 바탕으로 주로 단일 작물을 재배한다.

▪ **이기작**(二期作): 같은 땅에서 동일한 작물을 1년에 2번 재배하는 재배 방식.

주제 20

건조 기후

〔마를 건 乾, 마를 조 燥, 기운 기 氣, 기후 후 候〕
dry climate

강수량이 500mm 이하인 지역으로 강수량이 증발량보다 적은 기후형

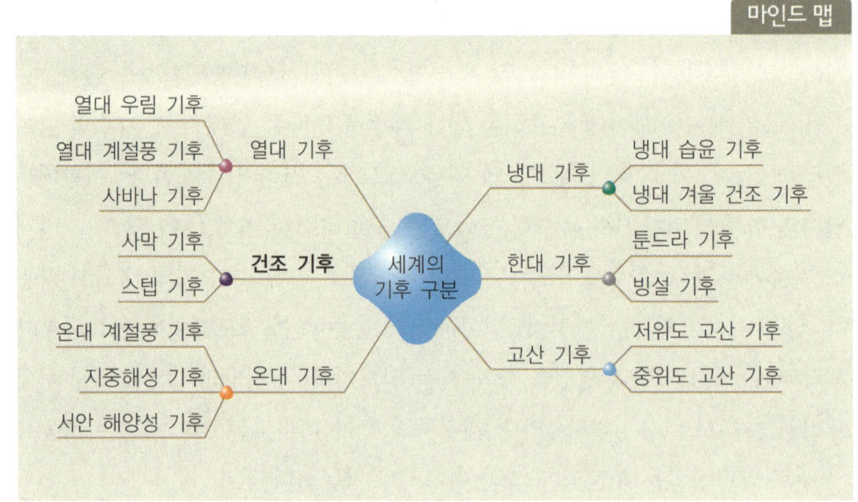

지구 상에서 건조 기후가 차지하는 면적은 전체 육지의 약 30%로 넓은 지역에 걸쳐 분포한다. 연 강수량은 500mm가 채 되지 않으며, 강수량보다 증발량이 더 많은 매우 건조한 지역이다. 건조 기후는 건조한 정도에 따라 사막 기후와 스텝 기후로 나눌 수 있다.

사막 기후는 대개 연 강수량이 250mm 이하로 맑고 습도가 낮으며, 식생이 거의 없어 기온의 일교차가 매우 크다. 사막 기후는 아열대 고압대에 속하는 남·북위 15~25°, 대륙 내부에 위치해 수증기의 유입이 거의 없는 지역, 한류가 흐르는 주변 지역에서 나타난다. 사하라 사막·아라비아 사막은 아열대 고압대에 위치하며, 타클라마칸 사막·고비 사막은 수증기의 유입이 거의 없는 대륙의 내부에, 아타카마 사막·나미브 사막은 한류가 흐르는 주변 지역에 위

▲사막 기후

▲스텝 기후

치한다. 사막에서 도시는 주로 물이 고여 있는 오아시스 주변으로 형성되며, 관개용수를 끌어와 관개 농업이 이루어지기도 한다.

　스텝 기후는 사막 주변을 둘러싸고 있는 반건조 기후이다. 연 강수량은 250~500mm로 사막 기후보다는 많으며, 사막 기후와 습윤 기후의 점이 지대■에 나타난다. 스텝steppe이란 키가 작은 풀로 이루어진 건조 지역의 초원을 가리키는 말로 북아메리카의 프레리Prairie, 아르헨티나의 팜파스Pampas, 러시아의 흑토黑土 지대가 대표적인 예이다. 몽골에서는 스텝이 유목에 이용되며, 미국의 그레이트 플레인스Great Plains에서는 소의 방목과 대규모의 밀 농사가 이루어지고 있다. 우크라이나에서 중앙아시아까지의 스텝 지역은 체르노좀Chernozyom이라는 비옥한 토양을 바탕으로 세계적인 곡창 지대로 개발되었다.

■**점이 지대**: 서로 다른 특성을 가진 두 지역 사이에 위치하여 양쪽의 모습이 혼재되어 나타나는 지역.

Tip　건조 기후라고 하면 모래가 가득한 사막이 먼저 떠오를 거예요. 그렇지만 건조 기후라고 무조건 다 사막은 아니랍니다. 사하라 사막, 고비 사막 등 일부 모래사막도 있지만 모래사막 주변부에 있는 키 작은 풀로 이루어진 초원도 건조 기후에 속하죠.

온대 기후

〔따뜻할 온 溫, 띠 대 帶, 기운 기 氣, 기후 후 候〕
mesothermal climate

최한월 평균 기온이 −3∼18℃ 미만인 기후형

마인드 맵

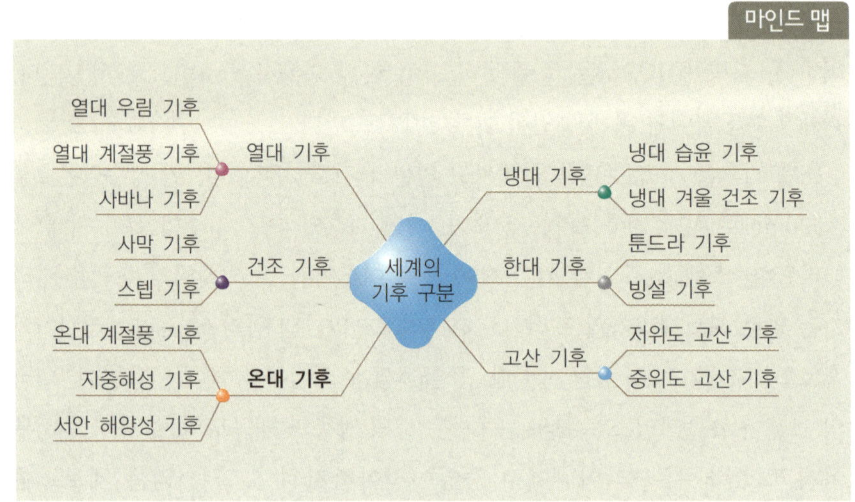

온대 기후는 위도 30∼60° 사이에 위치한 중위도 지방의 기후로 온대 계절풍 기후, 지중해성 기후, 서안 해양성 기후로 분류할 수 있다.

온대 계절풍 기후는 중위도 대륙 동안에서 나타나는 기후로 계절풍의 영향을 받아 기온과 강수량의 연교차가 크다. 여름철에는 기온이 높고 강수량이 많은 편이며, 겨울철에도 대체로 온화한 편이지만 대륙성 기단이 영향을 미치면 한파가 몰려오기도 한다. 이 기후형은 위도에 따라 식생 분포에 차이를 보이는데 보다 저위도에서는 상록 활엽수▪가, 보다 고위도에서는 낙엽 활엽수▪가 대표적인 식생이다. 우리나라의 남부 지방이 이 기후에 해당된다.

지중해성 기후는 남·북위 30∼40°의 대륙 서안에 분포하는 기후로 지중해 연안 지역, 미국의 캘리포니아 일대, 칠레 중부 등 일부 지역에서만 나타난다. 우리나라와 비슷한 위도대에 위치하지만 우리나라의 기후와는 정반대로 강수

▪**상록 활엽수**(常綠闊葉樹): 사계절 내내 푸르고 넓은 잎을 가진 나무.

▪**낙엽 활엽수**(落葉闊葉樹): 가을이나 겨울에 잎이 떨어지고 봄에 잎이 새로 나오는 나무 중 넓은 잎을 가진 나무.

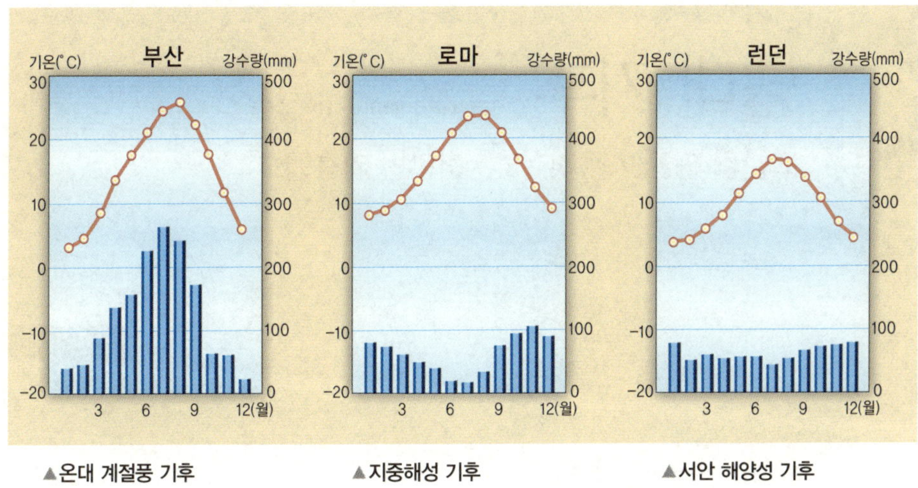

▲온대 계절풍 기후　　　▲지중해성 기후　　　▲서안 해양성 기후

량이 겨울에 집중되고, 여름에 건조한 것이 특징이다. 여름철에는 아열대 고압대에 속하기 때문에 고온 건조하며, 겨울철에는 해양성 기단의 영향을 받아 온난 습윤하다. 고온 건조한 여름에는 풀들이 말라 버리기 때문에 코르크참나무, 올리브, 무화과 등 잎이 작고 단단하며, 뿌리가 깊은 나무들 위주의 수목 농업이 행해지고 있다. 온난 습윤한 겨울에는 밀 등의 곡물 농업과 채소가 재배된다.

　서안 해양성 기후는 남·북위 40~60° 사이에 분포하며 북반구의 대륙 서안인 중·서부 유럽과 북아메리카의 서안, 남반구에서는 대륙의 동안인 아프리카 남동부, 남아메리카 남단 등지에서 나타난다. 이 기후는 연중 따뜻하고 습한 해양을 지나는 편서풍의 영향을 받아 같은 위도대의 다른 지역에 비하여 온난 습윤하며 기온과 강수량의 연교차가 작다. 겨울철은 온화하고 여름철은 선선한 편이라 일찍부터 낙농업이 발달하였다.

Tip 온대 기후라고 다 같은 것은 아니죠? 계절별 강수량 분포에 따라 연중 고르게 비가 내리는 것은 서안 해양성 기후, 여름철에 집중되는 것은 온대 계절풍 기후, 겨울철에 집중되는 것은 지중해성 기후예요.

주제 **22**

냉대 기후
〔찰 냉 寒, 띠 대 帶, 기운 기 氣, 기후 후 候〕
microthermal climate

최한월 평균 기온이 −3℃ 미만인 기후형

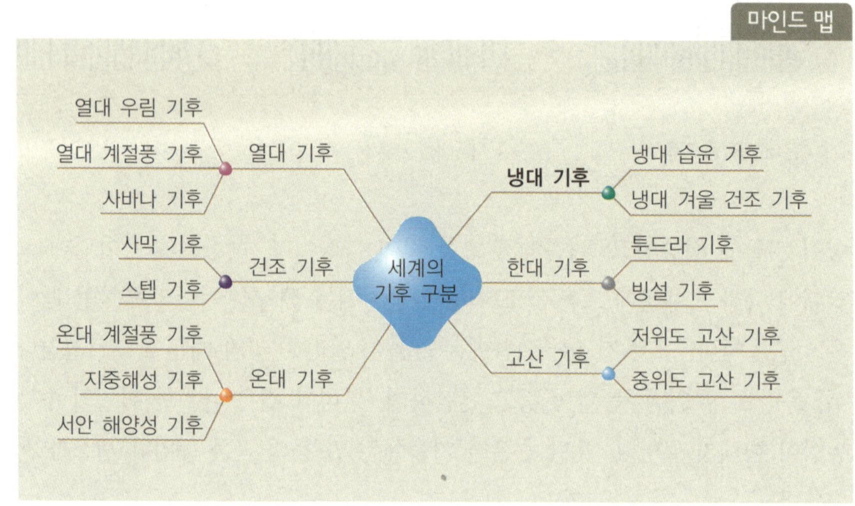

위도 35~60° 사이에서 나타나는 기후로 온대 기후와 한대 기후의 중간적 성격을 띠며 기온의 연교차가 가장 크다. 남반구에는 해당되는 위도에 육지가 거의 없기 때문에 북반구에만 분포한다. 냉대 기후는 최난월 평균 기온은 10℃ 이상 올라가지만 최한월 평균 기온이 −3℃ 미만인 기후로 연교차가 크기 때문에 계절의 급격한 변화에 따른 경관 변화가 뚜렷하다는 특징이 있다. 냉대 기후는 냉대 습윤 기후와 냉대 겨울 건조 기후로 분류할 수 있다.

냉대 습윤 기후는 비교적 연중 비가 고르게 내리는 편이며 긴 겨울의 혹독한 추위가 특징적이다. 시베리아, 스칸디나비아 반도, 알래스카 등의 지역이 여기에 해당된다. 감자·밀 등 밭농사가 가능한 지역도 있으나, 주로

▲타이가 지대

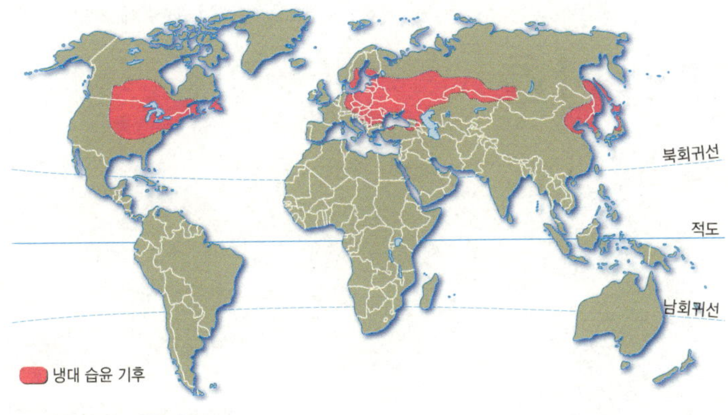

▲냉대 습윤 기후의 분포

타이가taiga라고 불리는 울창한 냉대 침엽수림이 넓게 분포한다. 타이가는 세계적인 임업 지대이다.

　냉대 겨울 건조 기후는 계절풍의 영향으로 짧은 여름철에 강수가 집중되며, 겨울은 길고 추우며 건조한 것이 특징이다. 동북아시아 지역에서 많이 나타나며, 냉대 습윤 기후와 마찬가지로 타이가가 발달하였다.

> **Tip** 우리나라는 온대 기후일까요, 냉대 기후일까요? 대답이 살짝 망설여지죠? 우리나라의 남부 지방은 온대 기후(온대 계절풍 기후)이지만 서울을 비롯한 중부 지방의 일부는 냉대 기후(냉대 겨울 건조 기후)예요. 냉대 기후에 속한 지역은 서울처럼 꽤 따뜻한 곳도 있지만, 시베리아의 일부 지역처럼 −40℃까지 내려가는 추운 지역도 있답니다.

한대 기후

〔찰 한 寒, 띠 대 帶, 기운 기 氣, 기후 후 候〕
polar climate

최난월 평균 기온이 10℃ 미만인 기후형

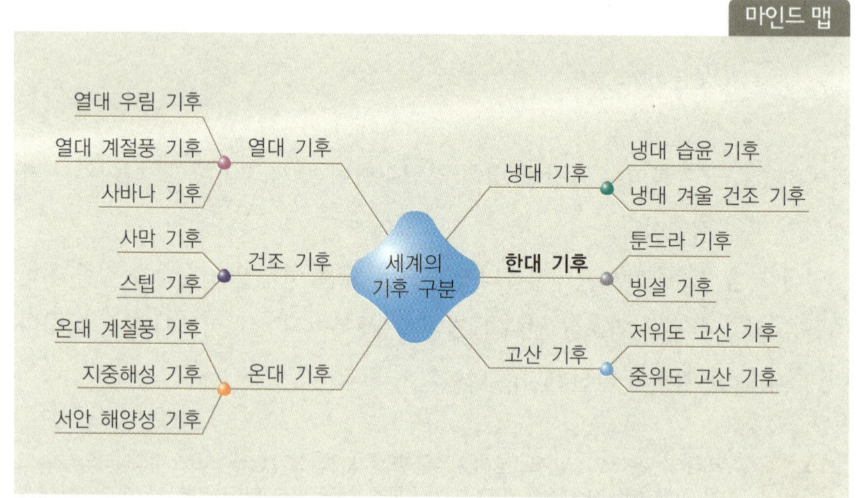

고위도 지방의 기후로 최난월 평균 기온이 10℃ 미만이어서 수목이 자랄 수 없는 기후형이다. 식물이 자랄 수 있는 한계인 최난월 평균 기온 0℃를 기준으로 툰드라 기후와 빙설 기후로 세분한다.

툰드라 기후는 남·북위 60~75°에 분포하며, 여름은 짧고 냉량하며, 겨울은 매우 길고 춥다. 툰드라tundra란 고위도 지방의 땅바닥에 붙어사는 이끼류의 식생을 말한다. 일 년 중에서 3개월 정도는 지표면에 포함된 수분이 녹기 때문에 건물이 붕괴할 위험이 있다. 따라서 가옥은 영구 동토층▪ 위에 기둥을 세우고 고상 가옥의 형태로 건설한다. 연평균 강수량은 대부분의 지역에서 250mm 이하로 여름철에 상대적으로 많이 내리지만 월별 차이가 크지 않을 정도로 강수량이 적다. 그러나 기온이 낮아 증발량이 적으므로 건조 기후가 나타나지는 않는다.

▪**영구 동토층**(永久凍土層): 지층의 온도가 연중 0℃ 이하로 얼어 있는 층.

▲툰드라 기후

▲빙설 기후

　빙설Ice cap 기후는 툰드라 기후보다 더 고위도 지방에서 나타나는 기후로 월평균 기온이 0℃가 넘는 달이 없는 매우 혹독한 기후이며, 그린란드와 남극 대륙 대부분의 지역이 해당한다. 기온이 매우 낮아 지표면이 항상 얼음이나 눈으로 덮여 있어 이끼류와 같은 식생조차도 자랄 수 없는 곳으로, 남극의 기상 관측소에서는 −88℃까지 기록된 적이 있다고 한다. 하지만 최근에는 과학적 연구를 위해서 이런 지역에서도 사람이 상주하고 있다. 우리나라에서도 남극 킹 조지King George 섬에 세종과학기지, 북극 뉘올레순Ny-Ålesund에 다산과학기지를 세우고 극지방 연구에 힘을 쏟고 있다.

Tip 한대 기후는 상상 이상으로 추운 기후예요. 우리나라에서 좀 춥다는 강원도도 냉대 기후일 뿐이죠. 너무 추워서 나무는 살 수 없고 이끼류가 겨우 사는 기후가 툰드라 기후이고, 이보다 더 추워서 이끼류조차 살지 못하는 기후가 빙설 기후예요!

주제 **24**

고산 기후 〔높을 고 高, 뫼 산 山, 기운 기 氣, 기후 후 候〕
alpine climate

해발 고도가 높은 지역에서 나타나는 특수한 기후형

마인드 맵

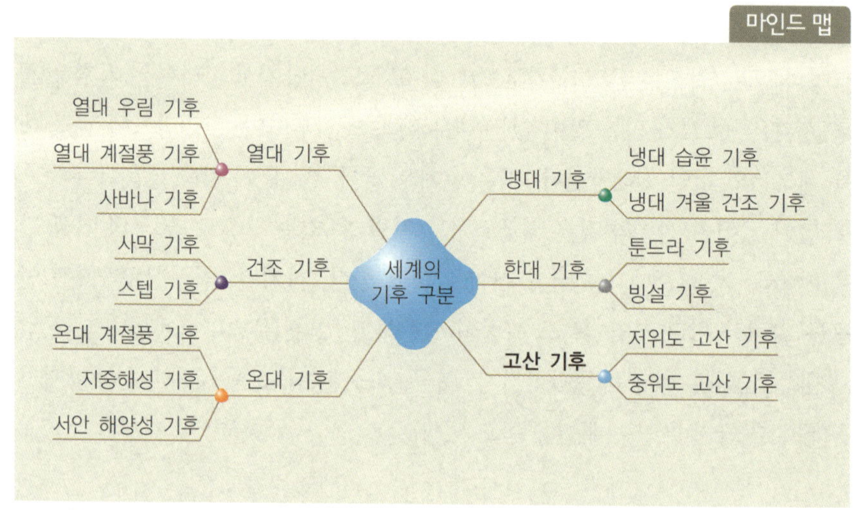

▲ 고산 도시

다른 기후형이 1차적으로 위도를 바탕으로 분류되는데 비하여 고산 기후는 해발 고도가 가장 중요하게 작용한다. 대류권에서는 기온 감률에 의해서 고도가 1km 높아질 때마다 평균 6.5℃씩 기온이 낮아진다. 따라서 같은 위도라고 할지라도 고산 지역은 평지와 다른 기후가 나타난다. 고산 기후는 저위도 고산 기후와 중위도 고산 기후로 분류할 수 있다.

적도 부근의 저위도 지역은 기온이 너무 높아 인간이 거주하기에 불리하다. 그러나 저위도의 해발 고도가 높은 산지는 연중 평균 기온이 15℃ 내외로 항상 봄과 같은 온화한 기후상춘 기후가 나타나 인간이 거주하기에 유리하다. 따라서 옛날부터 저위도의 고산 지역은 잉카 문명, 아스테카 문명의 발상지가 되었으며 현재에도 키토, 멕시코시

▲저위도 고산 기후 지역에 건설된 고대 도시
(마추픽추)

▲만년설로 덮여 있는 중위도 고산 기후 지역

티, 라파스 등의 고산 도시가 발달하였다. 고산 지역은 공기가 희박하기 때문에 이곳의 주민들은 보통 사람보다 많은 적혈구를 가지고 있고, 강한 자외선 때문에 피부색이 검붉다.

　반면 중위도의 고산 지역은 기온이 너무 낮아서 일부 지역을 제외하고는 인간이 거주하기에 적합하지 않다. 히말라야 등 대부분의 높은 산지는 연중 눈이나 얼음으로 덮여 있어 소수의 등산객들만이 찾고 있다.

> **Tip** 높은 산은 무조건 춥고 인간이 살 수 없을 거라고 착각하면 안 돼요. 중위도 지역의 높은 산은 물론 온도가 낮아 거주가 어렵지만 적도라면 이야기가 달라지죠. 적도의 평지는 너무 더워서 살기 힘들지만 산으로 올라가면 일 년 내내 선선한 봄 날씨라 살기에 좋아요. 이러한 기후를 항상 봄 같은 기후라 하여 상춘(常春) 기후라고 해요.

주제 **25**

성대 토양

〔이룰 성 成, 띠 대 帶, 흙 토 土, 흙덩이 양 壤〕
zonal soil

기후와 식생의 영향을 받아 띠 모양으로 된 토양

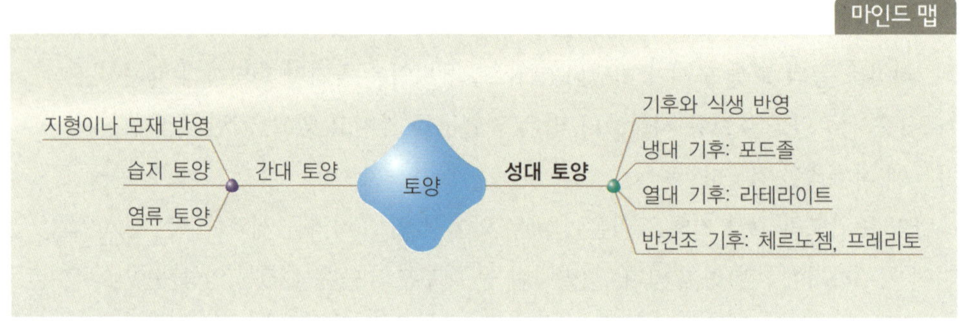

▲ 포드졸

암석의 풍화 물질인 토양은 생성되기까지 매우 오랜 세월이 걸린다. 서로 다른 환경에서 각기 다른 생성 작용을 거쳐 다양한 종류의 토양이 만들어지는데 이를 크게 두 가지로 분류해 볼 수 있다. 하나는 해당 지역의 기후와 식생의 영향을 받아 생성된 성대 토양이며, 다른 하나는 기후와는 관계없이 지형이나 모재母材 등의 영향을 받아 형성된 간대 토양間帶土壤이다. 여기에서는 기후와 관련된 성대 토양에 대해 좀 더 자세히 알아보자.

한랭 습윤한 냉대 습윤 기후 지역에서는 포드졸podzol 토양이 발달한다. 포드졸은 박테리아의 활동이 적어 유기물이 분해되지 않아 회백색을 띤다. 척박한 산성 토양이기 때문에 농사를 짓기 위해서는 비료를 주어야 하며, 산성 토양에서도 잘 자라는 침엽수림이 발달하였다. 냉대 기후대에서 온대 기후대로 내려오면서 회백색의 포드졸은 회갈색 포드졸로, 아열대 기후로 내려오면 적황색의 포드졸로 색깔이 변한다.

▲라테라이트

강수량이 많고 기온이 높은 열대 및 아열대 기후에서는 라테라이트laterite 토양이 형성되는데, 강수에 의한 풍화 작용으로 유기질이 쓸려 내려가고 비교적 무거운 철 성분이 남아 산화되어 붉은색을 띤다. 강수에 의해 염기나 규산이 용탈▪되었기 때문에 척박하여 농업에 부적합하지만, 옛날부터 건축 재료로 이용되었다.

반건조 지역에서는 미생물에 의한 부식물이 풍부하게 남아 있어 매우 비옥한 흑색 토양인 체르노좀chernozyom과 프레리토prairie soil 등이 발달하였다. 따라서 이들 토양이 분포한 지역에서는 밀, 보리, 옥수수 등의 곡물이 많이 생산된다.

▪**용탈**(溶脫): 수분에 의해 용해성 토양 성분(Ca, Na, K, Mg, SiO₂)이 유실되는 현상.

성대 토양은 띠(帶)를 이루고(成) 있는 토양이란 뜻이에요. 왜 띠를 이루냐고요? 기후의 영향을 많이 받은 토양이기 때문이에요. 기후대는 대체로 위도에 평행하게 띠를 이루고 있으니까, 토양도 그렇게 분포하는 거죠!

지구 온난화

〔땅 지 地, 공 구 球, 따뜻할 온 溫, 따뜻할 난 暖, 될 화 化〕 **global warming**
지구 표면의 평균 기온이 상승하는 현상

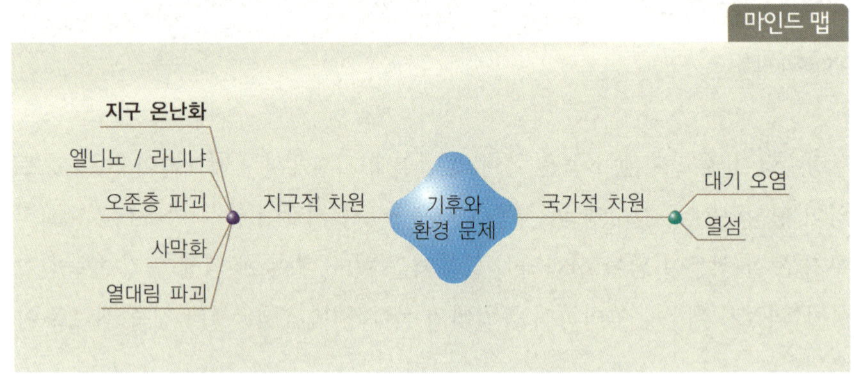

마인드 맵

▲온실 효과

■ **온실 효과**(溫室效果, green house effect): 대기를 가지고 있는 행성의 지표면에서 방출되는 복사 에너지가 대기에 흡수되어 대기와 지표의 기온을 상승시키는 효과.

지구 표면의 평균 기온이 상승하는 현상을 지구 온난화라고 한다. 지구의 기온은 그동안 오르내림을 반복하면서 적절히 유지되었으나 최근 100년간은 가파르게 상승하고 있다. 이러한 온난화의 원인은 온실 기체 배출 증가에 있다고 보는 견해가 지배적이다. 산업이 발달함에 따라 석유와 석탄 같은 화석 연료의 사용이 크게 증가하고, 농업 생산량을 높이기 위해 숲이 파괴되면서 온실 효과■가 점차 강화되고 있다.

온실 효과를 일으키는 온실 기체로는 이산화탄소가 가장 대표적이며 메탄, 수증기, 프레온가스 등도 많은 기여를 하고 있다. 또한 농업이나 가축 사육,

자원 개발을 위해 열대 우림을 비롯한 많은 삼림을
파괴하였기 때문에 대기 중의 이산화탄소를 제거하
고 산소를 공급해 주는 지구의 허파 기능이 약화되고
있다.

기온 상승으로 빙하가 녹으면 해수면이 상승하고
이로 인해 섬이나 해안에 가까운 도시가 물에 잠기게
되어 큰 문제를 일으킬 수 있다. 또한 북극곰, 펭귄
등의 생물들이 멸종될 수 있고, 전 지구적인 기상 이
변으로 인한 자연재해도 더욱 빈번해질 것으로 예측
되고 있다.

국제 사회는 지구 온난화에 따른 기후 변화에 대응하기 위하여 '교토 의정서'
등을 채택하여 온실가스 배출량을 줄이기 위해 노력하고 있다.

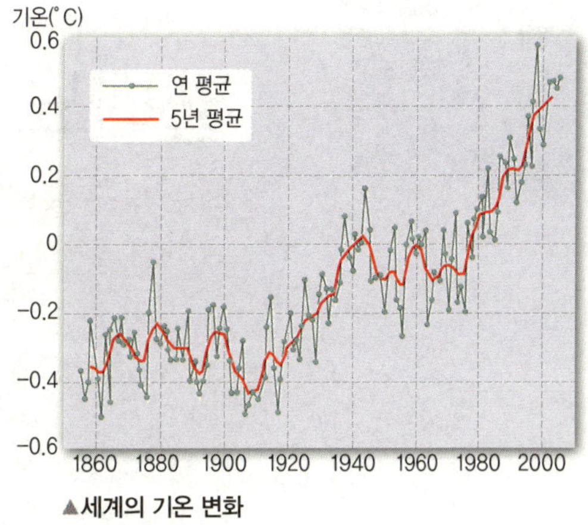

▲세계의 기온 변화

지구 온난화에 대한 의견은 매우 다양해요. 어떤 이는 지구의 기온이 점점 높아질 것을 우려하
기도 하고, 또 어떤 이는 영화 "투모로우"에서처럼 지구에 빙하기가 찾아올 것이라고 예측하기
도 하죠.

주제 **27**

엘니뇨 / 라니냐 El Niño / La Niña

적도 부근 동태평양의 해수면 온도가 평년보다 높아지는 현상 / 낮아지는 현상

엘니뇨란 에스파냐 어로 남자아이 혹은 아기 예수를 뜻하는데, 적도 동태평양 한류 해역의 해수면 온도가 평년보다 0.5℃ 이상 높은 상태가 5개월 이상 지속되는 현상을 의미한다. 남아메리카의 태평양 연안은 평상시에는 남동 무역풍에 의해 표층 해류가 서쪽으로 이동하므로 심층에서 찬 바닷물이 솟아오르는 용승 현상이 나타난다. 이곳은 연중 수온이 낮기 때문에 좋은 어장을 형성하고 있다.

그러나 무역풍이 약해지는 해에는 용승 또한 약해져 찬물이 올라오지 못해 표층 수온이 상승하게 된다. 이러한 엘니뇨 현상이 일어나면 어장이 황폐화되어 어획량이 줄고, 중남미 지역에는 폭우나 홍수가 발생하며, 반대쪽로 서태평양 주변의 인도네시아 일대에는 가뭄이 발생하는 등 전 세계적으로 기상 이변을 초래한다.

라니냐는 에스파냐 어로 여자아이라는 뜻인데, 같은 해역에서 엘니뇨와는 반대로 해수면 온도가 평년보다 0.5℃ 이상 낮은 상태가 5개월 이상 지속되는

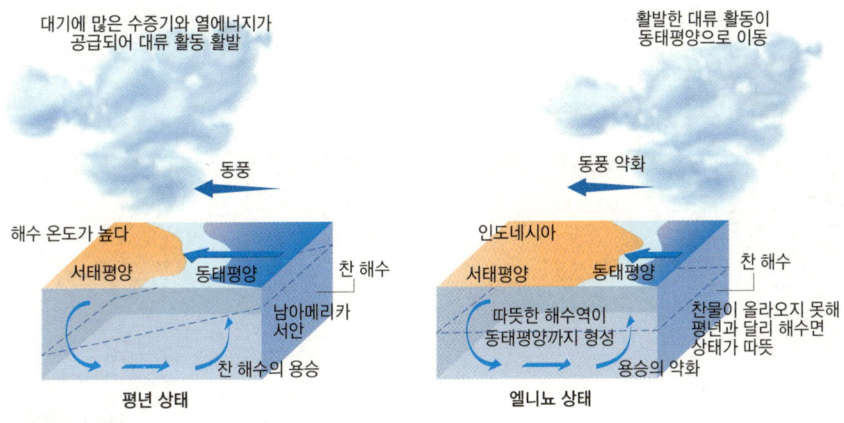

▲평년과 엘니뇨가 일어난 해의 상태 비교

현상을 의미한다. 평상시 차가운 동태평양의 해수 온도는 더욱 하강하여 이 지역에 극심한 가뭄과 잦은 한파를 가져오며, 반대로 인도네시아 등의 서태평양 지역에는 폭우가 발생하는 등 엘니뇨 시와 마찬가지로 전 지구적인 기상 이변이 발생한다.

Tip '엘니뇨', '라니냐' 이런 말들은 에스파냐 어예요. 엘니뇨, 라니냐 현상은 남아메리카의 페루, 에콰도르 주변의 태평양에서 일어나는데 이 나라들은 에스파냐의 식민 지배를 받은 역사가 있어서 에스파냐 어를 쓰기 때문이에요.

주제 **28**

열섬 〔더울 열 熱, ─〕

도시의 기온이 주변 지역보다 주목할 정도로 높게 나타나는 현상

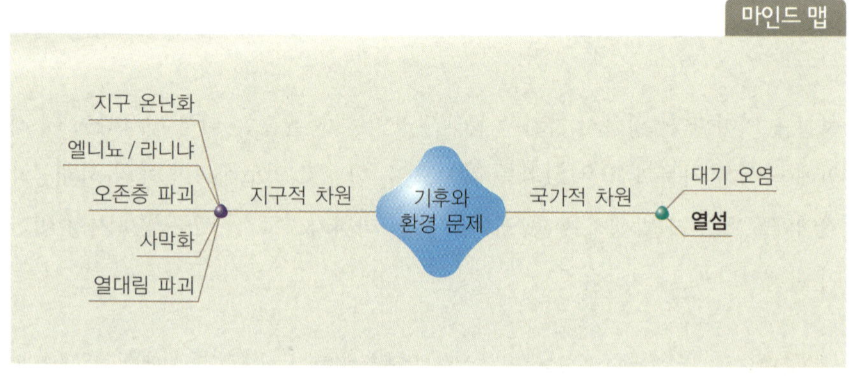

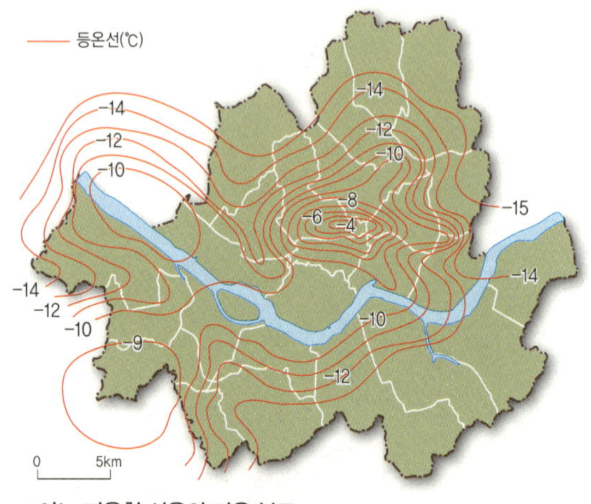

▲어느 겨울철 서울의 기온 분포

같은 위도의 한적한 시골보다 인구 밀도가 높은 도시의 기온이 높게 나타나는 현상을 열섬이라고 한다. 도시는 인구가 많을 뿐만 아니라 건물에서 배출되는 냉난방 열, 자동차 등에서 나오는 인공 열로 인해 도심 지역의 기온이 주변 지역의 기온보다 높아진다. 이것을 등온선도로 표현하면 옆의 그림과 같이 도심 지역이 섬 모양으로 그려진다고 하여 열섬이라고 부르게 된 것이다.

건물, 도로 등 포장 면적이 넓은 도시는 녹지에 비해 태양 에너지를 더욱 잘 흡수하게 된다. 흡수된 열은 대기로 빠져나가지 못하고 주변의 높은 빌딩에 부딪히며 재반사, 재흡수되면서 열섬 현상이 가중된다.

　열섬 현상을 완화하기 위해 서울에서는 서울 숲과 같은 녹지를 조성하거나 청계천처럼 하천을 복원시키기도 한다.

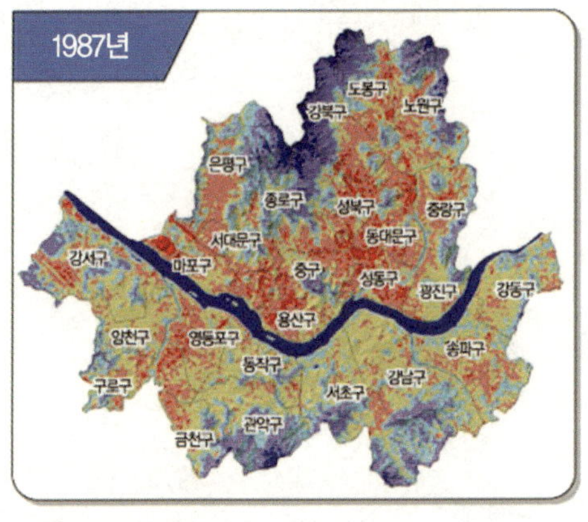

▲ 서울의 온도 변화

최근 도시화가 더욱 진행되면서 서울의 온도가 예전보다 높아져 붉은 부분이 많아졌다는 것을 알 수 있다.

도시와 주변 지역의 온도 차이는 보통 낮보다는 밤에, 여름보다는 겨울에 더 크고, 바람이 약할 때 두드러지게 나타나요. 하지만 여름에 열섬 현상이 나타나기도 하는데, 이럴 경우 열대야를 가중시키기도 한답니다.

주제 **29**

사막화 〔모래 사 砂, 넓을 막 漠, 될 화 化〕
desertification

건조·반건조 지역에서 토양의 질이 저하되어 사막과 같이 바뀌는 현상

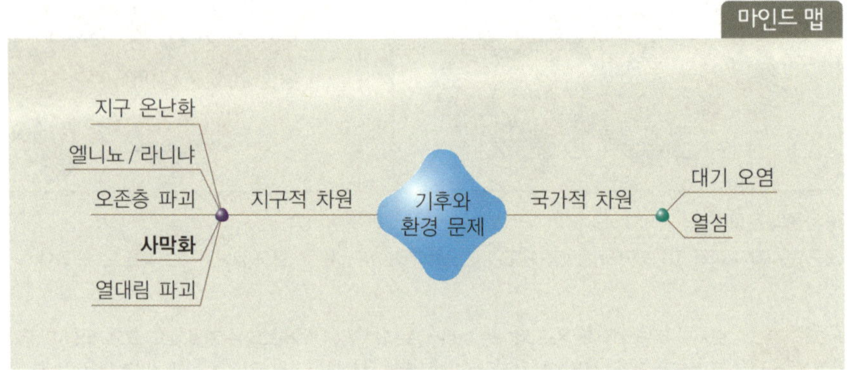

사막 주변을 둘러싼 건조·반건조 지역에서 기후 변화 또는 인간의 활동으로 토양의 질이 저하되어 사막과 같이 변해 가는 현상을 사막화라고 한다. 지표 면적의 약 30%에서 사막화가 진행되고 있는데, 아프리카의 사하라 사막 주변 사헬 지대가 대표적이다.

사헬sahel 지대는 사하라 사막의 남쪽 지역, 북위 14~18°에 위치한 지역으로 '가장자리'를 뜻하는 아랍 어에서 나온 말이다. 세네갈 북부, 모리타니 남부에서부터 말리 중부, 니제르 남부, 차드 중·남부까지 서쪽에서 동쪽으로 이어진 띠 모양을 이루고 있는 지역이다. 건조한 사하라 사막에서 열대 아프리카로 옮아가는 점이 지대로서, 식생은 스텝 또는 사바나의 경관이 나타나던 지역이었다.

그러나 1960년대 이후 인구의 급격한 증가와

▲사헬 지대

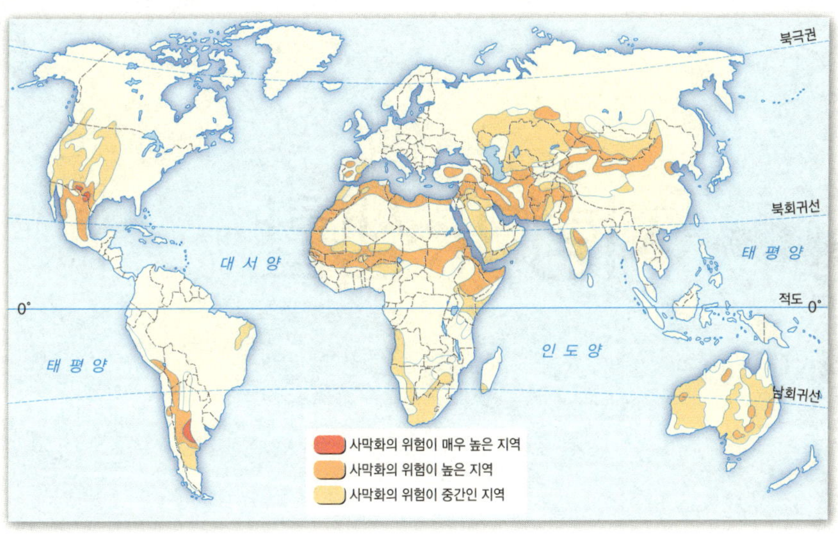

▲사막화의 위험도

이에 따른 가축의 과다한 방목, 경작을 위한 지나친 관개 사업, 땔감을 얻기 위한 벌채 등 자연의 회복력을 월등히 넘어서는 무분별한 토지 이용으로 사막화가 진행되기에 이르렀다. 여기에 장기간에 걸친 가뭄이 겹치면서 사막화는 더욱 심해지고 있다.

　사막화가 진행되면 토양 황폐화로 인해 목축이나 농경을 할 수 없으므로 인간이 거주할 수 없으며, 생태계도 파괴된다. 따라서 사막화 방지를 위한 국제적인 노력이 이루어지고 있다.

지형과 생활

지형

지형 형성 과정
내적 작용
외적 작용

산지 지형
고위 평탄면

하천 지형
하도 유형
자유 곡류 하천
감입 곡류 하천
감조 하천
침식 지형
하안 단구
침식 분지
퇴적 지형
선상지
범람원
삼각주

해안 지형
침식 지형
해식애 / 파식애 / 해안 동굴 / 시 스택
해안 단구
퇴적 지형
해빈
해안 사구
사주 / 석호
간석지

화산 지형
화산의 형태
순상 화산 / 종상 화산 / 복합 화산
용암 대지
화구
용암 동굴
주상 절리

카르스트 지형
테라로사
돌리네
석회 동굴

주제 **1**

지형 형성 과정

〔땅 지 地, 모양 형 形, 모양 형 形, 이룰 성 成, 지날 과 過, 길 정 程〕

지표면의 형태가 만들어지는 과정

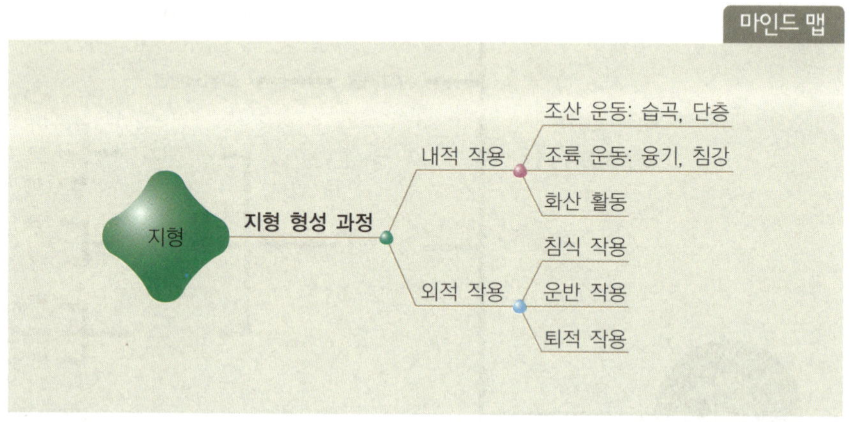

　지표면의 형태를 지형이라고 한다. 현재의 지형 경관은 단순한 한두 가지 요인에 의해 형성된 것이 아니며, 짧은 시간에 만들어진 것도 아니다. 즉 오랜 시간에 걸쳐 지구 내부 에너지에 의한 내적 작용과 지구 외부 에너지에 의한 외적 작용의 상호 작용으로 형성된 것이다.

　내적 작용은 지구 내부 에너지가 땅에 작용하는 힘으로 조산 운동, 조륙 운동, 화산 활동이 해당된다. 조산 운동에 의해서는 습곡이나 단층이 형성되며, 조륙 운동에 의해서는 융기·침강 현상이 나타난다. 이러한 내적 작용은 지형 형성에 주는 힘이 매우 크기 때문에 대륙이나 산맥 등의 대지형을 만든다.

　외적 작용은 태양 에너지가 지표에 작용하는 힘으로 기온 변화와 물·대기의 순환에 따른 유수, 빙하, 바람, 파랑에 의한 침식·운반·퇴적 작용이 해당된다. 이러한 외적 작용의 힘은 내적 작용에 비해 힘의 크기가 작기 때문에 소지형을 형성한다. 외적 작용에 의하여 형성된 지형은 하천 지형, 해안 지형, 빙

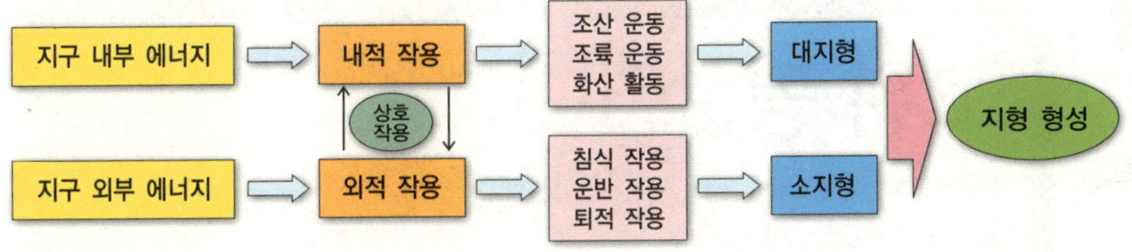

▲지형 형성 과정

하 지형, 카르스트 지형 등이 있다.

　현재의 지형은 오랜 기간에 걸친 내적 작용과 외적 작용의 상호 작용 속에서 만들어진 것이다. 이러한 지형 형성 과정을 살펴봄으로써 인간 생활의 상호 작용을 이해할 수 있다.

Tip 사람들은 화산이 폭발할 때 분화구로 용암이 흘러나오는 것에만 관심이 많은데, 사실 화산 활동이 한 번 일어나면 지형에는 엄청난 변화가 생긴답니다. 특히 지각에 틈(절리)이 많이 생기게 되는데, 이러한 틈으로 유수가 스며들면서 지형 기복을 변화시키지요. 어때요? 지형이 형성될 때는 '내적 작용'과 '외적 작용'이 상호 작용한다는 것을 이해할 수 있겠지요?

주제 **2**

고위 평탄면

〔높을 고 高, 자리 위 位, 평평할 평 平, 평탄할 탄 坦, 낯 면 面〕
high planation surface

평탄한 침식면이 융기하여 해발 고도가 높은 곳에 위치한 지형

마인드 맵

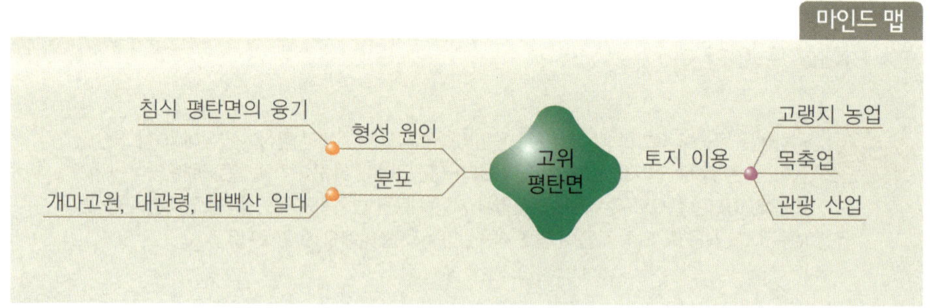

■**경동성 요곡 운동**(傾動性 撓曲運動): 지층이 어느 한쪽으로 치우쳐 융기하는 운동.

■**유물 지형**: 현재의 지형을 살핌으로써 과거의 지형을 알 수 있는 지표로서의 지형.

한반도는 지속적인 침식 작용을 받아 전체적으로 낮고 평탄화된 지형을 이루다가 신생대 제3기 태백산맥을 축으로 하는 경동성 요곡 운동■에 의하여 동고서저의 경동 지형을 형성하게 되었다. 그 결과 융기를 받은 일부 지역에서 고도는 높지만 비교적 평탄한 면을 이루는 지형이 나타나게 되었다. 이처럼 평탄한 침식면이 융기하여 높은 고도에 위치하는 지형을 고위 평탄면이라고 한다. 고위 평탄면은 이 지역이 과거에 평탄했음을 증명하는 유물 지형■이기도 하다.

한반도의 고위 평탄면은 특히 오대산과 태백산에 걸친 해발 900m 이상의 고도에서 기복이 300m 내외인 지형이 광범위하게 나타나며, 개마고원, 대관령 등지에서도 볼 수 있다.

대관령 일대의 고위 평탄면은 과거에는 주로 화전으로 이용되었다. 그러나 최근 교통이 편리해지면서 여름철에는 서늘한 기후를 이용해 고랭지 농업, 목축업, 휴양지 등으로 이용되고 있으며, 겨울철에는 스키장으로 이용되고 있다.

▲대관령의 고위 평탄면과 풍력 발전소

▲대관령 고위 평탄면에 위치한 양떼 목장

강원도 백두 대간 지역에 고랭지 채소밭이 크게 늘어나면서 산림이 사라져 자연 경관을 해칠 뿐만 아니라 생태계를 파괴하고 있어요. 또 폭우가 쏟아지면 토사가 유출돼 자연재해의 원인이 되기도 하죠. 몇 년 전 강원도에서 대규모 산사태가 일어났던 것을 기억하나요? 그것이 바로 인간의 활동으로 인한 간섭으로 발생한 것이에요. 참 무섭죠? 그러니 인간의 활동은 경제적 발전만 생각할 것이 아니라 자연을 생각하면서 이루어져야 해요. 한편 고위 평탄면이 나타나는 대관령 인근은 연중 풍속이 강해서 풍력 발전을 하기에 좋은 지역이랍니다.

주제 **3**

감조 하천 〔느낄 감 感, 조수 조 潮, 물 하 河, 내 천 川〕
tidal river

조류의 영향을 받아 수위가 주기적으로 변하는 하천

마인드 맵

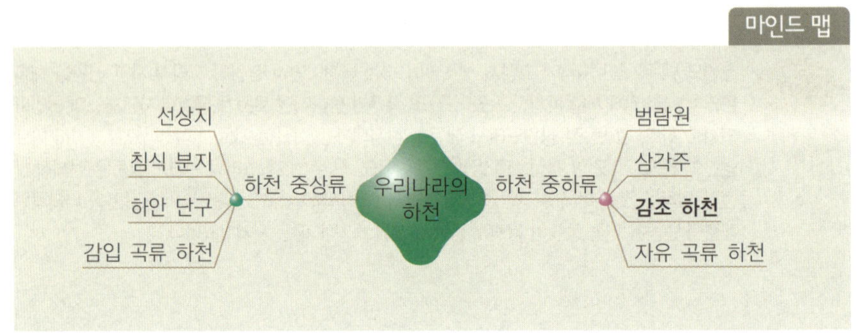

조수 간만의 차가 큰 바다로 흘러 나가는 하천의 하구에서는 밀물 때는 바닷물이 하천으로 거슬러 올라오고 썰물 때는 다시 바다로 돌아간다. 이처럼 조류의 영향을 받아 수위가 주기적으로 변하는 하천을 감조 하천이라 하고, 바닷물에 들어 있는 염분의 영향을 받는 구간을 감조 구간이라고 한다. 감조의 정도는 하천의 상류로 갈수록 약해지며, 하구의 하도가 완만할수록 감조 구간은 길어진다.

감조 하천의 염분 변화는 주로 하층 부분에 한정되어 발생하는 데, 그 이유는 바닷물이 하천 바닥을 거슬러 올라가기 때문에 상층보다 하층의 염분 농도가 높게 나타나기 때문이다.

감조 구간 주변에 위치한 농경지는 만조, 특히 바닷물의 수위가 가장 높아지는 사리와 겹칠 경우 염해를 입기도 하며, 태풍 등 재해가 겹치면 홍수가 발생해 감조 구간 주변이 물에 잠기기도 한다. 이와 같은 피해를 막기 위해 하굿둑▪을 설치하거나 방조제▪를 축조하여 바닷물의 역류를 막고 있다. 우리나라의 감조 하천은 주로 황해로 흘러 들어가는 영산강, 금강, 한강, 대동강의 하류

▪**하굿둑**: 하천 하류의 수심을 유지거나, 바닷물이 하천으로 유입되는 것을 막기 위해 하천 하구에 쌓은 둑.

▪**방조제**(防潮堤): 하천으로 밀려드는 바닷물을 막기 위해 쌓은 제방. 방조제를 쌓아서 생긴 호수를 매립하여 간척지를 얻는다.

▲금강 하굿둑

구간에서 나타난다.

농작물의 염해를 막기 위해서 설치한 하굿둑은 용수를 확보할 수 있고, 교통이 편리해지며, 관광지로 이용될 수 있다는 장점이 있어요. 하지만 고인 물은 썩는다는 말처럼 수질이 악화되는 단점도 있어요.

주제 **4**

자유 곡류 하천

〔스스로 자 自, 말미암을 유 由, 굽을 곡 曲, 흐를 류 流, 물 하 河, 내 천 川〕
free meander
범람원의 충적지를 자유롭게 곡류하며 흐르는 하천

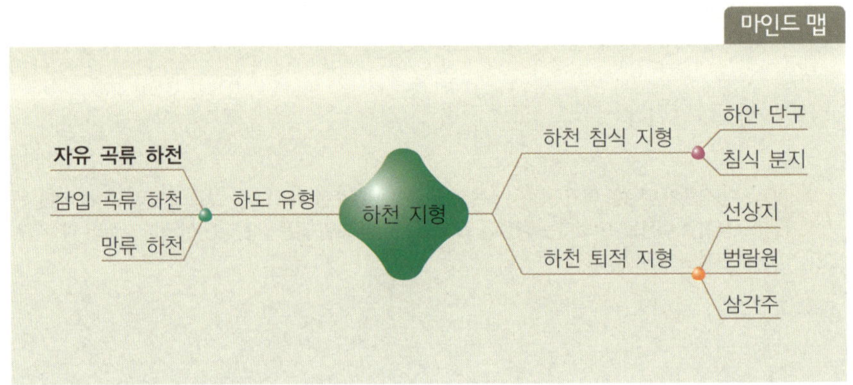

넓은 범람원을 흐르는 하천은 유속이 느리기 때문에 장애물을 만나면 이를 피해 돌아서 흐르게 되고, 이때 유로가 한 번 꺾이게 된다. 이와 같이 하천의 유로流路를 자유롭게 변경하며 흐르는 하천을 자유 곡류 하천 또는 사행천蛇行川이라고 하며, 하천의 중·하류에서 잘 나타난다.

Tip 어떤 친구들은 자유 곡류 하천을 살과의 전쟁으로부터 자유로운 'S라인 곡류 하천'이라고 부르면서, 그 형태를 연상하기도 합니다.

■**측방 침식**(側方侵蝕): 하천 양안을 깎는 작용으로 하천의 폭이 넓어지며, 유로가 변경된다.

곡류가 시작되면 하천이 쏠리는 공격면은 측방 침식■이 진행되고 그 반대편은 퇴적이 진행된다. 이러한 측방 침식이 점점 심해져 구부러진 하도가 서로 접근하게 되면 하도 사이의 간격은 좁아지게 된다. 측방 침식이 계속 진행되면 결국 하도가 서로 만나 새로운 직선의 하도가 만들어지는데, 이때 하천川 중간中에 퇴적물이 쌓여 만들어진 섬을 하중도河中島라고 한다. 하천이 다시 직선으

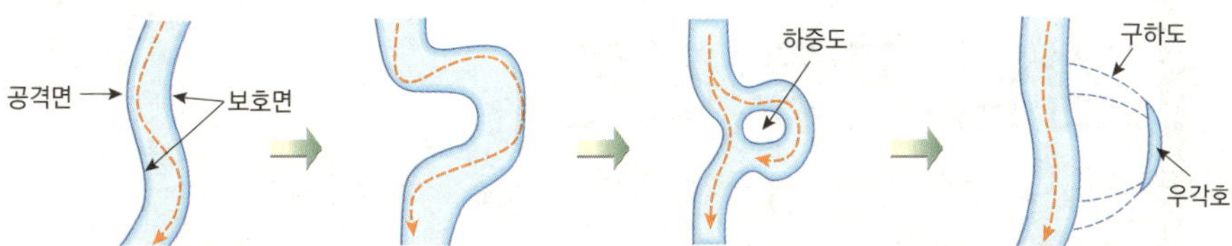

▲자유 곡류 하천 형성 과정

로 흐르면 곡류했던 부분이 하천과 끊어
지면서 물이 흐른 흔적만 남아 구하도舊
河道가 되며, 소牛 뿔角 모양의 우각호牛角
湖가 만들어지기도 한다.

▲자유 곡류 하천

Tip 산지가 많은 우리나라에서는 자유 곡류 하천의 발달이 미약하지만 대하천의 하류나 평야 지역
을 흐르는 하천에서 일부 볼 수 있어요. 그런데 이마저도 측방 침식으로 인한 농경지의 침식과
홍수로 인한 침수 피해를 줄이기 위해 대부분은 하도를 직선으로 만드는 직강화 공사가 진행되
었답니다.

주제 **5**

감입 곡류 하천

〔산골짜기 감 嵌, 들 입 入, 굽을 곡 曲, 흐를 류 流, 물 하 河, 내 천 川〕
incised meander

산 사이를 굽이쳐 흐르는 하천

마인드 맵

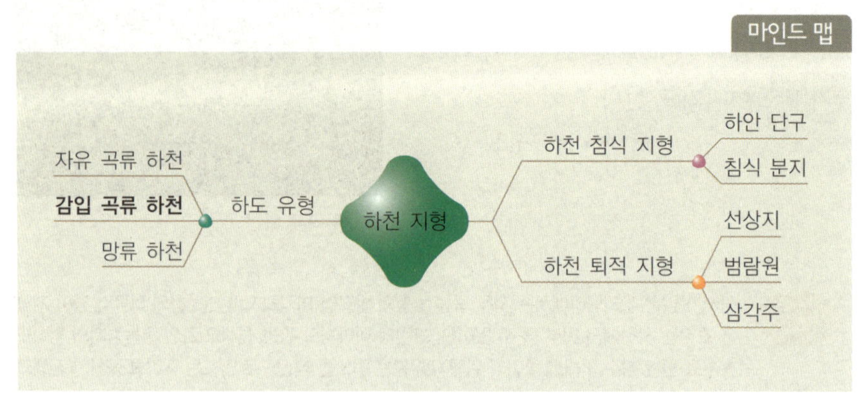

■**침식 기준면**(侵蝕基準面): 하천이 하방 침식을 할 수 있는 하안 또는 지표가 유수의 침식을 받아 낮아질 수 있는 하한.

■**하방 침식**(下方侵蝕): 하천이 흐르면서 하천의 바닥을 깊게 깎는 작용.

■**경동성 요곡 운동**(傾動性撓曲運動): 지층이 어느 한쪽으로 치우쳐 융기하는 운동.

지반이 융기하거나 침식 기준면■이 하강하면 자유 곡류하던 하천은 하천의 형태는 그대로 유지하면서 하방 침식■을 시작한다. 이로 인해 하도가 더욱 깊게 패여 협곡을 만들며 곡류하는 현상을 감입 곡류라 하고, 이러한 하천을 감입 곡류 하천이라고 한다. 감입 곡류 하천은 고위 평탄면과 함께 우리나라가 신생대 제3기 경동성 요곡 운동■ 이전에는 침식을 받아 평탄한 지형이었다는 것을 증명해 준다.

우리나라의 감입 곡류 하천은 산간 지대를 흐르는 대하천과 지천지류의 상류에서 잘 나타난다. 압록강이 대표적인 감입 곡류 하천으로 알려져 있으며, 그 밖에 두만강, 한강, 대동강, 금강 상류도 이와 같은 특징을 보인다. 특히 남한강 상류의 영월 지방에서는 감입 곡류 하천의 전형적인 모습을 볼 수 있다.

감입 곡류 하천은 하천 양안의 사면 모습에 따라 굴삭 곡류 하천과 생육 곡류 하천으로 나뉜다. 굴삭 곡류 하천은 지반의 융기 속도가 빨라 하방 침식이

▲ 강원도 영월 한반도면의 감입 곡류 하천

깊게 진행되어 하천 양안이 대칭적인 모습인데 반해 생육 곡류 하천은 지반의
융기 속도가 느려 하방 침식과 함께 측방 침식이 진행되어 하천 양안이 비대칭
적인 모습이다.

하안 단구

〔물 하 河, 언덕 안 岸, 층계 단 段, 언덕 구 丘〕
river terrace

하천 양안에 나타나는 계단 모양의 평탄한 지형

마인드 맵

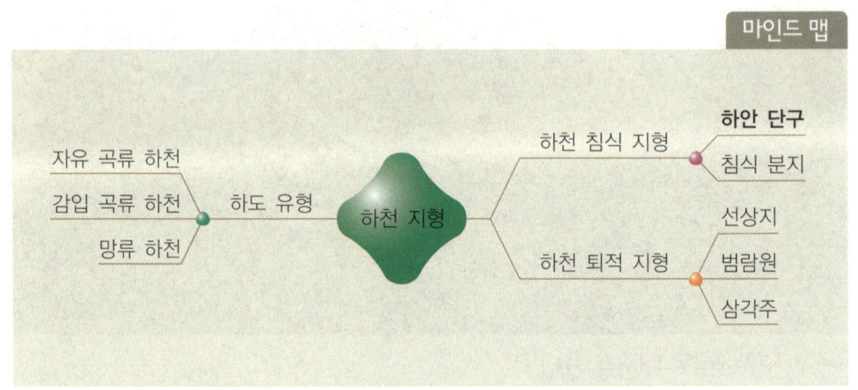

■**침식 기준면**: 하천이 하방 침식을 할 수 있는 하한 또는 지표가 유수의 침식을 받아 낮아질 수 있는 하한.

하안 단구는 주로 지각 운동이나 기후 변화 등의 요인으로 하천의 침식 기준면■이 변동하면서 형성된다. 지반의 융기나 해수면의 하강이 일어날 경우, 하방 침식이 활발히 진행되어 하상河床: 하천의 바닥이 낮아진다. 시간이 흘러 침식 기준면과 하상의 높이가 비슷해지면 하방 침식이 약해지고, 측방 침식이 활발해지면서 하도가 넓어진다. 이후 지반의 융기나 침식 기준면의 하강이 다시 일어나면 하방 침식이 활발해지며 과거 하상에 비하여 한 단계 낮은 하상이 생긴다. 이런 과정이 반복되면 하천 주변에는 과거의 하상이 계단 모양의 지형으로 남게 되는데 이를 하안 단구라고 한다.

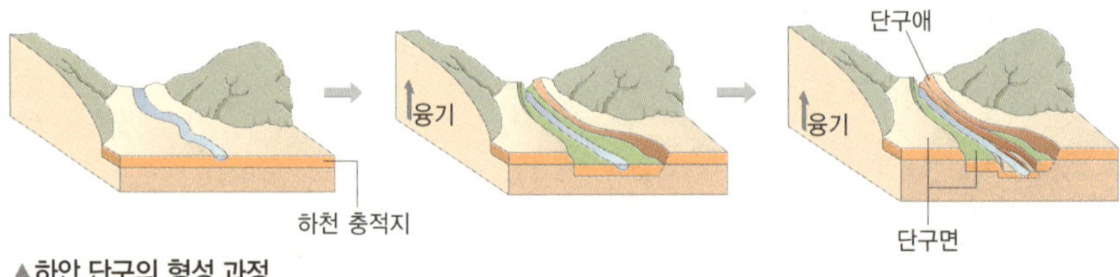

▲ **하안 단구의 형성 과정**

▲하천 양안에 발달한 하안 단구(충청북도 단양)

하안 단구에는 과거에 물이 흘렀던 증거인 둥근 자갈역층이 관찰되므로 과거의 유로를 유추하는 중요한 단서가 된다.

단구의 평탄한 면을 단구면段丘面, 수직 절벽을 단구애段丘崖라고 하는데, 단구면은 고도가 높아서 홍수가 발생해도 잘 범람하지 않기 때문에 주로 취락이나 농경지, 교통로로 이용된다.

우리나라의 하안 단구는 활주면의 성장으로 형성된 하안 단구가 많아요. 즉, 공격면은 측방 침식과 하방 침식이 동시에 진행되고 활주면은 측방 퇴적이 진행되어 계속 성장하게 되지요. 그로 인해 더 이상 물에 잠기지 않게 되면 단구로 남게 된답니다.

주제 **7**

침식 분지

〔잠길 침 浸, 좀먹을 식 蝕, 동이 분 盆, 땅 지 地〕
erosional basin

기반암의 차별 침식으로 형성된 평평한 분지 지형

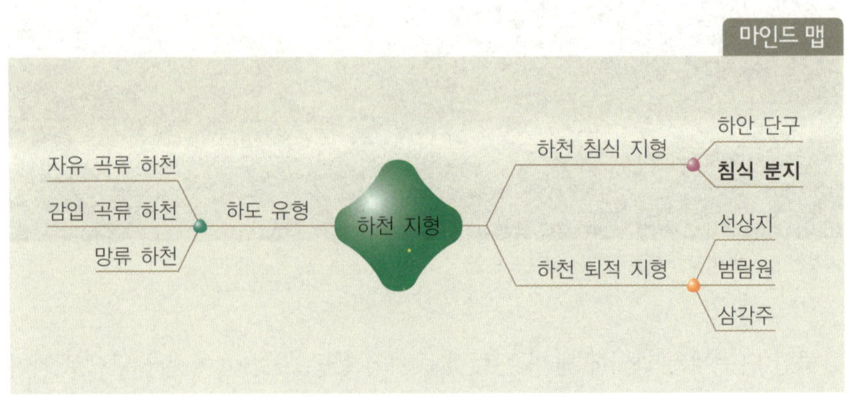

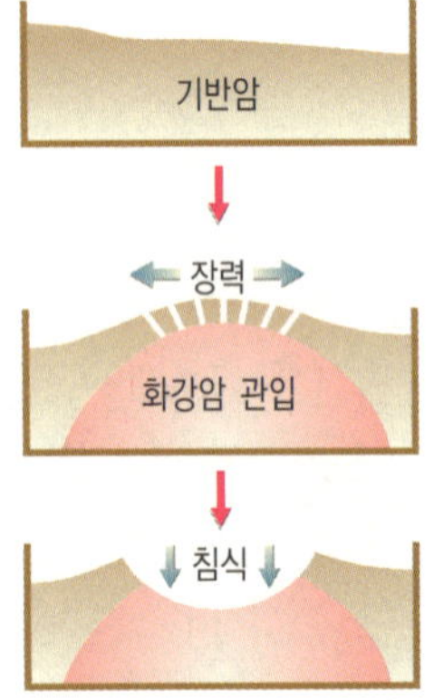

▲침식 분지의 형성 과정

지형은 기반암이 침식에 견디는 정도에 따라 차별적으로 침식되는데, 열과 압력을 받아 형성된 변성암은 침식에 보다 강하다. 변성암인 편마암 기반암에 화강암이 관입하면 장력에 의해 편마암 상단부에 균열이 발생한다. 균열이 생긴 편마암은 주변의 편마암보다 풍화와 침식에 약해 먼저 제거되고, 화강암이 지표에 노출된다. 편마암에 비해 상대적으로 풍화와 침식에 약한 화강암은 침식을 받아 평지가 되고, 침식에 강한 편마암은 산지로 남아 밥그릇 모양의 지형을 만든다. 이와 같이 암석의 차별 침식으로 형성된 분지를 침식 분지라고 한다.

침식 분지는 주변보다 고도가 낮아서 주변 산지의 상류에서부터 내려오는 하천이 합류하게 되는데, 하천에 의한 침식은 분지를 더욱 잘 발달시킨다. 따라서 침식 분지 내부에는 구릉지, 하안 단구, 범람원 등이 형성되기도 한다. 우리나라 한강 중·상류 지역의 춘천, 충주와 낙동강 중·상류 지역의 안동, 대구 등이 대표적인 침식 분지이다.

▲ 강원도 양구군 해안(亥安) 분지

　침식 분지는 주변이 산으로 둘러싸여 있기 때문에 겨울철 북서 계절풍을 막아 주고, 외적 방어에도 유리하며, 물을 구하기도 용이하다. 따라서 예로부터 내륙의 중심지가 되었으며 현재는 지방의 중·소도시로 발달하였다.

　침식 분지의 토지 이용은 산지와 평지가 다른 양상을 보인다. 산지는 밭농사, 분지 내부의 평지는 논농사로 이용된다.

침식 분지는 지형의 특성상 일교차가 크고 바람이 없는 맑은 날, 산 사면을 타고 내려온 찬 공기가 아래쪽에 깔리기 때문에 대기가 안정돼요. 따라서 오염 물질이 밖으로 빠져나가지 못하고, 냉기류가 발생하여 안개가 끼거나 서리가 내리는 기온 역전■이 자주 발생해요. 이로 인해 교통이 불편해지고 스모그와 같은 대기 오염을 초래하기도 해요. 또 농촌에서는 일조량이 감소하면서 농작물이 냉해를 입기도 한답니다.

■ **기온 역전**(氣溫逆轉): 상층으로 올라갈수록 기온이 반대로 높아지는 현상.

주제 8

선상지

〔부채 선 扇, 형상 상 狀, 땅 지 地〕
alluvial fan

계곡 입구에 하천 퇴적물이 쌓여 만들어진 부채 모양의 지형

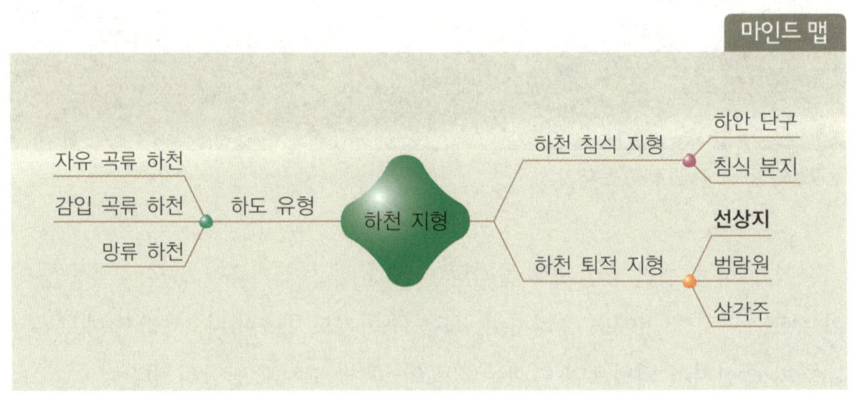

급경사인 산지 계곡을 흐르는 하천은 유속이 빠르지만 평지와 만나는 계곡의 입구곡구, 谷口에서는 경사가 갑자기 완만해지면서 유속이 느려진다. 이때 하천에 의해 운반된 모래나 자갈 등이 부채扇 모양狀으로 쌓이게 되는데, 이와 같이 곡구에 퇴적물이 부채 모양으로 쌓인 지형을 선상지라고 하며, 선상지가 시작되는 윗부분부터 선정, 선앙, 선단으로 구분한다.

선정扇頂은 선상지의 가장 상부로 입자가 큰 모래나 자갈이 퇴적되어 배수가 잘 이루어지므로 주로 밭으로 이용된다. 또한 곡구라서 계곡의 물을 이용할 수 있기 때문에 소규모의 취락이 발달하기도 한다.

선앙扇央은 말 그대로 선상지의 중앙 부분으로 비교적 입자가 큰 모래가 퇴적되어 배수가 양호하다. 선앙의 하천은 지표 아래로 스며들어 흐르는 복류천이다. 따라서 지표수가 부족하기 때문에 주로 과수원이나 밭으로 이용된다.

▲ 선상지 지역인 석왕사면의 지형도

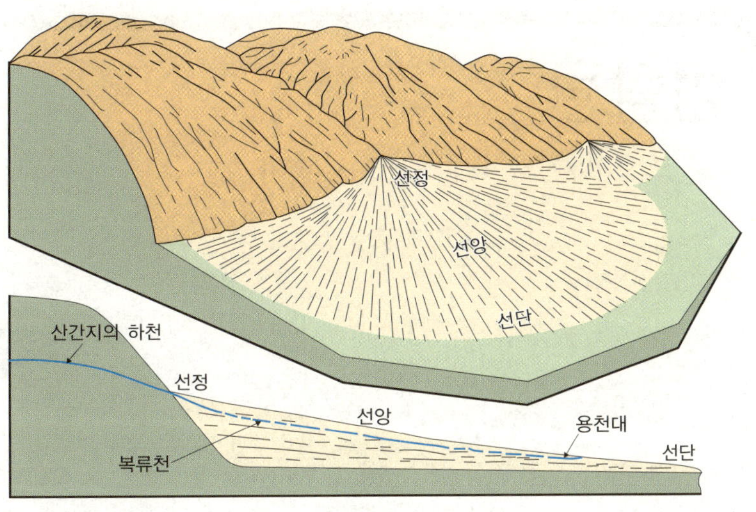

▲선상지의 단면도

　선단扇端은 선상지의 끝 부분으로 입자가 작은 미립 물질이 퇴적된다. 또한 복류하던 하천은 다시 지표로 솟아나는데 이곳을 용천대涌泉帶라고 한다. 선단은 물도 풍부하고 퇴적물도 미립질이라 논농사에 유리하여 대규모의 취락이 발달한다.

한국은 대부분 노년기 지형인 구릉성 산지이기 때문에 오랫동안 침식 작용이 계속되어 선상지의 발달이 미약해요. 그나마 선상지를 볼 수 있는 곳이 사천, 구례, 해미, 석왕사 등이랍니다.

주제 9

범람원 〔넘칠 범 氾, 넘칠 람 濫, 언덕 원 原〕
flood plain

하천의 범람으로 만들어진 충적 평야

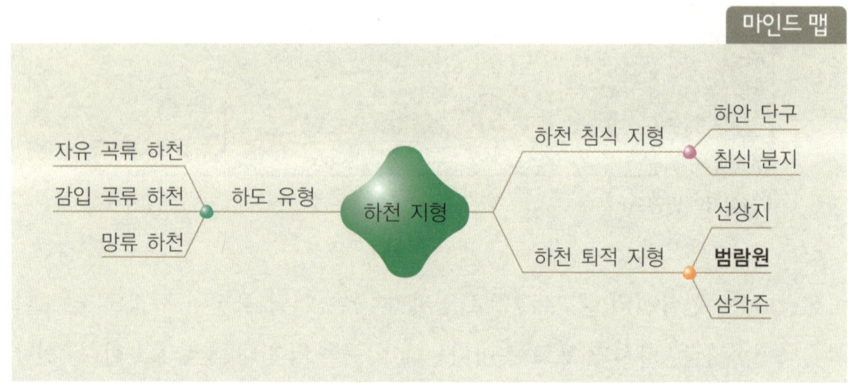

홍수 시처럼 하천의 유량이 갑자기 늘어나면 하천이 범람하는데, 이때 하도를 벗어난 물은 속도가 급격하게 줄어들면서 운반하던 물질들을 하천 양안에 퇴적시킨다. 이처럼 하천의 범람으로 형성된 충적 평야▪를 범람원이라고 한다. 범람원은 하천의 중·하류 지역에 형성되며, 자연 제방과 배후 습지로 이루어진다.

▪**충적 평야**(沖積平野): 빈(沖)곳에 토사가 쌓여(積) 만들어진 평평한(平) 땅(野).

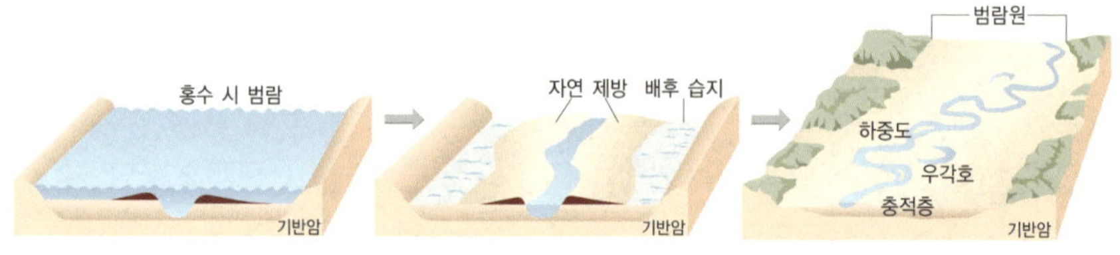

▲ 범람원의 형성 과정

하천 양 옆으로 만들어지는 자연 제방自然堤防, natural levee은 비교적 입자가 큰 모래, 자갈 등이 퇴적되어 주변보다 고도가 높아져 자연스럽게 제방의 역할을 하게 된 지형이다. 자연 제방은 입자가 큰 물질로 이루어져 배수는 양호하지만 지표수가 부족하여 밭농사·과수원 등으로 이용되며, 퇴적물의 양이 많고 지대가 높기 때문에 침수의 위험이 적어 취락이나 교통로 등으로도 이용된다.

자연 제방의 뒤로는 입자가 작은 점토 등이 운반된 배후 습지背後濕地 back swamp가 나타난다. 이곳에는 진흙과 같은 미립 물질이 퇴적되어 배수가 불량하고, 상대적으로 토사의 유입량이 적어서 고도가 낮다. 이로 인해 습지로 남아 있게 되는데, 현재는 대부분 배수 시설을 설치하고 인공 제방을 쌓아 농경지나 주택지로 이용하고 있다.

Tip 자연 제방은 물이 넘쳐도 배수가 잘 되어 취락이 발달하는 곳이에요. 그래도 범람원이라 범람은 일어난답니다. 그래서 사람들은 하천이 범람해도 가옥에 피해를 줄일 수 있는 방법을 모색했지요. 그 결과 집의 터를 높게 하는 방법을 찾게 되었답니다. 집터를 주변보다 높게 하여 집을 지은 것을 터돋움 집이라고 해요. 안전을 위하여 터돋움 집은 배후 습지뿐만 아니라 자연 제방에도 짓는답니다.

삼각주 〔석 삼 三, 뿔 각 角, 물가 주 洲〕
delta

하천의 하구에서 유속의 감소로 인해 형성되는 충적 평야

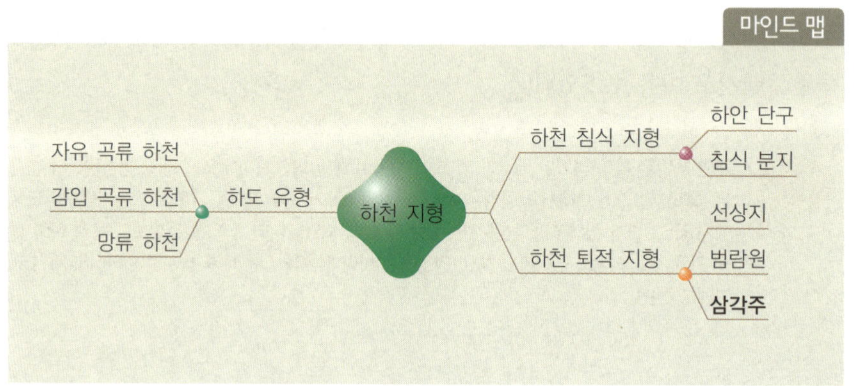

　유속이 빠른 하천의 중·상류에서는 토사가 쉽게 운반되지만 하천의 하류, 특히 바다와 만나는 하구 부근에서는 유속이 느려져 하천의 운반력이 감소한다. 따라서 하천 운반 물질들이 하구에 집중적으로 쌓여 충적 평야를 형성하는데, 이를 삼각주라고 한다. 영어로 'delta'라고 부르는 삼각주는 그 모양이 그리스 문자 △델타와 비슷하게 생겨서 붙여진 이름이다. 하지만 실제로 삼각형 모양으로 이루어진 삼각주는 드물며, 하천 하구에 형성된 퇴적 지형이면 크기와 모양의 구분 없이 삼각주라고 부른다.

　조류潮流의 영향을 받는 하천에서 발달한 삼각주는 하천에서 공급된 자갈, 모래와 같은 하천 퇴적물과 바다에 의해 운반된 뻘과 같은 미립 물질이 혼재되어 충적층을 이룬다. 이처럼 삼각주는 지속적으로 물과 토사가 공급되므로 토양이 비옥하여 일찍부터 농경지로 이용되고 있다.

　삼각주가 형성되려면 반드시 하천의 운반력이 조수력▪보다 커야 하는데, 우리나라의 황해안과 남해안은 조차가 크기 때문에 삼각주가 발달하기 어렵다.

▪**조수력**(潮水力): 조수(潮水) 간만의 차이로 발생하는 힘(力), 조력이라고도 한다.

▲낙동강 하구에 발달한 삼각주

황해로 흐르는 한강. 대동강 등의 하천에서도 많은 퇴적물이 나오지만 큰 조수 간만의 차이로 인해 퇴적되는 토사가 쓸려 나가서 삼각주보다는 간석지￭가 발달한다. 동해안 역시 파도가 강하고 수심이 깊을 뿐만 아니라 경동성 지형으로 유속이 빠르기 때문에 삼각주가 발달하기 어렵다. 따라서 우리나라에서는 토사 유입량이 많은 압록강 하구와 비교적 조차가 작은 낙동강 하구에서만 삼각주를 볼 수 있다.

￭**간석지**(干潟地): 하천에 의해 운반된 미립 물질이 조차가 큰 해안에 퇴적되어 만조 시에 침수되고, 간조 시에 드러나는 지형.

주제 11

해안 〔바다 해 海, 언덕 안 岸〕

바다와 육지가 맞닿은 부분

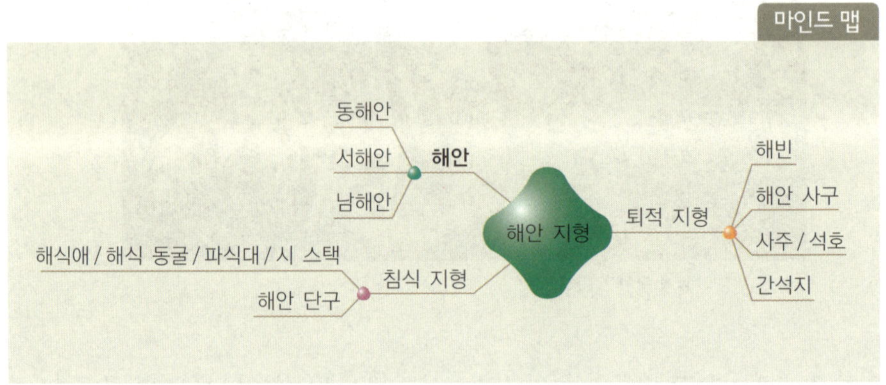

바다와 육지가 맞닿은 부분을 해안이라고 한다. 해안은 형성 과정에 따라 해수면이 하강하거나 지반이 융기하여 형성된 해안선이 단조로운 이수 해안離水海岸과 해수면이 상승하거나 지반이 침강하여 형성된 해안선이 복잡한 침수 해안沈水海岸으로 구분할 수 있다. 이와 같은 해수면의 변동 이 외에도 조석, 기상, 해류 등의 다양하고 복잡한 요인이 해안 형성에 영향을 준다. 따라서 3면이 바다로 둘러싸인 우리나라의 각 해안은 서로 다른 지형 경관을 보인다.

동해안은 해안선이 단조롭다. 그 이유는 태백산맥이 동해안과 나란하게 융기하였고, 후빙기에 해수면이 상승하면서 침수되었던 지역이 해안 퇴적 작용으로 대부분 충적되었기 때문이다. 여기에 단조로운 해안선을 따라 잘 발달한 연안류와 강한 파랑에 의해 침식과 퇴적 작용이 활발하게 이루어지면서 해안선은 더욱 단조로워졌다. 이와 같은 침식·퇴적 작용의 결과로 동해안에는 사빈, 사주, 석호, 해식애, 파식대 등의 해안 지형이 발달하였다.

반면 황·남해안은 동해에 비해 수심이 비교적 얕고, 산지들이 해안선과 직

▲동해안과 황해안 해안선 비교

교한 상태에서 해수면의 상승이 이루어졌기 때문에 해안선이 복잡하다. 또한 빙기에 해수면 하강으로 침식 기준면이 낮아지면 하천의 침식력이 활발해져 깊은 골짜기가 발달한다. 이후 간빙기가 도래하면 해수면은 다시 상승하고 침식으로 깊어졌던 골짜기는 물에 잠기게 된다. 이때 골짜기는 만▪으로, 주변부의 고도가 높은 산지는 반도▪나 섬으로 남게 되어 해안선이 복잡한 리아스식 해안▪을 형성하게 된다. 황·남해안은 조차가 커서 간석지가 잘 발달하였으며, 큰 조차를 극복하기 위해 특수 항만 시설인 갑문식 독dock과 뜬다리 부두를 설치하기도 한다.

▪**만**(灣): 바다가 육지 속으로 들어와 있는 지형.

▪**반도**(半島): 육지가 바다에 길게 돌출하여 삼면이 바다인 지형.

▪**리아스식**(Rias) **해안**: 지반의 침강 또는 해수면의 상승으로 형성된 해안선의 드나듦이 복잡한 해안.

구분	해안의 특징	주요 형성 작용	주요 발달 지형
동해안	단조로움	활발한 연안류 강한 파랑	사빈, 사주, 석호
황·남해안	복잡함	활발한 조류	해안 사구, 간석지

▲동해안과 황·남해안의 특징 비교

해식애 / 해식 동굴 / 파식대 / 시 스택

〔바다 해 海, 좀먹을 식 蝕, 언덕 애 崖〕 **sea cliff** /
〔바다 해 海, 좀먹을 식 蝕, 골 동 洞, 굴 굴 窟〕 **shore platform** /
〔물결 파 波, 좀먹을 식 蝕, 대 대 臺〕 **sea cave / sea stack**

해안에서 파랑에 의한 침식 작용으로 만들어진 지형

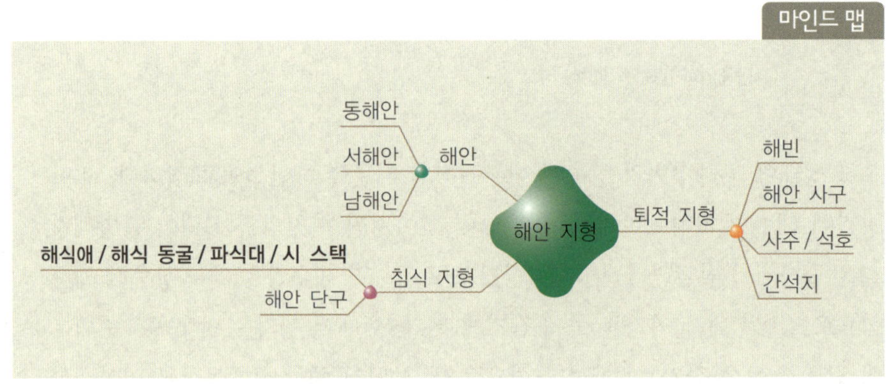

■**파랑**(波浪): 바다 또는 호수에서 바람에 의해 수면에 일어나는 물결.

바다의 영향을 직접 받는 해안 지역은 파랑■에 의한 침식 작용인 파식이 지형 형성에 중요한 역할을 한다. 따라서 해안 지역에서는 다양한 침식 지형이 발달한다.

파식 작용에 의하여 해안 사면이 육지 쪽으로 후퇴하면서 형성된 절벽을 해식애라고 한다. 파랑의 힘은 해식애 중에서도 아랫부분에 집중되는데 파식이 계속 진행되면 해식 동굴이 만들어지기도 한다.

파식대는 파식에 의해 해수면의 위 또는 아래에 형성되는 기반암의 평평한 침식 대지로 바다 쪽으로 완만한 경사를 이룬다. 파식대가 해수면 위로 드러나면 파랑뿐만 아니라 풍화에 의해서도 침식을 받는다. 파식대는 보통 해식애와

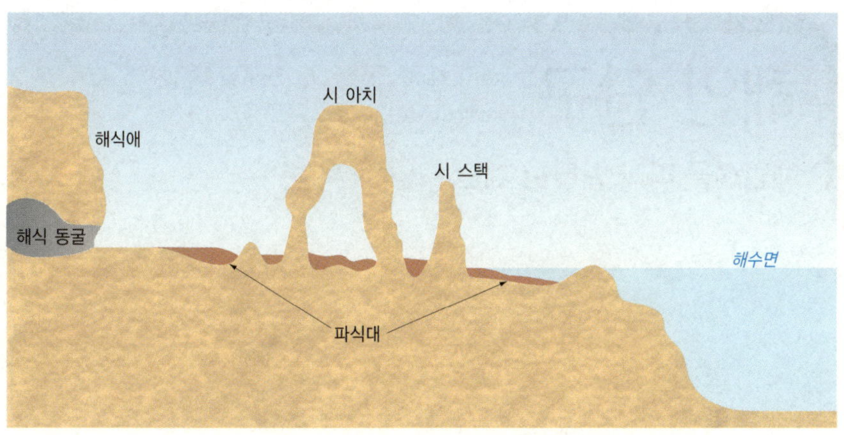

▲해안 침식 지형

함께 나타나는데 해식애 밑으로 형성된다.

　지속적인 파식 작용으로 해식애가 육지 쪽으로 후퇴할 때, 침식을 견디는 정도에 따라 차별 침식을 받게 된다. 침식에 약한 부분은 깎여 나가 파식대를 형성하고, 강한 부분은 남아서 돌출된 촛대 모양의 바위섬이 되기도 하는데, 이를 시 스택이라고 한다.

Tip　시 스택과 동일한 원리로 침식을 견디고 남은 암석이 아치 모양이면 시 아치(sea arch)라고 합니다.

해안 단구

〔바다 해 海, 언덕 안 岸, 층계 단 段, 언덕 구 丘〕
marine terrace

해안선을 따라 발달한 계단 모양의 지형

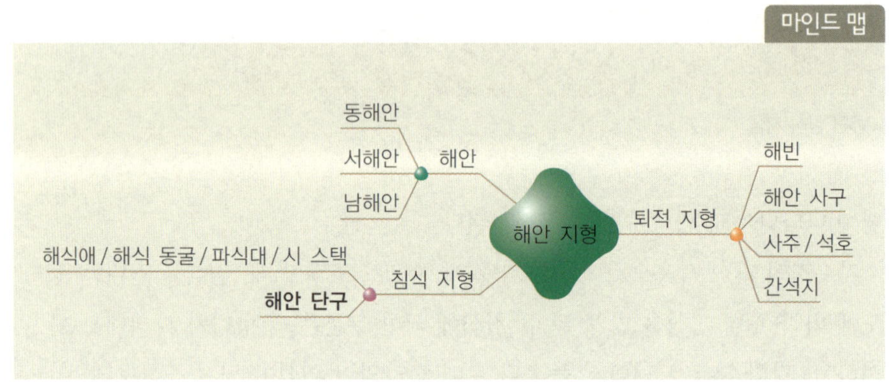

■**파랑**(波浪): 바다 또는 호수에서 바람에 의해 수면에 일어나는 물결.

 기반암의 침식면이나 해수면을 기준으로 형성된 해안 침식 지형이 현재의 해수면보다 높은 위치에 놓이게 된 계단 모양의 지형을 해안 단구라고 한다. 해안 단구는 파랑■에 의한 침식 작용인 파식 작용으로 해식애와 파식대가 형성된 후에 지반의 융기 또는 해수면의 하강이 일어나면서 형성된다. 해수면 위로 드러난 암석이 파식을 받으면 새로운 해식애와 파식대가 발달한다.
 해안선과 평행한 해안 단구는 단구면과 단구애로 이루어지는데, 단구면은 평탄하여 농경지나 취락, 교통로로 이용된다.

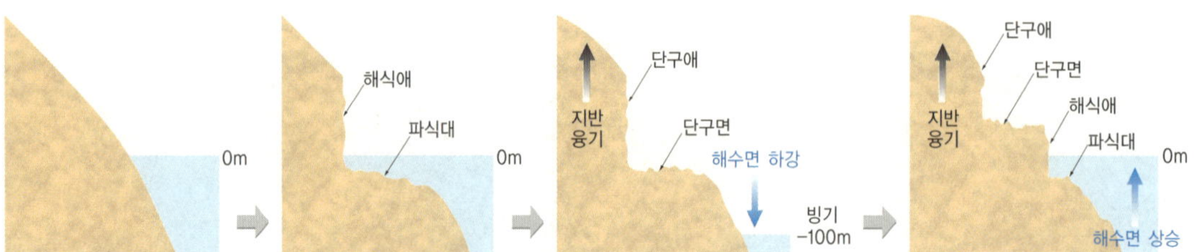

▲해안 단구의 형성 과정

▲ 강원도 정동진 해안 단구

▲ 정동진 해안 단구에서 관찰된 둥근 자갈

　우리나라는 전체적으로 융기를 받았기 때문에 황·동해안에서 모두 해안 단구가 나타나지만 특히 융기량이 많고 파랑의 작용이 활발한 동해안의 강릉~포항, 장기곶~구룡포에 이르는 지역에 잘 발달되어 있다.

Tip 해안 단구에서도 하안 단구와 같이 땅을 파면 둥근 자갈을 관찰할 수 있어요. 뿐만 아니라 과거에는 바닷속에 있었기 때문에 조개껍데기도 관찰된답니다. 이런 것들이 해안 단구임을 증명해 주는 증거가 됩니다.

해빈 〔바다 해 海, 물가 빈 濱〕
beach

해안에 모래와 자갈 등이 퇴적된 지형

마인드 맵

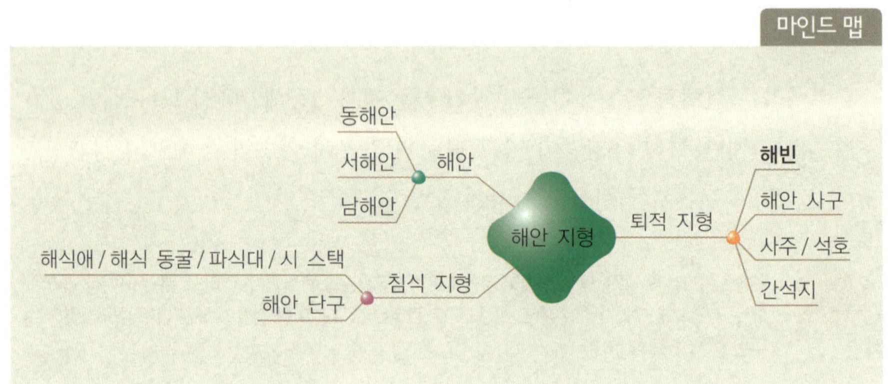

　　바다로 유입되는 하천에 의해 운반된 토사 또는 해안 침식으로 생긴 모래가 파랑과 연안류의 작용으로 해안에 퇴적되어 형성된 지형을 해빈이라고 한다. 해빈은 구성 물질에 따라 모래로 이루어진 사빈砂濱, 자갈로 이루어진 역빈礫濱, 점토나 실트로 이루어진 이빈泥濱 등으로 구분할 수 있다.

　　우리나라의 동해로 유입하는 하천은 지형적인 영향으로 유로가 짧고, 경사가 급해 운반 물질이 침식되는 시간이 짧기 때문에 입자가 큰 모래를 해안에 공급한다. 또한 연안류와 파랑의 작용으로 퇴적 작용이 활발히 일어나기 때문에 사빈이 더욱 발달한다. 사빈은 대부분 해수욕장으로 이용되고 있다.

　　반면 황해안은 하천에서 공급되는 물질은 많으나 조차가 커 썰물 때 대부분 바다로 쓸려 나가기 때문에 포켓 비치pocket beach: 규모가 작은 사빈의 형태로 발달하였다.

　　해안에 자갈이 퇴적되어 형성된 역빈은 우리나라에서는 주로 남해안에서 잘 나타난다. 자갈의 공급처는 대부분 주변 산지이며, 형성 시기에 따라 자갈의

▲ 강릉시 경포대의 사빈

▲ 남해시 어부림의 역빈

크기와 원마도에 차이가 나타나는데, 대체로 오래전에 형성된 것일수록 자갈의 크기가 작고 원마도가 양호한 편이다.

최근 몇 년간 사빈 침식의 문제가 중요한 화두가 되고 있어요. 해수욕장에 설치한 콘크리트 구조물 때문에 사빈의 성장이 막히면서 오히려 파도가 모래를 쓸어가 버려서 사빈의 모래가 점점 감소하는 것이지요.

■ **원마도**(圓磨度): 암석의 풍화 물질인 암편은 하천 등을 통해 운반되는 과정에서 모서리가 둥글게 침식되는데, 그 둥근 정도를 원마도라고 한다.

해안 사구

〔바다 해 海, 언덕 안 岸, 모래 사 砂, 언덕 구 됴〕
costal sand dune

해안의 모래가 바람에 의해 운반되어 만들어진 언덕

마인드 맵

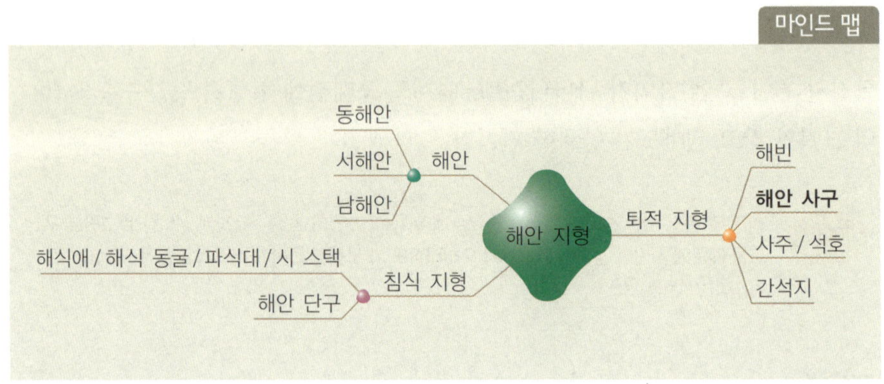

바람에 의해 날린 모래가 쌓여서 이루어진 언덕을 사구라고 하는데, 크게 사막에 만들어지는 내륙 사구와 해안에 만들어지는 해안 사구로 구분한다. 해안 사구는 사빈▪의 모래가 바람에 날려 육지 쪽으로 이동하면서 바람의 힘이 약해지는 지점에 집중적으로 쌓이면서 만들어진 언덕 형태의 해안 지형이다.

사빈의 발달이 탁월한 동해안에서 사구의 규모가 더 클 것이라고 예상되지만 실제로는 북서 계절풍의 영향을 탁월하게 받는 황해안과 제주도에서 대규모 해안 사구가 발달한다. 이것은 사구의 발달에 지대한 영향을 끼치는 것은 모래의 양이 아닌 바람의 세기라는 것을 나타낸다.

해안 사구는 사빈의 모래가 파랑에 의해 유실되는 것을 막아 주기 때문에 사빈의 모래 양이 유지될 수 있도록 해 주고, 해일 등과 같은 자연재해의 완충 지대 역할을 하며, 지하수를 저장하거나 물을 정화시키는 작용도 한다. 또한 여러 동식물에게 서식처를 제공해 주는 생태 환경의 보고이기 때문에 세계 각국에서는 해안 사구의 연구와 보존을 위해 노력하고 있다.

▪**사빈**(砂濱): 강에서 운반된 모래 또는 해안 침식으로 생긴 모래가 퇴적되어 만들어진 모래 해안.

▲ 신두리 해안 사구

해안 사구 위에는 주로 소나무를 심는데, 이는 가옥이나 농경지로 모래바람이 부는 것을 막아 주고 있어요. 이를 방풍림(防風林)이라고 하는데, 해안 사구의 완충 지대 역할을 강화시켜 주기도 한답니다.

주제 16

사주 / 석호

〔모래 사 砂, 물가 주 洲〕 **sand bar /**
〔개펄 석 潟, 호수 호 湖〕 **lagoon**

연안류 등으로 인해 이동하던 모래가 쌓인 것 / 사주에 의해 바닷물이 격리된 호수

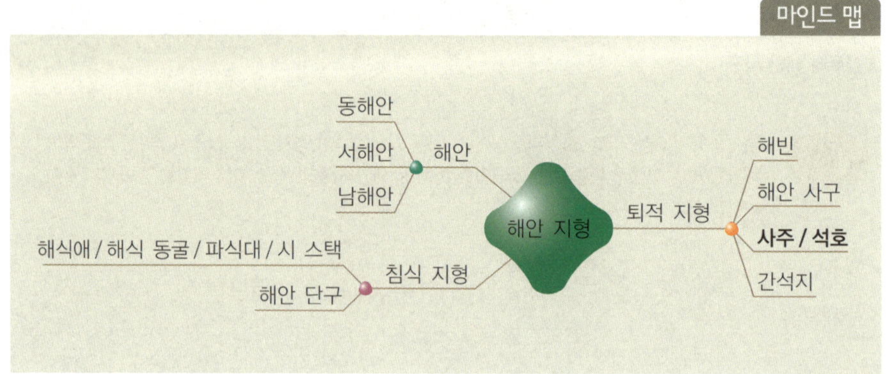

　파랑과 연안류에 의해 운반되는 모래가 해안과 평행하게 좁고 기다란 형태로 퇴적된 지형을 사취砂嘴라고 한다. 사취는 모래를 공급받는 육지와 연결되어 있는데 그 형태가 새의 부리嘴처럼 구부러져 있다고 하여 이름이 붙여졌다.

　지속적인 모래의 퇴적으로 사취가 성장하여 만을 완전히 가로막으면 이를 사주라고 한다. 사취가 섬과 연결되어 만들어진 사주는 특별히 육계사주陸繫砂洲라 하고, 육계사주에 의해 육지와 연결된 섬을 육계도陸繫島라고 한다.

　사주에 의해 외해와 분리되어 만들어진 호수를 석호라고 한다. 석호는 원래 바닷물이었지만 지속적으로 민물을 공급받기 때문에 염도가 낮아져 점차 담수화된다. 정확하게는 하천의 영향과 바다의 영향을 모두 받아 담수와 염수의 중간인 기수汽水의 성격을 지닌다. 기수는 해수보다는 염도가 낮은데 우리나라의 동해안을 기준으로 보면 해수에 비해 약 1/7 정도 낮은 염도를 가지고 있다. 따라서 점차 담수화가 진행되더라도 여전히 염분을 포함하기 때문에 농업용수

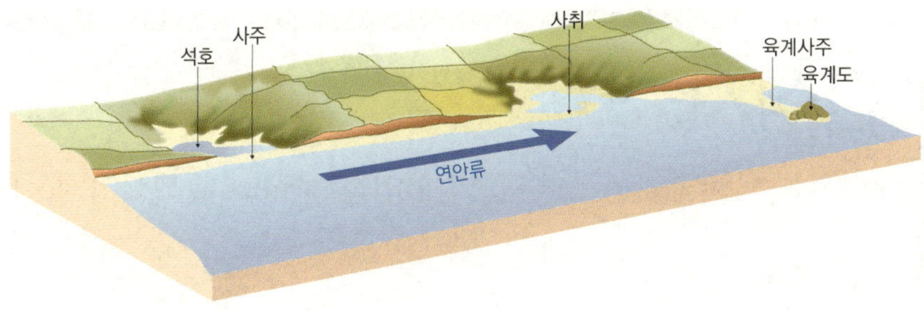

▲해안 퇴적 지형 모식도

로서는 부적합하다. 석호에는 갯벌과 같은 염분이 높은 습지가 형성되기도 하여 갯벌이라는 의미를 지닌 석潟을 사용하여 석호라고 부르게 되었다.

석호는 비가 많이 와서 하천의 유량이 증가하면 사주가 일부 파괴되어 바다와 연결되기도 한다. 그러나 유량이 줄어들면 파랑과 연안류에 의해 모래가 퇴적되면서 다시 바다와 단절된다. 이렇게 하천과 바다의 영향을 자주 받는 석호를 '살아 있는 석호'라고 한다. 한편 석호가 해수와 완전히 단절되면 석호로 유입되는 모래가 사주에 막혀 바다로 빠져나가지 못하기 때문에 석호의 면적은 시간이 흐름에 따라 점차 축소된다.

Tip 석호의 형성 과정에는 빙기와 간빙기가 간섭되어 있어요. 빙기에는 해수면의 하강으로 깊은 골짜기가 형성되고, 간빙기에는 깊어진 골짜기가 해수면의 상승으로 인하여 바닷물로 채워지면서 만이 형성되지요. 만의 앞부분에 사취와 사주가 발달하면서 석호가 만들어진 것이랍니다.

주제 17

간석지 〔방패 간 干, 개펄 석 潟, 땅 지 地〕
tidal flat

조차가 큰 해안에서 조류에 의해 미립 물질이 퇴적되어 형성된 지형

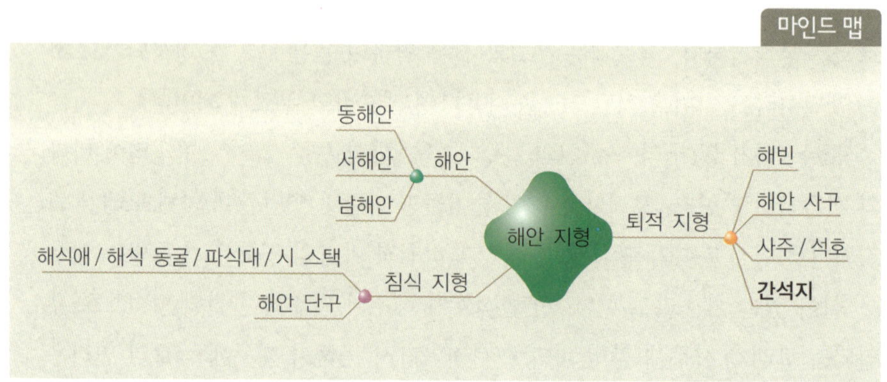

  조차가 큰 해안에서 조류에 의해 퇴적된 미립 물질이 썰물 때에는 노출되고 밀물 때에는 해수면 아래로 잠기는 넓고 평탄한 해안 퇴적 지형을 '간석지'라고 한다.

  하천의 하류로 운반되는 물질은 대부분 점토와 같은 미립 물질이며 이러한 미립 물질은 조류에 의해 쉽게 운반될 수 있다. 간석지는 썰물에 의해 쓸려간 미립 물질이 밀물에 의해 다시 육지로 재운반되어 퇴적되면서 만들어진다. 육지로 깊숙이 들어온 섬으로 가로막힌 해안에서는 상대적으로 파랑의 힘이 약하고 조류의 힘이 강하기 때문에 간석지가 발달하기 좋은 환경이 된다.

  간석지는 뻘이나 진흙 등의 미립 물질이 퇴적된 점토질 간석지가 주를 이루지만, 파랑의 작용이 활발하거나 강의 하구와 가까운 곳에서는 점토에 모래와 자갈이 섞인 간석지가 발달하기도 한다.

  우리나라에서는 조차가 큰 황해안과 남해안에 간석지가 잘 발달되어 있다. 과거에는 대부분 양식장, 염전, 관광지로 이용되었으나 최근에는 간척하여 농

▲황해안 간석지(경기도 화성시)

업 용지, 주택 용지, 공업 용지로 이용하기도 한다.

간석지는 다양한 해양 생물이 살아 숨쉬는 생태계의 보고라고도 불리며, 미생물들에 의한 오염 물질의 자정 능력이 탁월하여 생태학적으로 보존 가치가 매우 높다.

 **Tip** 간석지는 우리나라 외에도 독일, 네덜란드, 미국, 일본 등의 국가에서도 잘 발달되어 있어요. 이들 국가에서는 간석지 보호를 위한 노력들이 활발히 이루어지고 있지요.

주제 18

화산의 형태 〔불 화 火, 뫼 산 山, 모양 형 形, 모습 태 態〕

용암의 분출로 만들어진 산의 모양

마인드 맵

종상 화산: 백두산 · 한라산 정상부, 울릉도

순상 화산: 백두산 · 한라산의 산록부

화산의 형태

복합 화산: 백두산, 한라산

기생 화산: 제주도(370여 개)

지구 내부에 있던 마그마가 지각의 틈으로 분출하는 과정을 화산 활동이라 하고, 이로 인해 형성되는 지형을 화산이라고 한다. 화산의 형태는 용암의 종류와 분화의 방식에 따라 다양한 형태로 나타난다.

유동성이 큰 현무암질 용암이 물처럼 흘러 멀리까지 퍼지는 경우에는 사면의 경사가 완만한 화산이 형성되는데, 그 형태가 방패楯를 엎어 놓은 모양狀과 같아서 순상 화산楯狀火山이라고 한다. 백두산과 한라산의 산록부가 순상 화산의 모습을 하고 있다.

반면에 유문암과 같이 점성이 강한 용암의 경우 유동성이 작기 때문에 멀리 흘러가지 못해 경사가 급한 화산이 형성되는데, 그 형태가 종鐘 모양과 같아서 종상 화산鐘狀火山이라고 한다. 제주도의 산방산과 한라산의 산정부, 백두산의 산정부, 울릉도가 종상 화산에 해당된다.

제주도는 화산섬으로 전체적으로는 현무암으로 이루어진 순상 화산이지만 한라산의 산정부는 종상 화산의 형태를 보이고 산록부는 순상 화산의 형태를 보인다. 또한 백두산은 현무암 분출로 형성된 용암 대지▪ 위에 다시 현무암 분출이 일어나 순상 화산 형태의 산록부를 이루고, 산정부는 조면암 분출로 인해

▪**용암 대지**(熔巖臺地): 지표의 갈라진 틈을 따라서 용암이 분출하여 생긴 넓고 평평한 대지.

종상 화산의 형태가 나타난다. 이와 같이 여러 번에 걸친 분화로 하나의 화산체에서 다양한 화산의 형태가 나타나는 화산을 복합 화산複合火山이라고 한다.

이 외에도 중심 화산이 형성될 때 지각의 약한 틈을 따라 분출된 용암에 의해 작은 화산이 만들어지기도 하는데, 이를 기생 화산寄生火山 또는 측화산側火山이라고 한다. 제주도에는 370여 개의 기생 화산이 있는데 제주도 방언으로 '오름'이라고 불린다.

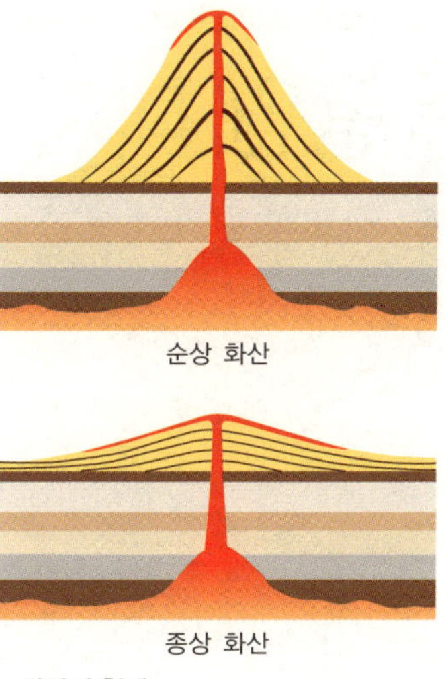

▲ 화산의 형태

주제 19

용암 대지

〔쇠녹일 용 熔, 바위 암 巖, 대 대 臺, 땅 지 地〕
lava platean

지표의 갈라진 틈을 따라서 용암이 분출하여 생긴 넓고 평평한 지형

마인드 맵

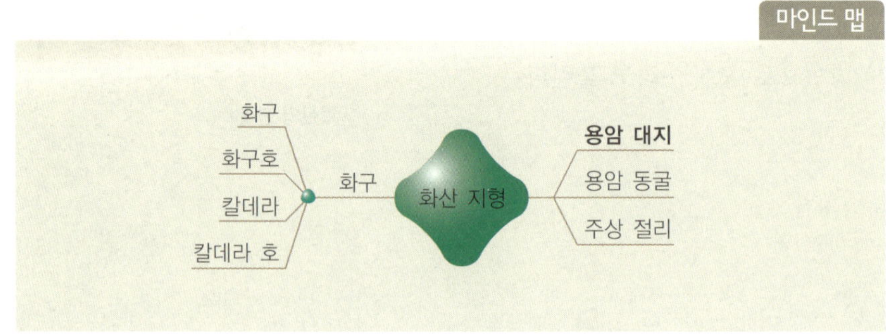

　다수의 분화구 또는 지표의 갈라진 틈에서 다량의 용암이 분출열하 분출. 裂罅噴出하여 기존 지표의 기복을 메워 높고 평탄한 대지를 형성하는데, 이를 용암 대지라고 한다. 따라서 용암대지는 뾰족한 화산체를 형성하는 것이 아니라 평평한 형태로 나타난다. 유동성이 큰 현무암질 용암이 물처럼 멀리 흘러가는 경우에 주로 형성되며, 화산 지형 가운데 가장 면적이 넓다.

　대표적인 용암 대지로는 미국의 콜롬비아 고원, 인도의 데칸 고원이 유명하며, 우리나라에서는 백두산~개마고원 일대, 철원~평강 지역, 신계~곡산 지역에 발달해 있다.

　한탄강이 흐르던 철원~평강 지역은 신생대의 용암 분출로 인하여 하곡이 메워지면서 평탄한 용암 대지가 형성되었고, 이후 한탄강이 다시 흐르면서 수직 절벽과 계곡이 형성되었다. 따라서 한탄강 주변은 원래 기반암편마암·화강암, 과거의 퇴적층현무암층, 현재의 충적층이 차례로 나타난다.

▲강원도 철원군의 한탄강 용암 대지

현무암은 다공질의 암석이라 비가 와도 배수가 잘되어 논농사가 발달하기 어려워요. 하지만 철원~평강 지역의 용암 대지는 우리나라의 대표적인 곡창 지대예요. 어떻게 된 것일까요? 그 이유는 주변에 한탄강이 흐르기 때문이에요. 즉, 화강암층 위에 현무암의 용암 대지가 형성되었고, 그 위에 다시 한탄강이 흐르면서 현무암을 침식시켰어요. 또한 하천이 범람하기도 하면서 한탄강 주변으로 퇴적층이 발달하게 되었지요. 그래서 다른 현무암 용암 대지보다는 배수가 덜 이루어져요. 게다가 강이 흐르니 농업용수는 확보된 셈이지요. 따라서 철원~평강 지역에서 논농사가 가능한 것이랍니다.

화구 〔불 화 火, 입 구 口〕
crater

지하의 마그마가 용암의 형태로 분출되는 출구

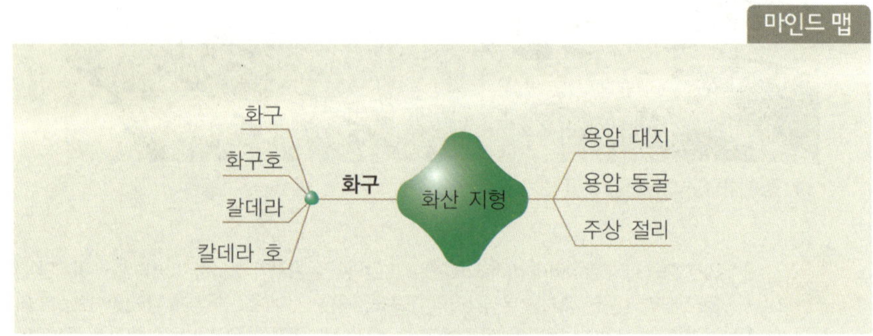

■**화산 가스**: 화산 활동으로 마그마가 분출될 때 나오는 화산 분출물. 주로 수증기로 이루어져 있으며, 그 외에 이산화탄소, 질소, 아황산가스, 일산화탄소, 유황 등도 포함되어 있다.

　지하의 마그마가 용암이나 화산 가스■로 지표에 분출되는 출구를 화구 또는 분화구라고 한다. 화구의 모양은 대체로 원형이고, 크기는 보통 수십~수백 m이며 1km를 넘지 않는다. 화산 활동이 끝난 후 화구에 물이 고이면 화구호가 만들어지는데 제주도 한라산의 백록담이 여기에 해당한다.

　화산 활동으로 마그마가 빠져나간 후 지반이 약해져서 화구가 함몰하면 분지 형태의 칼데라caldera가 형성된다. 칼데라는 에스파냐 어의 calderia솥에서 유래한 것으로, 그 형태가 솥과 같다고 하여 이름이 붙여졌다. 일반적으로 화구의 크기가 1km가 넘으면 칼데라로 분류하는데 보통 수~수십 km에 이른다. 칼데라의 내벽은 가파른 경사를 이루지만 바닥은 평지에 가깝다. 울릉도의 나리분지가 칼데라에 속하는데 지름은 약 2km 정도이다. 나리분지에는 마을이 자리 잡고 있으며, 울릉도에서 농사를 짓는 가장 넓은 지역이다. 칼데라에 물이 고여 형성된 호수를 칼데라 호라고 한다. 백두산 천지는 우리나라에서 유일한 칼데라 호로 지름이 3km가 넘는다.

◀한라산 백록담
화구에 물이 고여 형성된 화구호이다.

◀울릉도 나리분지
화구가 함몰하여 형성된 칼데라이다.

◀백두산 천지
칼데라에 물이 고여 형성된 칼데라호이다.

주제 **21**

용암 동굴 〔쇠녹일 용 熔, 바위 암 巖, 골 동 洞, 굴 굴 窟〕
lava cave

용암의 표면이 식은 후 내부의 용암이 빠져나가 형성된 동굴

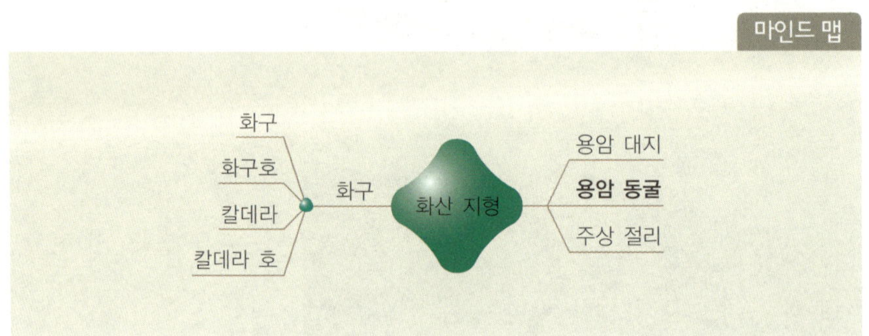

지하의 마그마가 지표로 분출하면서 용암이 흐를 때, 대기와 바로 접하는 용암의 표면은 외부와의 온도 차가 크기 때문에 빨리 굳지만 내부의 용암은 아직 용융 상태를 유지하면서 계속 흘러간다. 화산 활동이 끝나고 내부의 용암이 모두 빠져나가면 용암이 흐르던 자리에 빈 공간이 형성되면서 용암 동굴이 만들어진다. 작은 경사에서도 용암이 잘 흘러갈 수 있는 점성이 약한, 즉 현무암질 용암에서 용암 동굴이 잘 발달하는데 분출한 용암의 양이 많을 때, 용암이 천천히 식을 때에 특히 잘 발달한다.

용암 동굴이 형성된 이후에 천장이나 바닥의 틈새로 용암이 새어 나올 경우, 석회 동굴▪ 내부와 유사하게 용암 종유석, 용암 석순, 용암 석주가 만들어지기도 하지만 용암 동굴의 내부는 비교적 단순한 편이다.

한편 제주도의 협재굴이나 용천굴 등 바닷가에 인접한 용암 동굴에서는 탄산칼슘에 의한 종유석, 석순, 석주와 같은 집적 지형▪이 나타나기도 한다. 이는 조개껍데기로 인한 석회 성분이 섞인 모래 퇴적물이 용암 동굴 내부로 유입되었기 때문이다.

▪**석회 동굴**(石灰洞窟): 탄산칼슘을 주성분으로 하는 석회암 지대에서 지하수의 용식 작용으로 형성된 동굴.

▪**집적**(集積) **지형**: 동굴 내부에서 암석의 화학적 풍화 작용에 의해 2차 생성물이 퇴적되어 형성된 지형.

▲제주도 협재굴

용암 동굴임에도 불구하고 종류석, 석순, 석주를 관찰할 수 있다.

제주도의 협재굴에 가 보면 용암 동굴임에도 불구하고 석회 동굴에서 볼 수 있는 종유석이나 석순을 볼 수 있어요. 어떻게 된 걸까요? 그건 바로 협재 해수욕장 때문이랍니다. 협재 해수욕장의 모래는 부서진 조개껍데기로 만들어진 것이에요. 이 패사(貝砂)가 바람에 날려 협재굴 위에 쌓이게 되고, 비가 내리면서 빗물에 조개껍데기가 녹아 동굴로 스며든 뒤 동굴 내부에서 다시 탄산칼슘으로 집적되어 종유석이 자라게 된 것이지요.

주제 **22**

주상 절리 〔기둥 주 柱, 형상 상 狀, 마디 절 節, 다스릴 리 理〕
columnar joint

육각형 내지 다각형의 단면 형태를 갖는 수직 절리

마인드 맵

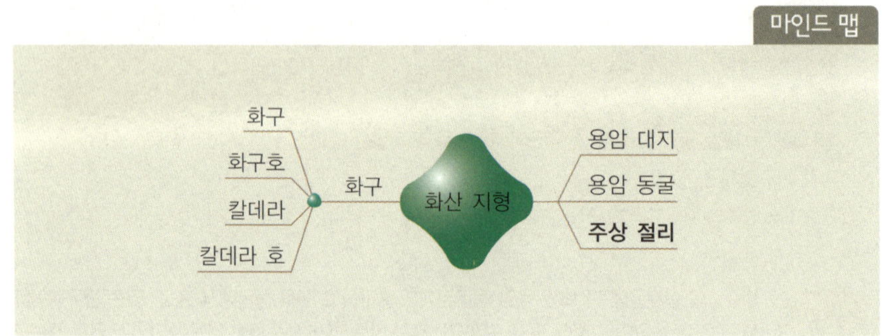

■ **절리**(節理): 암석에 생긴 수직, 수평 또는 사선의 갈라진 틈.

단면의 형태가 육각형 내지 다각형인 기둥 모양의 절리■를 주상 절리라고 하는데, 화산암 지역에서 많이 볼 수 있다.

뜨거운 용암이 냉각되면 부피가 감소하면서 수축 작용이 일어난다. 이때 같은 간격으로 배열된 수축 중심점을 향하여 등질적으로 수축이 일어나 갈라지면서 일반적으로 육각형 형태를 이루는 주상 절리가 형성된다. 주상 절리는 온도가 높고 유동성이 큰 현무암질 용암이 빠르게 냉각될 때 잘 발달한다. 주상 절리의 갈라진 틈을 따라서 암석이 쉽게 풍화되므로 주상 절리가 발달한 지역은 절벽을 이루는 경우가 많다. 또한 하천이나 해안에 발달한 주상 절리가 침식을 받아 아랫부분이 제거되면 주상 절리가 무너지기도 한다.

우리나라에서 주상 절리를 관찰할 수 있는 곳은 철원의 한탄강 유역과 제주도의 해안가 등이다. 이들 지역은 현무암질 용암이 분출한 곳으로, 주변에 물이 있어 용암이 빠르게 냉각될 수 있는 조건을 갖추고 있어 주상 절리가 잘 발달하였다.

▲제주도 지삿개 주상 절리

제주도 해안가에는 바다로 직접 떨어지는 폭포가 있다는 것을 알고 있나요? 정방 폭포와 천지연 폭포가 그렇답니다. 어떻게 폭포가 산속이 아닌 해안가에 발달하였을까요? 정답은 주상 절리 때문이랍니다. 해안가에 발달한 현무암 주상 절리 위를 흐르던 하천이 그대로 바다를 만나게 되면서 폭포를 만든 것이지요.

테라로사 *terra rossa*

석회암의 용식 작용으로 형성된 붉은 토양

마인드 맵

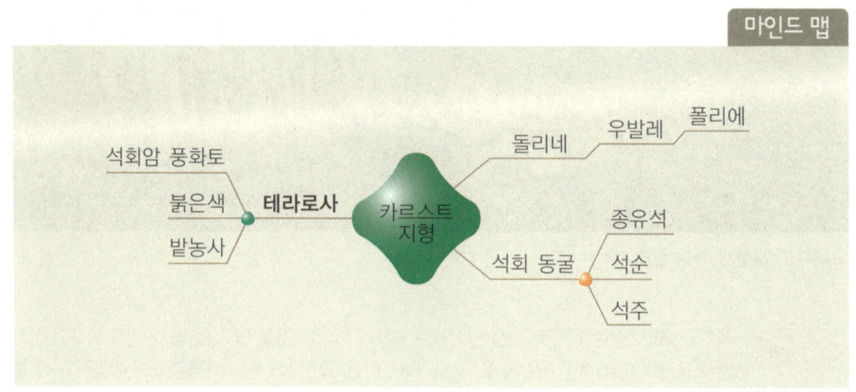

■**카르스트 지형**(karst –): 기반암이 용식되어 만들어진 지형. 석회암 지대에서 잘 나타난다.

■**용식**(溶蝕): 빗물이나 지하수에 의해 암석이 용해되어 화학적으로 침식되는 현상.

■**라테라이트**(laterite): 고온 다습한 열대 및 아열대 기후 지역에서 나타나는 붉은색 토양.

이탈리아 어인 테라terra는 토지·흙을 뜻하고, 로사rossa는 빨간색을 뜻하므로 '테라로사'는 붉은 색 토양이라는 의미를 가지는데, 카르스트 지형■을 덮고 있는 석회암 풍화토를 가르키는 용어이다.

석회암은 주로 탄산칼슘으로 이루어져 있어 물에 쉽게 용해된다. 용식■작용으로 석회암에서 탄산칼슘이 제거되더라도 물에 녹지 않는 철, 알루미늄, 점토, 모래 등의 불순물은 그대로 지표에 남게 된다. 이후 지표에 남아 있던 철과 알루미늄은 공기 중의 산소와 결합하면 산화 작용이 일어나 붉은색을 띠게 되고, 그 색이 그대로 토양에 반영되어 붉은색으로 보이는 것이다.

테라로사와 색깔이 비슷한 라테라이트■가 강수에 의해 유기 물질이 모두 쓸려간 후 산화되어 척박한 데 비하여, 테라로사는 석회암인 염기성 기반암 위에 철·알루미늄·마그네슘 등의 풍부한 염기성 산화물들이 남아 있기 때문에 비옥하다.

우리나라에서는 삼척, 영월, 단양의 석회암 지대에서 테라로사를 잘 관찰할

▲강원도 삼척시의 테라로사

수 있다. 이들 지역은 토양이 비옥하여 농경지로 이용되는데 주로 마늘이나 고추와 같은 작물들이 재배되고 있다.

실제 물에 의해 석회암이 용해될 때에는 이산화탄소도 관여해요. 일반적으로 물에는 이산화탄소가 녹아 있고, 대기 중에도 이산화탄소가 존재하기 때문이죠. 따라서 물에 의해 석회암 속의 탄산칼슘이 용해되는 과정은 다음과 같아요. $CaCO_3 + H_2O + CO_2 \rightleftharpoons Ca^{2+} + 2HCO_3^-$ 즉, 탄산칼슘이 용해되면 이온의 형태로 석회암에서 빠져나간답니다.

주제 **24**

돌리네 doline

석회암 지대에 형성된 웅덩이 모양의 지형

마인드 맵

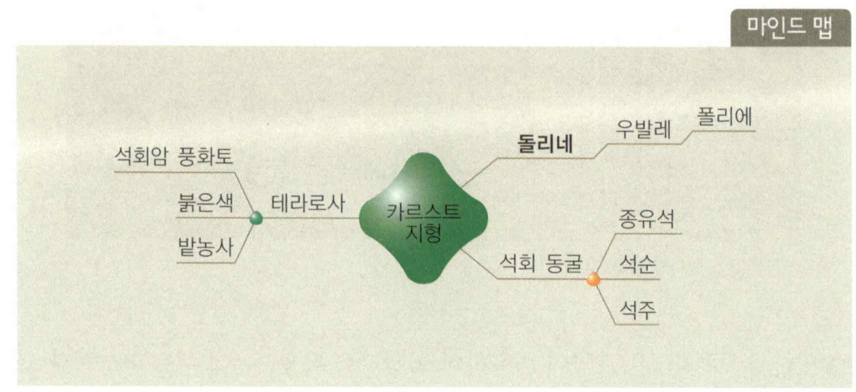

기반암이 석회암으로 이루어진 지역에서는 석회암의 주성분인 탄산칼슘이 빗물에 녹으면서 와지■를 형성하기도 하는데 이를 돌리네라고 한다.

석회암 지대 중에서도 절리가 형성된 곳은 빗물이 잘 스며들어 용식 작용이 활발하게 일어나 돌리네가 잘 발달한다. 돌리네의 크기는 수~수백 m에 이르기까지 다양하지만 보통은 20m 내외이다. 돌리네가 지속적으로 용식되면 주변의 돌리네와 합쳐져 복합 돌리네를 이루는데, 마을이 들어설 정도로 대규모인 것은 우발레Uvale라고 한다. 우발레보다 훨씬 큰 분지는 '평야'라는 뜻을 가지고 있는 폴리에Polije라고 한다. 폴리에의 내부에는 하천이 흐르고 있어 우발레와 차이를 보이며, 하천 주변으로 충적지가 형성되어 마을 또는 농경지로 활용된다.

돌리네의 중앙에는 빗물이 빠져나가는 싱크 홀sink hole이라는 배수구가 발달한다. 그러나 토양으로 덮여 있는 경우가 많아 관찰하기는 쉽지 않다. 따라서 돌리네 지표수가 부족하여 논농사로는 이용되지 못하고 밭농사로 이용된다.

■**와지**(窪地): 움푹 패어 웅덩이(窪) 형태를 하고 있는 땅(地).

▲삼척시 미로면 상거로리의 돌리네

[출처: "카르스트지형과 동굴연구", 푸른길]

돌리네는 석회암 지대를 흐르는 하안 단구에서 집단으로 발달한다. 하안 단구는 지표면이 평탄하여 빗물의 침투가 용이하고, 지하수면과 고도차가 커서 배수가 잘되어 돌리네가 발달하기 좋은 조건을 갖추고 있기 때문이다.

우리나라에서는 남한강이 흐르는 단양군 매포읍과 오십천이 흐르는 삼척시 미로면 일대가 석회암 지대의 하안 단구로서 이곳에서 집단적으로 발달한 돌리네를 관찰할 수 있다.

Tip 돌리네는 만들어진 원인에 따라 용식 돌리네(solution doline)와 함몰 돌리네(collapse doline)로 구분할 수가 있어요. 용식된다는 것은 곧 물에 녹는다는 의미예요. 위에서는 석회암이 물에 녹아서 돌리네가 만들어졌다고 했지요? 따라서 이렇게 형성된 돌리네를 용식 돌리네라고 해요. 석회암이 지하수에 의해 용식되면 지반이 약해져서 땅이 함몰될 수도 있겠지요? 이렇게 형성된 돌리네가 함몰 돌리네랍니다.

석회 동굴

〔돌 석 石, 재 회 灰, 골 동 洞, 굴 굴 窟〕
limestone cave

석회암이 지하수의 용식 작용을 받아 만들어진 동굴

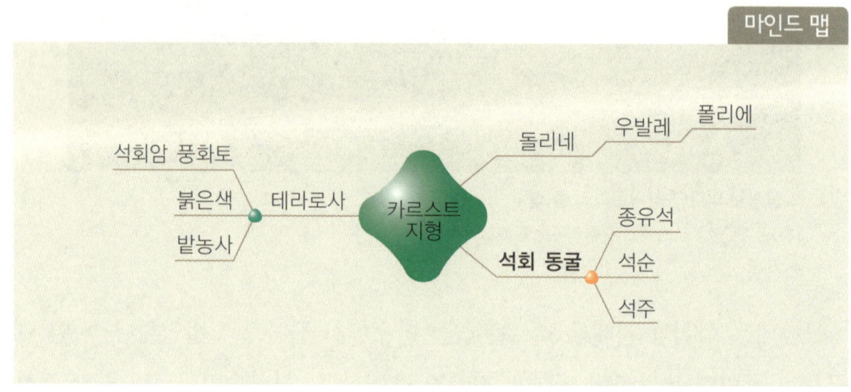

탄산칼슘을 주성분으로 하는 석회암 지대에서 지하수의 용식 작용으로 만들어진 동굴을 석회 동굴이라고 한다. 지하수에 포함된 이산화탄소는 탄산칼슘이 용식되는 것을 돕는다.

석회 동굴의 크기와 규모는 매우 다양하여 길이가 수 m에서 100km에 이르기도 하며, 수직으로 형성된 것도 있다. 동굴 형성 초기에는 절리를 따라 그물 모양으로 동굴망을 형성하지만, 점점 확장됨에 따라 주 절리를 따라 주 동굴을 형성한다. 석회 동굴은 지하수의 공급이 끊기면 성장을 멈춘다.

한편 석회암을 녹인 지하수에는 탄산칼슘이 포함되어 있는데, 이는 지하의 빈 공간에서 동굴을 형성할 때와는 반대의 작용을 한다. 즉, 다시 이산화탄소를 방출하고 탄산칼슘으로 침전▪되는 것이다. 이 과정이 반복되면서 탄산칼슘이 한곳에 집적되어 종유석, 석순, 석주를 만들어 동굴 내의 화려한 지형을 형성한다. 동굴 천장에서 고드름과 같이 자라는 석회암을 종유석鐘乳石, 동굴 바닥에서 대나무 순처럼 위로 자라는 석회암을 석순石筍, 종유석과 석순이 성장

▪**침전**(沈澱): 액체 속에 있는 물질이 가라앉아(沈) 생긴 앙금(澱).

▲석회 동굴인 중국 페이룽 동굴(飛龍洞窟)

[출처: "카르스트 지형과 동굴 연구", 푸른길]

하여 서로 만나 연결된 기둥을 석주石柱라고 한다.

　우리나라의 대표적인 석회 동굴로는 단양의 고수굴, 영월의 고씨굴, 삼척의 환선굴, 평안북도의 동룡굴 등이 있으며 관광지로 유명하다.

Tip $CaCO_3 + H_2O + CO_2 \rightleftharpoons Ca(HCO_3)_2$의 화학식을 알면 석회 동굴의 형성 과정이 더 잘 이해될 거에요. 오른쪽으로 진행되는 화살표가 석회암을 용해시켜 동굴을 만드는 과정이고, 왼쪽으로 진행되는 화살표는 탄산칼슘을 함유한 지하수가 지하의 공간을 만나면서 탄산칼슘을 다시 내놓아 종유석, 석순, 석주와 같은 여러 지형을 만드는 과정이랍니다.

제4장

자원과 자원 문제

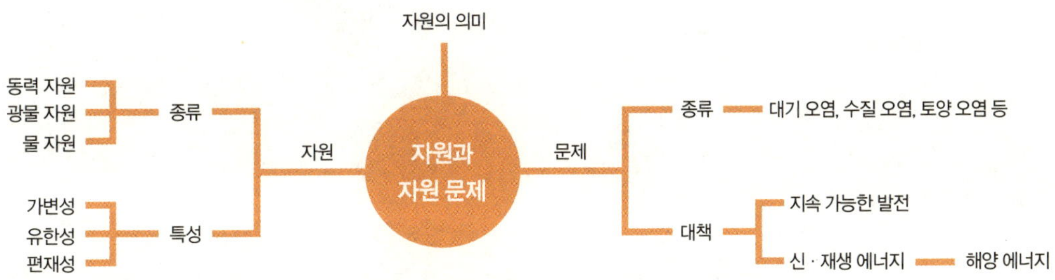

자원의 의미
동력 자원
광물 자원
물 자원
종류
가변성
유한성
편재성
특성
자원
자원과
자원 문제
문제
종류
대기 오염, 수질 오염, 토양 오염 등
지속 가능한 발전
대책
신·재생 에너지
해양 에너지

주제 **1**

자원의 의미 〔재물 자 資, 근원 원 源, 뜻 의 意, 맛 미 味〕

인간의 생활을 유용하게 해 주는 자연적·문화적·인적인 것의 총칭

마인드 맵

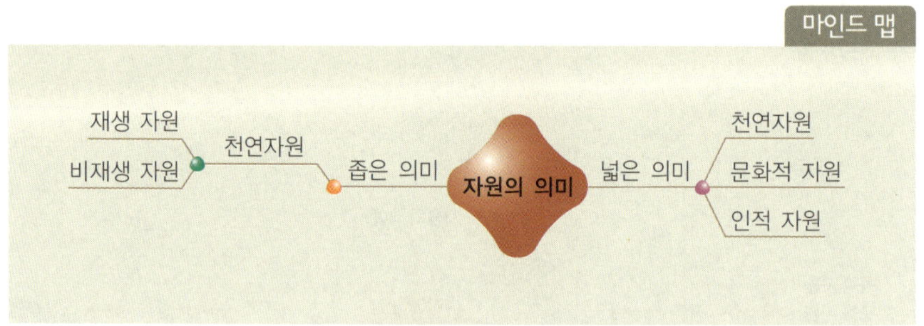

자원은 크게 좁은 의미의 자원과 넓은 의미의 자원으로 나눌 수 있다.

좁은 의미의 자원은 광물 및 동력 자원, 식량 자원, 물 자원, 삼림 자원 등과 같은 천연자원을 의미한다. 즉, 자연 물질 가운데서 인간의 생활을 유용하게 해 주며, 기술적·경제적으로 가치가 있는 것을 말한다. 천연자원은 재생 가능성에 따라서 재생 자원순환 자원과 비재생 자원고갈 자원으로 다시 분류할 수 있다. 재생 자원은 태양열, 조력, 풍력 등과 같이 인간이 계속해서 사용해도 고갈되지 않는 자원을 말한다. 반면 비재생 자원은 한 번 사용하고 나면 다시 사용할 수 없는 자원으로 석탄, 석유, 천연가스, 우라늄 등이 해당된다. 그러나 종이, 알루미늄, 철 등의 일부 비재생 자원은 추가적인 재생 시설이나 에너지를 투입하여 재사용이 가능하기도 하다.

넓은 의미의 자원은 인간의 생활을 유용하게 해 주는 경제적인 가치가 있는 모든 것을 의미하기 때문에 천연자원뿐만 아니라 문화적 자원과 인적 자원까지 포함한다. 문화적 자원에는 언어, 종교, 사회 제도, 조직, 전통 등이 있으며, 인적 자원에는 인구, 노동력, 기술, 창의력 등이 있다.

　우리나라는 천연자원의 매장량이 많지 않기 때문에 좁은 의미의 자원으로만
생각하면 자원 빈국貧國이지만, 넓은 의미의 자원으로 생각하면 근면한 국민성
과 훌륭한 문화 및 기술력을 가진 자원 부국富國에 해당된다.

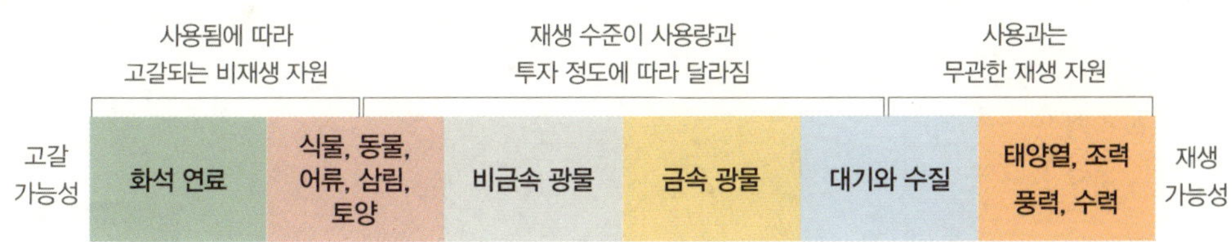

▲재생 여부에 따른 자원의 분류

주제 **2**

동력 자원 〔움직일 동 動, 힘 력 力, 재물 자 資, 근원 원 原〕
power resources

동력을 일으키는 데 쓰이는 자원, 즉 에너지 자원

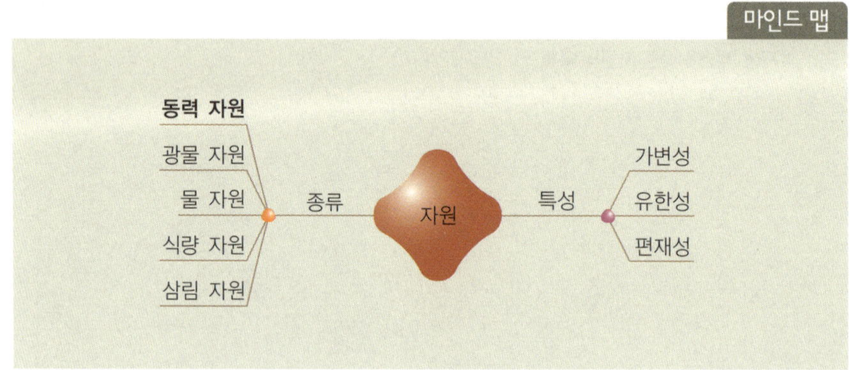

　동력 자원은 에너지 자원이라고도 하는데, 인류의 생활과 경제 활동을 영위하기 위해 필요한 에너지를 획득할 수 있는 자원을 말한다. 즉 에너지를 내는 자원은 모두 동력 자원으로 볼 수 있는데, 대표적으로 물, 석탄, 석유, 천연가스, 원자력 등이다.

　물은 기본적인 동력 자원으로 수력 발전에 있어서 중요한 역할을 한다. 수력 발전은 댐에 가두어 놓은 물을 떨어뜨려 발생하는 위치 에너지로 발전한다. 우리나라는 오랜 기간 침식을 받아 저산성 산지가 많은 데다가 강수가 여름에 집중되어 전체 발전에서 수력 발전이 차지하는 양은 극히 일부분이다.

　석탄은 증기 기관의 동력원으로 사용되면서 수요가 늘어나기 시작하다가 철강 산업의 원료로 수요가 더욱 증가하면서 가장 중요한 에너지 자원으로 부상하였다. 그러나 1960년대에 공업용 및 주거용, 수송용 원료로 석유와 천연가스가 사용되면서 석탄의 중요성이 급격히 줄어들었다.

　석유는 신생대 제3기 습곡 운동에 의해 만들어진 배사층에 매장되어 있는 가연성 액체 연료이다. 자연 상태에서 채굴한 원유原油는 정유 공장에서 정제 과정을 거쳐야 사용할 수 있다. 석유는 넓은 의미로 원유를 정제하여 얻은 휘발유, 등유, 경유, 중유 등을 가리키기도 하고, 좁은 의미로 가정용으로 많이 쓰이는 등유와 자동차용으로 쓰이는 가솔린휘발유, 경유 등을 가리키기도 한다. 정제 과정에서 나오는 아스팔트와 같은 부산물은 각종 화학 공업의 원료로 쓰이고 있다.

천연가스는 석유와 함께 발견되었으나 사용하지 못하고 있다가 가스를 냉동으로 액화시키는 기술과 수송 수단의 발달로 사용할 수 있게 되었다. 주로 주거용 및 상업용으로 쓰이며, 연소 과정에서 공해 물질이 거의 발생하지 않는 깨끗한 에너지라는 장점이 소비량을 늘리고 있다.

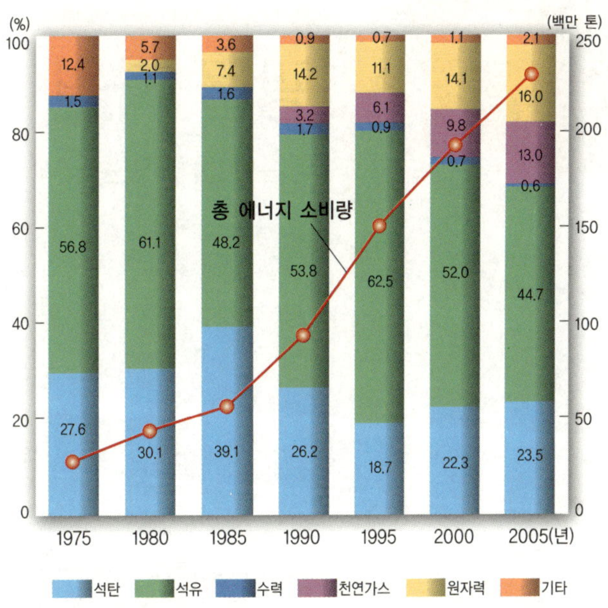

▲우리나라 에너지 자원 소비 분포

우리나라의 에너지 자원 소비 구조는 1960년대 이후 석탄에서 석유 중심으로 전환되었고, 1970년대 후반부터는 원자력 발전이 시작되어 그 비중이 높아지고 있다. 1980년대 말부터는 천연가스가 수입되었다.

원자력 발전은 핵 발전이라고도 하는데 핵분열 시 발생하는 열에너지로 터빈을 가동시켜 에너지를 얻는 발전 방식이다. 원자력 발전은 화석 연료와는 달리 온실가스를 배출하지 않는다는 장점이 있지만 초기 건설 비용이 많이 들 뿐만 아니라 방사능 폐기물 처리에 대한 문제, 방사능 피폭에 관한 문제 등 위험 요소가 있어 발전소가 들어서기 쉽지 않다.

주제 **3**

광물 자원 〔쇳돌 광 鑛, 물건 물 物, 재물 자 資, 근원 원 原〕

땅속에 묻혀 있는 금속·비금속 자원

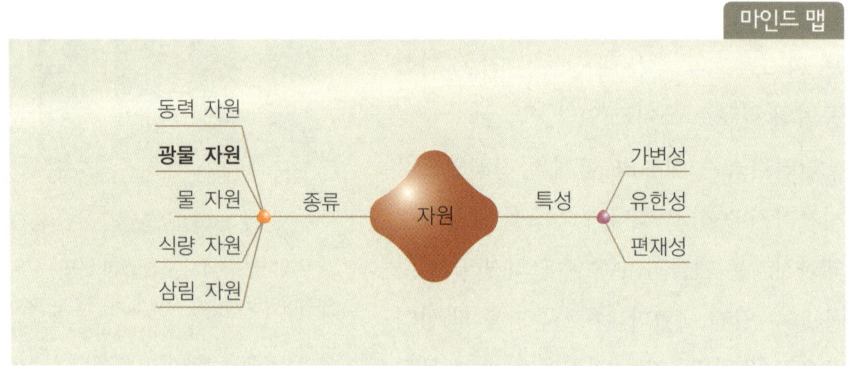

땅속에 있는 채취 가능한 경제적·잠재적 가치가 있는 광물 또는 암석을 광물 자원이라고 하며, 지하자원이라고도 한다. 광물 자원은 다시 철, 구리와 같은 금속 광물과 석회석, 고령토와 같은 비금속 광물로 나눌 수 있다. 광물 자원은 지구 전체로 볼 때 그 양이 많지만 지역적으로 편중되어 있고, 경제적으로 가치 있는 자원의 양도 한정되어 있다. 이처럼 매장량은 한정되어 있으나 소비량은 증가하고 있어 고갈 시기가 앞당겨지고 있다.

우리나라는 다양한 종류의 광물 자원이 매장되어 있어 '광물 자원의 표본실'이라고도 한다. 그러나 각각의 양이 적고, 질도 떨어져서 경제적 가치가 있는 것은 많지 않다. 우리나라의 광물 자원 중에서 석회석, 고령토, 흑연, 규사 등은 매장량이 풍부한 편이다.

석회석은 고생대 조선계 지층에 매장되어 있는데, 삼척·영월 일대가 여기에 해당한다. 따라서 이들 지역에서는 석회석을 주원료로 하는 시멘트 공업이 발달하였다.

철광석은 태백산 지역에서 생산되지만 경제성이 낮아 대부분을 오스트레일리아 등지에서 수입하고 있다. 그러나 북한에 매장된 철광석은 질이 좋고 양도 많은 편이어서 수출되기도 한다.

철광석은 근대 산업의 기초가 되는 자원이죠. 지각에 많이 매장되어 있으나, 지역적으로 편중되어 있어요. 철광석은 주로 순상지, 고기 습곡 산지, 열대 지방에서 발견된답니다.

구리는 국내에서의 생산량이 수요를 만족시키지 못하여 필리핀, 칠레 등지에서 원광채굴한 그대로의 광석을 수입해 국내에서 제련하여 사용하고 있다.

텅스텐은 강원도 영월의 상동 지방에서 많이 생산되었으나, 값싼 중국산 텅스텐에 밀려 현재는 국내 생산이 중단되었다.

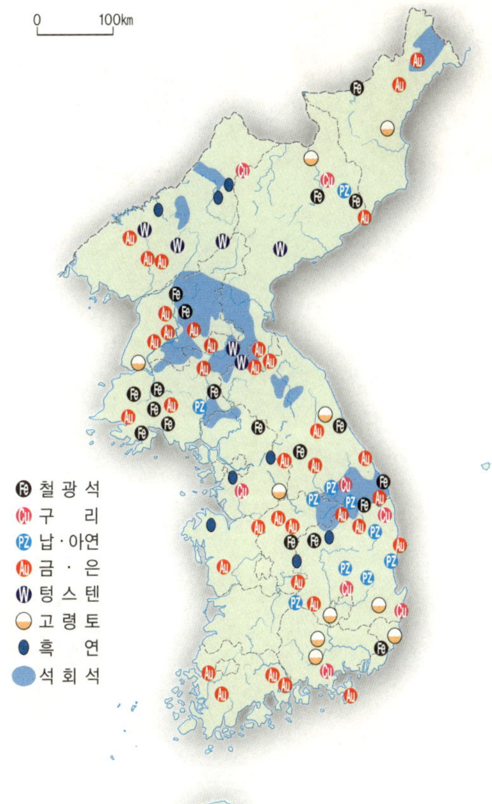

▲우리나라 광물 자원의 분포

주제 **4**

물 자원 〔一. 재물 자 資, 근원 원 源〕

농업용수, 공업용수, 생활용수 등처럼 인간에게 유용한 물의 원천

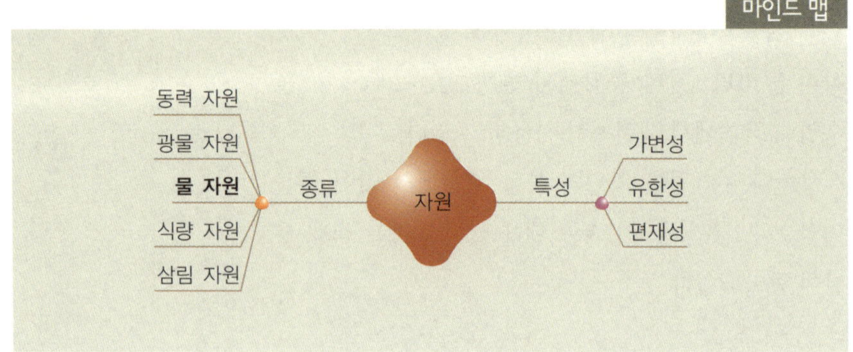

산업이 발달하고 소득 수준이 높아짐에 따라 산업 용수와 생활용수를 포함한 물 자원의 수요도 크게 증가하고 있다. 그러나 우리나라는 여름철에 강수가 집중되어 물 자원의 이용이 비효율적이고, 생활 하수 및 공장 폐수로 인하여 수질 오염이 심각해지고 있다. 따라서 이에 대한 대책으로 다목적 댐을 건설하거나 수리 시설 확충, 정화 시설 설치 등 물 자원의 체계적인 관리와 개발을 통해 효율적으로 이용하기 위한 노력이 시도되고 있다.

물 자원을 효율적으로 활용하기 위한 하나의 방법은 수력 발전소를 통해 물 자원을 관리하는 것이다. 수력 발전소가 입지하기 위해서는 풍부한 양의 물이 확보되어야 하며, 낙차가 큰 곳이어야 한다. 우리나라 역시 곳곳에는 수력 발전소를 건설하였는데, 지형 조건 및 기후 조건에 따라 수력 발전의 양식은 매우 다양하다.

유역 변경식 발전은 경동성 지형▪을 이용하는 발전 양식으로, 높낮이가 다른 인접한 두 하천에서 높은 쪽 하천에 댐을 세워 물길을 막고, 이를 낮은 쪽

▪ **경동성 지형**(傾動性地形): 지층이 어느 한쪽으로 치우쳐 융기하는 경동성 요곡 운동으로 나타나는 비대칭적 지형.

하천으로 방류하여 에너지를 얻는다. 북한의 함경산맥에 건설된 부전강, 장진강, 허천강 댐과 남한의 노령산맥에 건설된 섬진강 댐, 태백산맥에 건설된 강릉 댐이 대표적인 유역 변경식 발전 양식이다.

양수식 발전은 에너지 사용량이 적은 심야에 상부 저수지로 물을 끌어올려 두었다가 전력 수요가 많은 낮에 하부 저수지로 방류하여 에너지를 얻는 양식이다. 따라서 양수식 발전을 위해서는 상부와 하부에 두 개의 댐이 필요하다. 주로 수량이 부족하고 불안정 할 때 사용하는 양식으로 삼랑진 댐, 무주 댐이 양수식 발전 양식에 해당한다.

댐식 발전은 댐을 건설하여 인공 호수를 조성한 뒤 낙차를 이용하여 에너지를 얻는다. 인공 호수로 인해 주변 지역에 저온 현상 및 안개가 자주 발생하여 문제가 되기도 한다. 댐식 발전은 우리나라에 가장 많은 비중을 차지하는 양식으로 소양강 댐, 충주 댐이 대표적이다.

수로식 발전은 큰 낙차를 얻기 힘든 감입 곡류 하천에서 물굽이 사이를 수로로 연결하여 큰 낙차를 얻어 발전하는 양식이다. 화천 댐이 대표적인 수로식 발전 양식에 해당한다.

저낙차식 발전은 풍부한 수량으로 인해 낙차가 작더라도 발전이 가능한 양식이다. 팔당 댐이 대표적인데, 이는 북한강과 남한강의 합류 지점과 가까운 곳에 위치하고 있어 수량이 풍부하다.

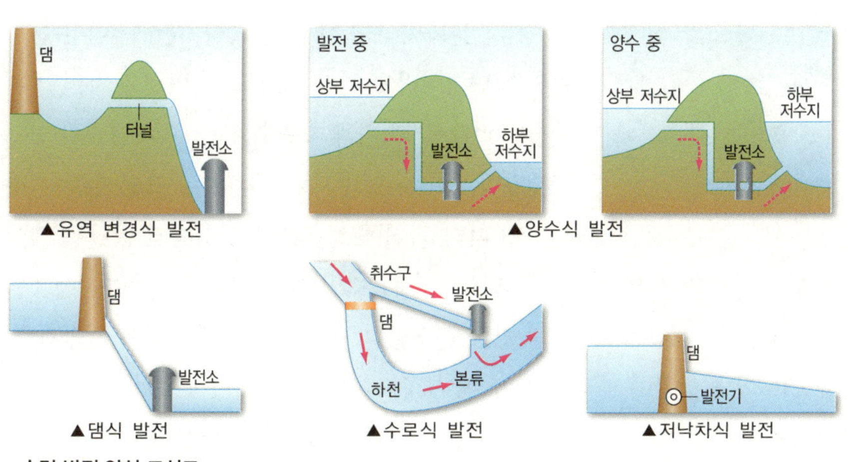

▲수력 발전 양식 모식도

주제 **5**

자원의 가변성

〔재물 자 資, 근원 원 源, 옳을 가 可, 변할 변 變, 성품 성 性〕
자원의 의미와 가치가 사회·문화적 차이, 경제 상황, 기술 발달 수준에 따라 달라지는 성질

마인드 맵

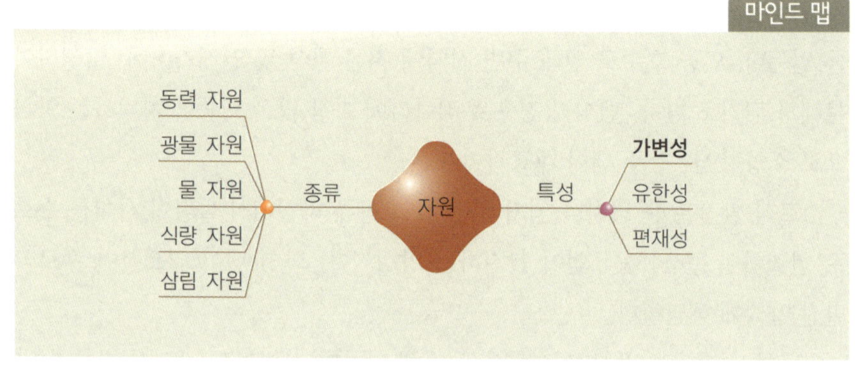

▲ **자원의 범위**

■ **자원의 유한성**(有限性): 자원의 매장량이 한정되어 언젠가는 고갈되는 성질.

■ **자원의 편재성**(偏在性): 자원이 어떤 지역에 집중적으로 분포하는 성질.

자원의 의미와 가치는 항상 고정되어 있는 것이 아니라 자원을 이용하는 인간의 기술 수준이나 경제적인 수준, 문화적 배경에 따라 달라지는데, 이것을 자원의 가변성이라고 한다. 자원의 가변성은 자원의 유한성▪·편재성▪과 함께 자원의 특성 중 하나이다.

자원의 의미가 달라지는 이유로는 기술 수준이 향상됨에 따라 과거에 자원으로 인정되지 않았던 것이 현재 자원으로 인정되는 경우이다. 그 대표적인 예가 바로 석유이다. 석유는 과거에는 검은 물이라고 불릴 만큼 쓸모없는 것이었으나 석유 탐사 기술과 정제 기술이 발달함에 따라 현재는 매우 중요한 자원이 되었다. 그 외에 모래와 우라늄도 기술 수준이 향상됨에 따라 자원이 된 경우에 해당한다.

다음으로 경제적인 가치에 따라 자원의 의미가 달라지는 경우가 있다. 어떤 자원을 기술적으로 채굴할 수 있다고 하더라도 그 자원이 갖는 경제적 가치가 작다면 그것은 경제적 의미의 자원에는 포함되지 않는다. 즉, 자원의 경제적 가치가 채굴 비용보다 커야 한다는 말이다. 이와 같은 이유로 경제적 의미의 자원에 포함되지 않는 것이 우리나라의 텅스텐과 무연탄이다.

　마지막으로 종교, 관습 등 사회·문화적 배경에 따라 자원의 의미가 달라지는 경우이다. 예를 들면 이슬람 문화권에서는 돼지고기를 먹지 않는데, 그 이유는 돼지의 습성이 게으르고 고기가 쉽게 상해 코란_{이슬람교 경전}에서 금지하고 있기 때문이다. 또한 인도에서는 쇠고기를 먹지 않는데, 인도의 종교인 힌두교에서 소를 신성하게 생각하기 때문이다.

주제 **6**

자원의 유한성

〔재물 자 資, 근원 원 源, 있을 유 有, 한할 한 限, 성품 성 性〕
자원의 매장량이 한정되어 언젠가는 고갈되는 성질

마인드 맵

■**자원의 가변성**(可變性): 자원의 의미와 가치가 사회·문화적 차이, 경제 상황, 기술 발달 수준에 따라 달라지는 성질.

■**자원의 편재성**(偏在性): 자원이 어떤 지역에 집중적으로 분포하는 성질.

■**가채 연수**(可採年數): 어느 해의 자원의 확인 매장량을 그 해의 생산량으로 나눈 수치로 현상태에서 앞으로 몇 년 더 생산이 가능한지를 나타낸다.

　우리가 사용할 수 있는 자원의 양은 끝없이 많은 것이 아니라 한정되어 있어서 그 양을 모두 사용하고 나면 더 이상 사용할 수 없는데, 이것을 자원의 유한성이라고 한다. 자원의 유한성은 자원의 가변성■·편재성■과 함께 자원의 특징 중의 하나이다.

　자원은 재생과 고갈 여부에 따라 태양열, 조력, 수력, 풍력과 같이 재생이 가능한 재생 자원과 석유, 석탄과 같은 화석 연료처럼 사용할수록 고갈되는 비재생 자원으로 나눌 수 있다. 그런데 우리가 일상생활에 주로 쓰는 자원은 석유, 석탄과 같은 비재생 자원이다. 최근 인구가 급증하고 생활 양식이 달라지면서 비재생 자원의 소비가 증가하여 이들 자원의 가채 연수■는 점점 더 짧아지고 있다.

　자원의 미래와 관련하여 이를 낙관적으로 보는 '석유 20년 설'과 비관적으로 보는 '성장의 한계'라는 보고서가 있다.

　석유 20년 설은 석유가 자원으로 사용되기 시작할 때부터 석유의 가채 연수가 20년밖에 남지 않았다고 한 것에서 유래되었다. 그런데 그때부터 지금까지 100여 년이 지났지만 석유는 아직도 사용할 수 있는 양이 남아 있다. 따라서 석유 20년 설은 석유는 언제나 20년은 사용할 만큼 남아 있다고 보는 긍정적인 견해이다.

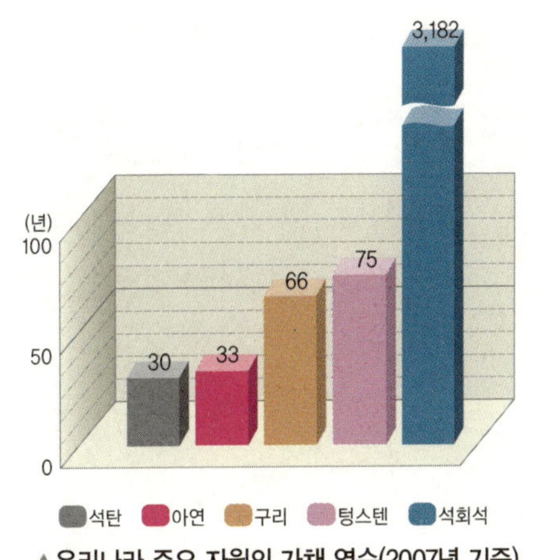

▲우리나라 주요 자원의 가채 연수(2007년 기준)

　로마 클럽▪에서 발표한 ‘성장의 한계’ 보고서는 인류가 현재와 같이 자원을 소비하다 보면 언젠가는 고갈될 것이라고 보았다. 따라서 지구라는 한정된 공간에서 성장을 지속하기 위해서는 자원의 소비를 저지할 필요가 있다고 주장하였다. 즉, 과학·기술의 발전으로 인해 새로운 자원이 개발된다고 하더라도 인구가 증가함에 따라 증가하는 자원의 소비량이 더욱 빠르게 증가하여 결국은 자원이 고갈된다고 보는 부정적인 견해이다.

▪**로마 클럽**(The Club of Rome): 1968년 지구의 유한성이라는 문제의식을 갖고 지식인들이 로마에서 결성한 국제 미래 연구 기관. 천연자원의 고갈, 환경 오염, 인구 증가 등 인류의 위기를 타개할 길을 모색하여 경고, 조언하고 있다.

주제 **7**

자원의 편재성

〔재물 자 資, 근원 원 源, 치우칠 편 偏, 있을 재 在, 성품 성 性〕

자원이 어떤 지역에 집중적으로 분포하는 성질

마인드 맵

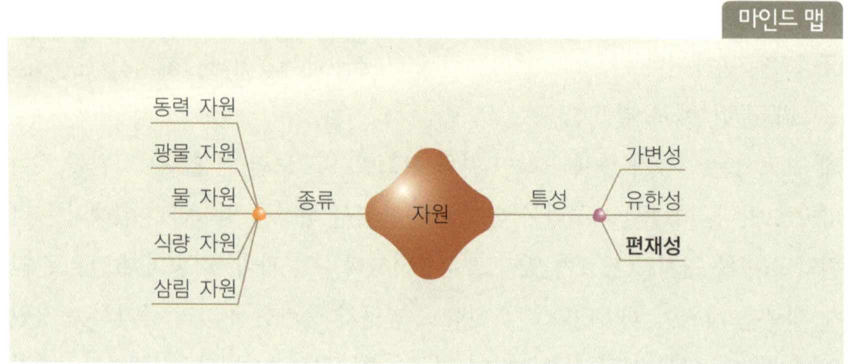

오늘날 가장 중요한 자원 중의 하나인 석유는 페르시아 만 연안에 전체 매장량의 약 36.8%가 집중적으로 분포하고 있다. 이처럼 자원은 지구 상에 고르게 분포하지 않고 특정한 지역에 치우쳐 분포하고 있는데, 이것을 자원의 편재성이라고 한다. 자원의 편재성은 자원의 가변성▪·유한성▪과 함께 자원의 특징 중의 하나이다.

자원의 분포는 한정적이지만 이를 필요로 하는 곳은 여러 곳이기 때문에 자원의 국제적 이동은 필연적이다. 특히 일상생활에 매우 중요하게 쓰이는 어떤 자원을 몇몇 국가에서만 생산하는 경우, 그 생산국에서는 자원의 가격을 매우 높게 책정하여 이득을 취득하고자 할 것이다. 이와 같이 지역적으로 편재된 자원을 보유한 국가가 자국이 보유한 자원에 대한 권리를 강화하여 경제적 자립과 발전을 이루려는 경향을 '자원 민족주의'라고 한다. 서남아시아, 아프리카, 남아메리카 등의 개발 도상국이 자국에서 산출되는 석유에 대한 주권을 주장하고, 그 지배권을 확대하려는 태도에서 자원 민족주의의 구체적인 예를 찾을

▪**자원의 가변성**(可變性): 자원의 의미와 가치가 사회·문화적 차이, 경제 상황, 기술 발달 수준에 따라 달라지는 성질.

▪**자원의 유한성**(有限性): 자원의 매장량이 한정되어 언젠가는 고갈되는 성질.

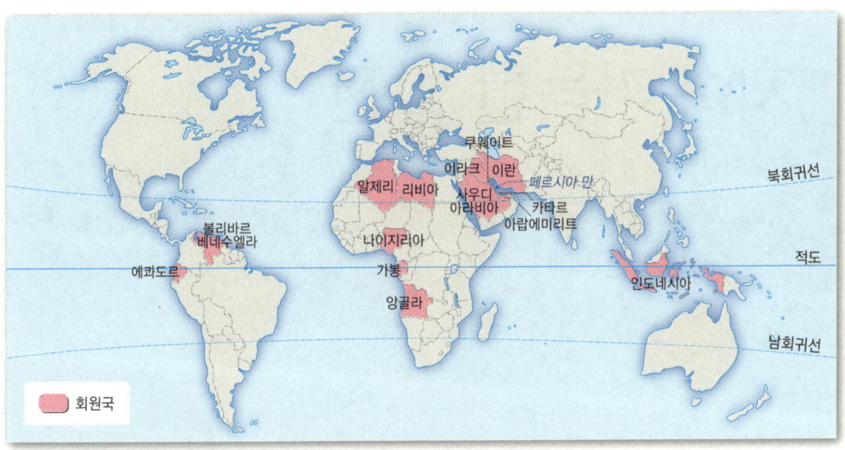

▲ 석유 수출국 기구(OPEC)

수 있다.

특히 회원국들의 석유 정책 조정을 통해 상호 이익을 확보하고 국제 석유 시장의 안정을 유지하기 위해 설립된 석유 수출국 기구▪에서 자원 민족주의의 태도를 볼 수 있다. 이 기구는 출발할 당시에는 원유 가격의 하락을 막고, 산유국 간의 정책적인 협조와 정보 교환을 위하여 노력하였다. 그러나 1973년 제1차 석유 파동을 주도하여 가격 상승에 성공한 이후부터는 가격을 계속적으로 올리기 위해 생산량을 조절하는 기구로 그 성격이 변질되었다.

Tip 최근 '첨단 산업의 비타민'으로 각광 받고 있는 희토류 역시 전 세계 매장량의 31%가 중국에 매장되어 있어 편재성이 심한 자원이에요. 더군다나 전 세계 생산량의 97%를 중국이 생산하고 있어 자원 갈등의 불씨가 되기도 하지요. 실제로 댜오위다오(일본명: 센카쿠 열도)를 두고 일본과 영유권 분쟁을 벌이고 있는 중국은 2010년 일본이 중국 선원들을 감금하자 일본에 희토류 수출을 중단시켰어요. 일본은 곧바로 백기를 들고 중국 선원들을 풀어줄 수밖에 없었지요.

▪ **석유 수출국 기구**
(organization of petroleum exporting countries: OPEC): 1960년에 창립되었으며, 2009년 기준 회원국은 아프리카의 알제리·앙골라·나이지리아·리비아, 라틴아메리카의 베네수엘라·에콰도르, 중동의 이란·이라크·쿠웨이트·사우디아라비아·카타르·아랍에미리트의 12개국이다.

주제 **8**

지속 가능한 발전

〔가질 지 持, 이을 속 續, 옳을 가 可, 능할 능 能, 필 발 發 펼 전 展〕
미래 세대가 그들의 필요를 충족시킬 수 있는 가능성을 손상시키지 않는 범위에서 현재 세대의 필요를 충족시키는 발전

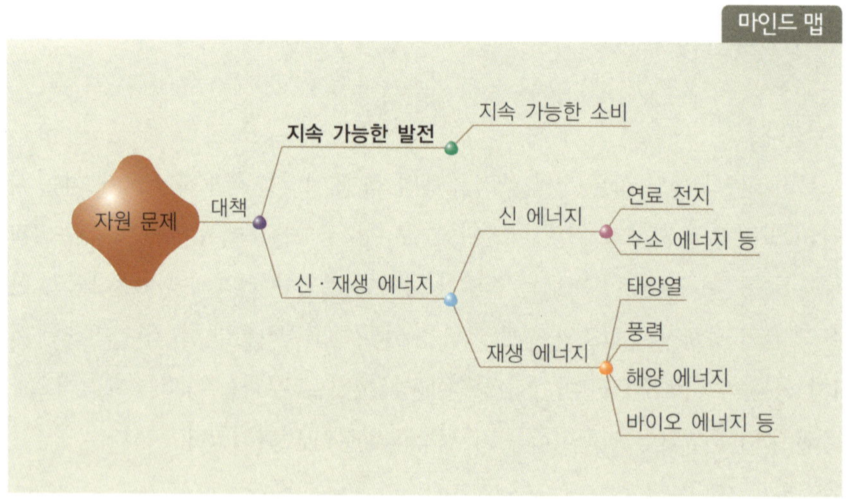

경제적인 발전을 위해 개발은 불가피하다. 그러나 자원의 무분별한 개발과 지나친 소비는 환경 파괴는 물론 자원의 고갈을 유발하였다. 이에 대한 해결 노력으로 자원을 개발할 때 현재의 세대만을 위해 개발할 것이 아니라, 미래 세대의 필요와 충족 또한 고려하면서 개발을 하자는 주장이 나오게 되었다. 이것이 바로 지속 가능한 개발이다. 그런데 지금까지의 '개발'이 환경을 파괴했던 경우가 많았기 때문에 부정적인 느낌이 있으므로 개발이라는 용어를 대신하여 지속 가능한 발전으로 부르기도 한다. 결국 두 용어는 동일한 뜻을 가지고 있다.

이 개념은 1987년 '환경과 개발에 관한 세계위원회'가 발표한 '우리 공동의

미래Our Common Future'라는 보고서에 처
음으로 등장하였다. 이 보고서는 지속
가능한 발전을 '미래 세대가 그들의 필요
를 충족시킬 수 있는 가능성을 손상시키
지 않는 범위에서 현재 세대의 필요를
충족시키는 발전'이라고 정의하고 '환경
적으로 건전하고 지속 가능한 발전envi-
ronmentally sound and sustainable develop-
ment: ESSD'의 개념을 확립하였다.

▲ 지속 가능한 발전
지속 가능한 발전은 환경 보호, 사회 발전과 통합, 경제 성장이라는 3
가지 축을 포함하고 있다.

지속 가능한 발전이 되기 위한 실천 방
법 중의 하나가 지속 가능한 소비인데
다른 말로 녹색 소비라고도 한다. 우리는 과소비가 익숙한 시대에서 살고 있
고, 과소비로 인해서 많은 자원이 사라지고 있다. 이렇게 자원의 무분별한 소
비에 기인한 발전으로는 미래 세대의 수요까지 충족시켜 줄 수 없기 때문에 적
당한 수준의 소비 생활을 하자는 것이다. 즉, 지속 가능한 소비는 '자연의 질과
상태가 지속될 수 있는 범위 안에서의 소비'라고 말할 수 있다.

> **Tip** 지속 가능한 소비를 하기 위해서는 자원 절약이 중요해요. 에너지 사용을 줄이고, 일회용품을
> 사용하지 않도록 권장하고, 친환경 농산물을 이용하는 것도 지속 가능한 소비 생활이라고 할
> 수 있어요.

주제 **9**

신 · 재생 에너지 〔새 신 新, 두 재 再, 날 생 生, ─〕

기존의 화석 연료를 변환시켜 이용하거나 재생 가능한 에너지를 변환시켜 이용하는 에너지

마인드 맵

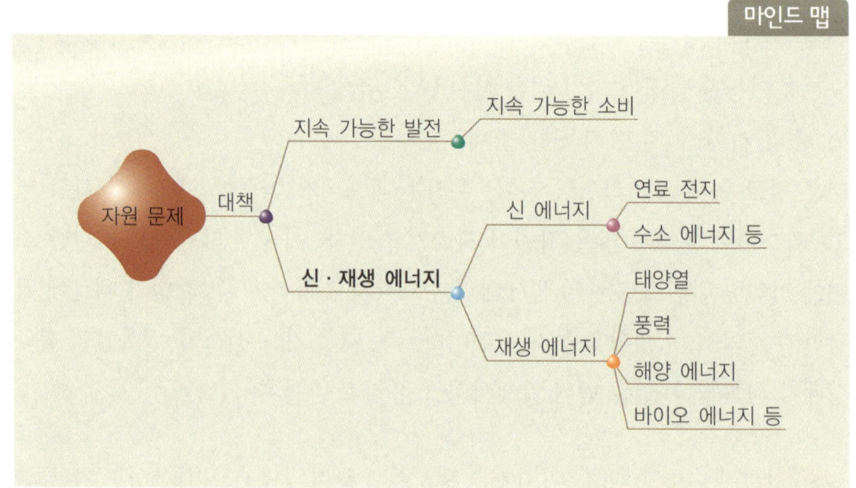

신 에너지와 재생 에너지를 함께 일컬어 신·재생 에너지라고 한다. "신 에너지 및 재생 에너지 개발·이용·보급 촉진법" 제2조에 따르면 '신 에너지 및 재생 에너지'란 기존의 화석 연료를 변환시켜 이용하거나 햇빛·물·지열·강수·생물 유기체 등을 포함하는 재생 가능한 에너지를 변환시켜 이용하는 에너지라고 정의하고 있다.

신 에너지는 수소·연료 전지 등과 같이 새롭게 등장한 에너지 수단이며, 재생 에너지는 태양·물·지열·바람 등과 같이 자연에 존재하는 에너지로 무한히 공급되는 특징을 갖는다. 신·재생 에너지에는 핵융합 에너지, 연료 전지, 수소 에너지, 바이오 에너지 등이 있다.

핵융합 에너지는 같은 핵에너지를 이용하는 원자력 발전과는 반대의 개념으

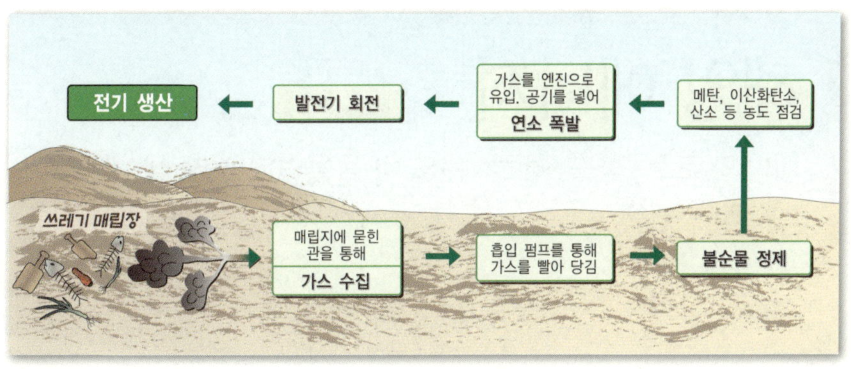

▲바이오 에너지의 생산 과정

로 볼 수 있다. 원자력 발전이 한 원소의 핵을 분열시켜 에너지를 얻는 반면, 핵융합 에너지는 두 원소의 핵을 말 그대로 융합하여 에너지를 얻는다. 핵분열이 일어날 때는 여러 안전 문제가 발생하지만 핵융합이 일어날 때에는 방사성 폐기물이 배출되지 않아 미래의 청정에너지로 기대되고 있다.

연료 전지는 수소와 산소를 전기 화학적으로 반응시켜 나오는 에너지를 전기 에너지로 변환한 것이다. 에너지 효율이 좋고, 유독 공해 물질의 배출이 없다는 장점이 있다. 활용이 기대되는 분야는 수소 연료 전지 버스이며, 점차 활용 범위가 확대될 것이다.

수소 에너지는 석유·석탄의 대체 에너지원으로서 주목받고 있다. 수소의 원료가 되는 물이 많이 있고, 연소 생성물이 물뿐인 청정에너지이다. 현재 석유·석탄의 사용 분야가 다양한 만큼 수소 에너지의 활용 범위 또한 다양하다.

바이오 에너지는 바이오매스▪를 직접 또는 생화학적·물리적 변환 과정을 통해 얻은 고체·액체·기체 연료나 전기·열 에너지로, 바이오매스 에너지라고도 한다. 바이오 에너지는 조리용·난방용 등의 연료로 사용된다.

▪**바이오매스**(biomass): 식물과 미생물의 광합성에 의해 생성되는 식물체·균체와 이를 먹고 살아가는 동물체를 포함한 생물 유기체.

우리나라에서는 8개 분야의 재생 에너지(태양 에너지, 태양광 발전, 바이오 에너지, 풍력 에너지, 수력 에너지, 지열 에너지, 해양 에너지, 폐기물 에너지)와 3개 분야의 신 에너지(연료 전지, 석탄 액화 가스화 에너지, 수소 에너지)의 총 11개 분야를 신·재생 에너지로 지정하고 있어요.

주제 **10**

해양 에너지 〔바다 해 海, 큰 바다 양 洋, ─〕

바다의 조수·파도·해류·온도 차 등을 변환시켜 생산된 에너지

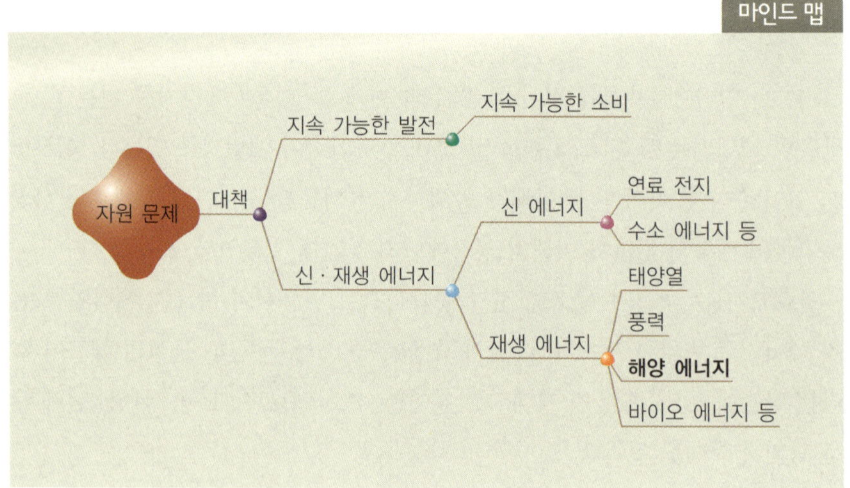

바다의 조수·파도·해류·온도차 등을 변환시켜 얻은 전기·열에너지를 해양 에너지라고 하는데, 그 생산 방식에 따라 다양한 형태가 있다.

파력 발전이란 파도가 일렁일 때 발생하는 파랑 에너지를 이용하는 방식으로 파도가 셀수록 더 많은 에너지를 생산할 수 있다. 파랑 에너지가 풍부한 영국, 일본, 노르웨이 등에서 발전이 이루어지고 있다. 우리나라 연안의 파랑 에너지는 약 500만 kW로 추산되고 있으며, 최근 포항 앞바다에 파력 발전기를 설치하여 시험 발전을 준비하고 있다.

조력 발전이란 달이나 태양의 인력에 의하여 발생하는 조수 간만의 차이를 이용한 것이다. 조수 간만의 차가 발생하는 하구나 만에 댐 또는 방조제를 설치하여 밀물 때 물을 가두었다가 썰물 때 내보내면서 발전을 하는데, 해양 에너지를 이용하는 발전 방식 중에서 가장 먼저 개발되었다. 우리나라 서해안은 조차가 수 m나 될 정도로 매우 크기 때문에 조력 발전에 좋은 입지 조건을 갖추고 있다. 국내 최초, 세계 최대 규모로 건설된 경기도 안산의 시화호 조력 발전소에서는 이미 2011년 8월부터 전력 생산이 이루어지고 있으며, 인천만, 태안반도의 가로림만과 천수만도 조력 발전소 건설 후보지로 꼽히고 있다.

▲ 우리나라의 해양 에너지 개발

　조류 발전은 빠른 조류를 이용하여 바람개비와 같은 수차水車를 돌려 전기를 생산하는 것이다. 우리나라에서 가장 조류가 빠른 울돌목에 2009년 건설된 시험 조류 발전소는 2013년까지 9만 kW의 설비 용량을 갖춘 상용 조류 발전소로 확대될 예정이라고 한다. 또한 2015년까지 조도면 장죽수도150kW, 맹골수도250kW 등지에도 조류 발전소를 건설할 예정이어서 앞으로 진도 일대는 세계적인 상용 조류 발전의 중심지가 될 것으로 기대된다.

　온도 차 발전은 표층과 심층 해수의 온도 차를 이용하는 방식이다. 우리나라 근해는 아열대에서 북상하는 쿠로시오 해류가 남해안과 동해안을 지나가므로 유리한 조건을 갖추고 있다.

　해양 에너지는 초기 투자 비용이 많이 들고, 발전 입지가 제한된다는 단점을 지니고 있지만 자원이 고갈될 염려가 없고, 인류의 에너지 수요를 충분히 충족시킬 수 있을 정도로 풍부할 뿐만 아니라 공해 문제가 없는 이상적인 대체 에너지 자원이라고 할 수 있다. 따라서 지속 가능한 에너지 개발을 위해 해양 에너지에 대한 관심과 연구가 필요하다.

Tip　우리나라의 서해안은 조수 간만의 차가 크며 수심이 얕고, 해안선의 드나듦이 심하여 조력 발전의 좋은 입지 조건을 갖추고 있어요. 또한 동해안은 수심이 깊고 연중 파도 발생 빈도가 높아 파력 발전에 유리할 뿐만 아니라 동해로 북상하는 쿠로시오 해류를 이용하여 온도 차 발전도 가능하답니다.

공업

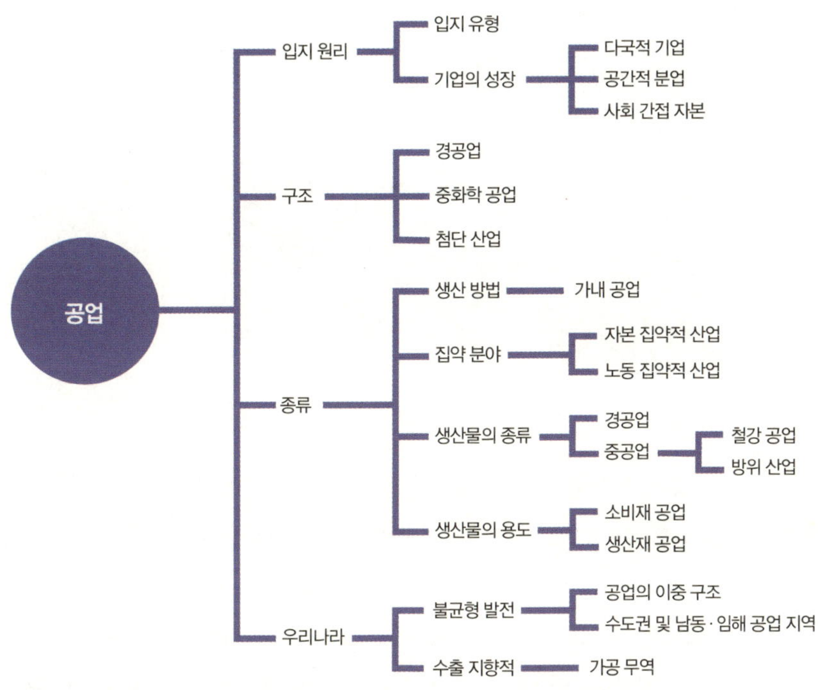
공업
입지 원리
입지 유형
기업의 성장
다국적 기업
공간적 분업
사회 간접 자본
구조
경공업
중화학 공업
첨단 산업
종류
생산 방법
가내 공업
집약 분야
자본 집약적 산업
노동 집약적 산업
생산물의 종류
경공업
중공업
철강 공업
방위 산업
생산물의 용도
소비재 공업
생산재 공업
우리나라
불균형 발전
공업의 이중 구조
수도권 및 남동·임해 공업 지역
수출 지향적
가공 무역

주제 **1**

공업 입지 유형

〔장인 공 工, 업 업 業, 설 입 立, 땅 지 地, 무리 유 類, 모형 형 型〕

최대의 이윤을 얻기 위한 공업의 몇 가지 입지 형태

마인드 맵

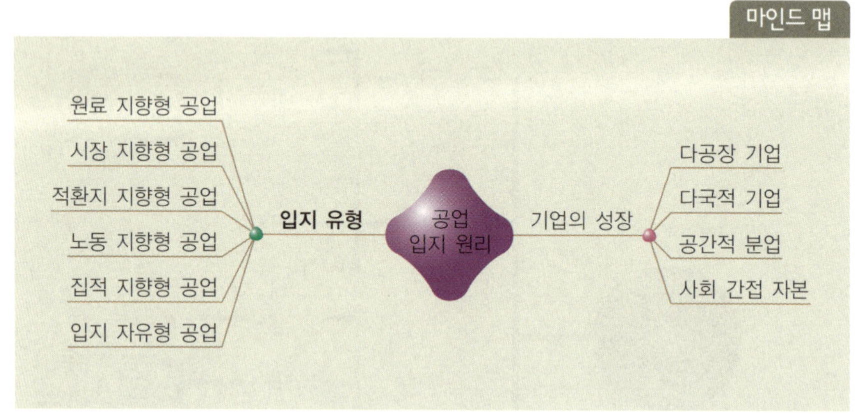

■ **집적 이익**(集積利益): 같은 종류 또는 연계성이 큰 산업이 특정 지역에 집중하므로써 얻게 되는 이익.

공업은 이윤을 최대화 할 수 있는 곳에 입지하게 되는데 업종에 따라 운송비, 노동비, 집적 이익■ 등 생산비를 최소화하는 데 영향을 미치는 요인이 각각 다르기 때문에 생산 활동을 하기에 적합한 곳도 각각 다르다. 따라서 공업의 입지는 공업의 규모와 특징에 따라 몇 가지 유형으로 나눌 수 있다.

원료 지향형 공업은 공장을 원료 산지에 최대한 가깝게 입지시켜 제품을 생산하는 공업을 말한다. 제품을 만드는 과정에서 무게나 부피가 감소하는 공업시멘트 공업, 제지업이나 원료가 변질될 가능성이 높아 빨리 가공해야 하는 공업식료품 가공업이 주로 입지한다.

시장 지향형 공업은 공장을 최대한 시장과 가까운 곳에 입지시키는 공업을 말한다. 제품을 생산하는 과정에서 무게나 부피가 증가하는 공업음료 공업, 완제품이 변질될 가능성이 높은 공업낙농업, 소비자와 잦은 접촉이 필요한 공업인쇄 · 출판업, 원료의 운송비보다 완제품의 운송비가 많이 드는 공업가구 공업이 주로 입지한다.

적환지▪ 지향형 공업은 수송 적환지에 공장이 입지하는 공업을 말한다. 연료를 해외에서 대량으로 수입하는 공업이 내륙에 입지하게 되면 항구에서 내륙까지 운송비가 추가로 들지만, 항구와 가까운 곳에 입지하면 운송비를 최소화할 수 있다. 원료의 대부분을 수입해야 하는 석유 화학 공업, 철강 공업, 정유 공업 등이 여기에 해당한다.

노동 지향형 공업은 노동력이 풍부하고 저렴한 곳에 입지하는 공업을 말한다. 제품을 생산하는 데 노동비가 가장 큰 요인으로 작용하는 공업섬유 공업, 전자 조립 공업이 여기에 해당한다. 현재 국내의 노동 지향형 공업은 동남아시아와 중국의 저렴한 노동비로 인해 해외로 이전하는 추세이다.

집적 지향형 공업은 집적 이익이 가장 큰 곳에 입지하는 공업이다. 기술의 연관성이 높은 공업 또는 하나의 원료에서 여러 제품을 생산하는 공업은 서로 집적해 있으면 운송비 절감, 세제 혜택, 사회 간접 자본 등 집적의 이익을 얻을 수 있다. 다단계의 조립이 필요한 공업기계 공업, 자동차 공업, 하나의 원료에서 여러 제품을 생산하는 공업석유 화학 공업 등이 여기에 속한다.

입지 자유형 공업은 제품의 부가 가치가 매우 커서 운송비 등 다른 생산비가 공업 입지 결정에 제약을 주지 않는 공업을 말한다. 생산비보다는 고급 기술과 최신 정보의 획득, 연구 시설 등이 입지 선정에 중요한 역할을 한다. 반도체, 통신 기기, 정밀 기계 등을 만드는 첨단 산업이 이 유형에 속한다.

Tip
베버(Alfred Weber)는 원료 공급지, 동력 공급지, 소비지 등 세 지점을 나타내는 입지 삼각형을 통해 최소 운송비 지점을 설명했어요. 운송비는 원료와 제품의 특성에 따라 달라지는데, P_1은 완성된 제품의 무게가 원료의 무게보다 무거운 경우로 제품 운송비가 큰 가구 공업 등이 해당해요. P_2는 투입되는 원료의 무게가 완성된 제품의 무게보다 무거운 경우로 시멘트 공업 등이 해당돼요. 베버는 노동비(동력)가 매우 저렴한 지역이 있을 때, 노동비를 아끼게 되는 금액이 추가 운송비보다 크면 그곳이 최적 입지(P_3)가 된다고 보았어요

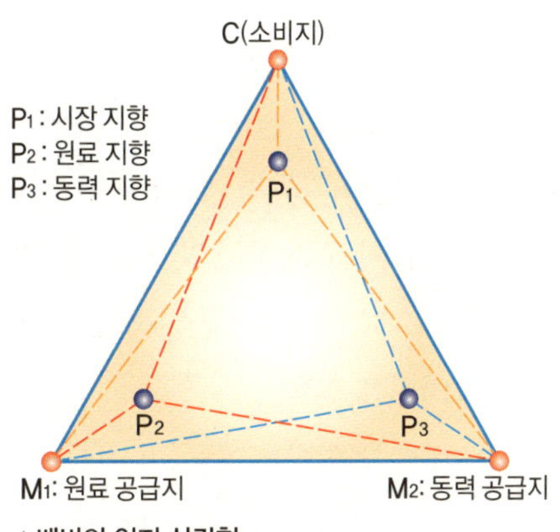

▲ 베버의 입지 삼각형

주제 **2**

다국적 기업

〔많을 다 多, 나라 국 國, 문서 적 籍, 꾀할 기 企, 업 업 業〕 multinational corporation
세계적 범위와 규모로 활동하는 기업

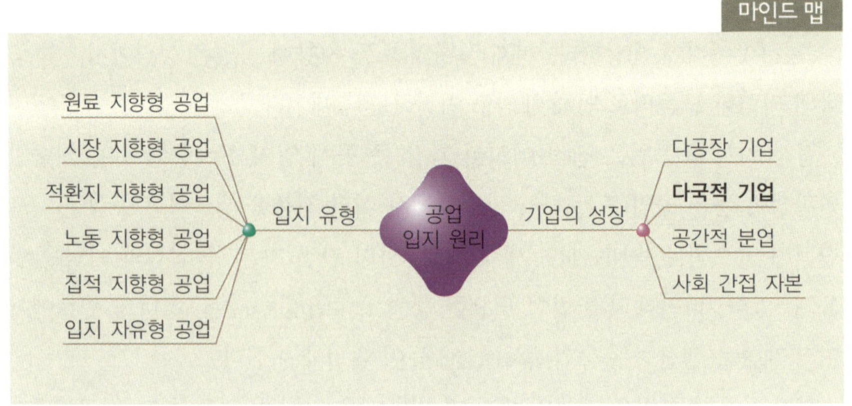

  기업의 활동 범위가 여러 나라에 걸쳐 있으며, 국가적 경계에 구애됨 없이 영업점 또는 생산 거점이 입지한 기업을 다국적 기업이라고 한다. 예를 들면 임금이 저렴한 국가에는 노동 집약적인 생산 시설을 입지시키고, 고도로 산업화된 국가에는 본사와 연구·개발 시설을 입지시키는 형태이다. 따라서 하나의 상품을 생산하는 데 필요한 부품들이 여러 국가에서 생산되기 때문에 실제로 '영국 자동차, 미국 컴퓨터, 독일 카메라, 일본 오디오, 한국 스포츠화' 같이 제품에 붙는 국가의 이름은 점차 그 의미를 잃어 가고 있다.

  정보·통신 기술 및 교통의 발달은 다국적 기업의 확산에 큰 영향을 미친다. 이러한 발달은 시공간을 압축시키고 국가 간 생산과 무역의 경계를 약화시켜 상품과 서비스, 그리고 자본과 노동력 등의 이동을 보다 자유롭게 함으로써 다국적 기업의 확산을 가속화시키고 있다.

  1960년대까지만 하더라도 대부분의 다국적 기업은 한 국가 안에서 전국적으로 분공장을 입지시키는 다공장 기업으로의 전략을 갖고 있었다.

기업의 공간적 확장은 처음에는 제품을 판매하는 영업점의 확대로 나타나요. 그러나 확장한 지역에서 제품의 수요가 증가하여 현지에 새로운 공장을 세워 제품을 생산·공급하는 것이 이윤이 더 클 경우 그 지역에 공장을 세우게 되죠. 이렇게 한 국가 안에서 분공장(分工場)이 많아지는 형태가 다공장 기업이에요.

국내의 분공장을 통해 경쟁력을 갖춘 기업은 교통과 통신의 발달로 해외 지사와의 연계성이 향상되었으며, 국내에 입지할 때 누리는 이점보다 더 많은 이점을 해외에서 누리게 되면서 생산 시설을 해외로 이전하게 되었다.

다국적 기업에 의해 만들어진 상품의 생산량은 세계 시장에서 약 4분의 1을 차지하고 있다. 다국적 기업의 활동으로 세계 경제가 통합되고 상호 의존적이 되면서 상품의 국가 간 무역량보다 국경을 초월한 다국적 기업의 생산과 교역이 더 큰 비중을 차지하게 된 것이다.

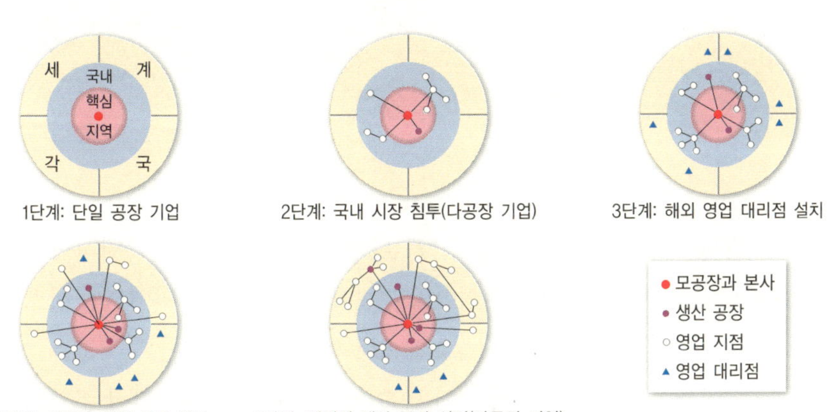

▲다국적 기업의 성장 과정

주제 **3**

공간적 분업

〔빌 공 空, 사이 간 間, 과녁 적 的, 나눌 분 分, 업 업 業〕

여러 지역에서 생산 공정을 나누어 제품을 생산하는 방식

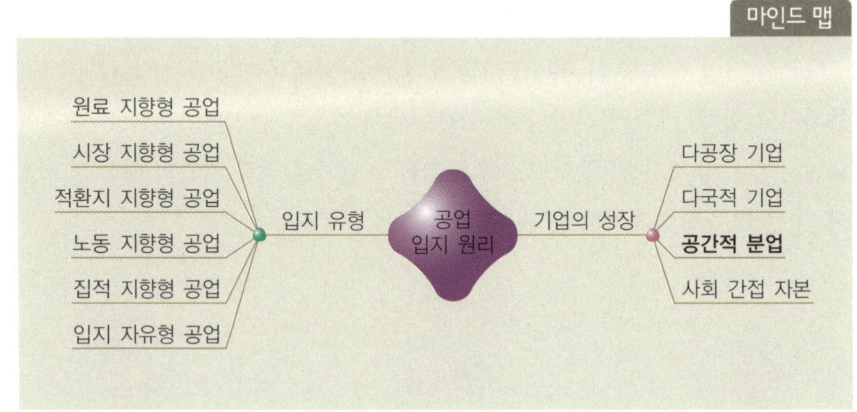

생산 과정이 공간상의 여러 지역으로 나누어져 각 지역에서 분담하여 일을 완성하는 작업 형태를 공간적 분업이라고 한다. 이는 공업이 지역적인 상호 보완을 통해 하나의 종합 경제를 구성하고 있는 상태를 말한다.

제품을 생산하는데 필요한 여러 가지 요소 중에서 노동이 공간적 분업에 중요한 요인으로 작용한다. 공간상 노동의 규모는 노동의 질, 고용 조건, 산업화 정도, 임금 수준 등의 차이로 다르게 나타난다. 이와 같은 생산 조건의 불균등한 분포로 인해 지역별·국가별 노동의 공간적 분업화가 발생한다.

한 국가 안에서 기업의 공간적 분업을 살펴보면 기업의 본사는 교통과 통신이 발달한 수도, 특히 도심에 주로 입지하며, 넓은 부지가 필요한 생산 공장은 지가가 저렴한 외곽 지역에 주로 분포한다.

최근에는 노동의 신국제 분업▪ 현상이 나타난다. 상품의 생산 공정에서 미국이나 서부 유럽과 같은 선진국에서는 상품의 연구·개발, 구상 등 생산 활동

▪**노동의 신국제 분업**(新國際分業): 제조업 공정의 대부분이 임금이 저렴한 후진국으로 이전되고 기술·자본 집약적 고부가 가치 산업은 선진국이 담당하는 형태의 분업.

▲기업 본사

▲생산 공장

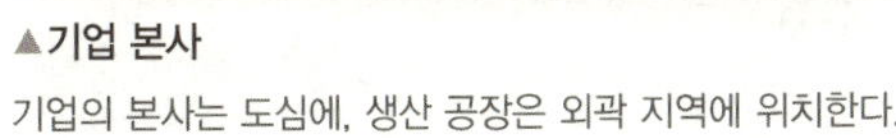

기업의 본사는 도심에, 생산 공장은 외곽 지역에 위치한다.

이전의 단계와 유통, 즉 생산 활동 이후의 단계에 특화되어 산업 활동이 이루어지는 반면, 아시아나 남아메리카와 같은 개발 도상국에서는 조립 및 부품 생산 등 생산 단계에 특화되어 산업 활동이 이루어진다. 이처럼 생산 수준경제 수준에 따라 전문 분야가 다르기 때문에 국제적으로 공간적 분업이 이루어지고, 교역이 발생한다.

사회 간접 자본

〔모일 사 社, 모일 회 會, 사이 간 間, 접할 접 接, 재물 자 資, 근본 본 本〕
social overhead capital

경제 활동을 위한 기반이 되는 시설

마인드 맵

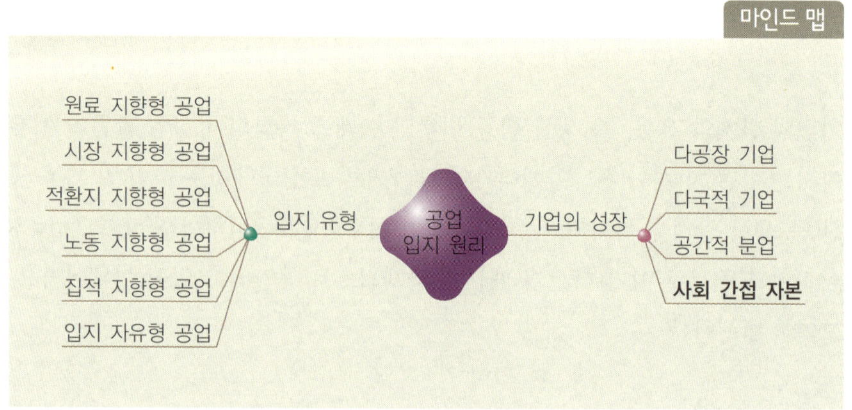

경제 활동이나 일상생활을 원활하게 하기 위해 간접적으로 필요한 도로, 항만, 철도, 통신망과 같은 시설을 사회 간접 자본이라고 한다. 이러한 시설은 일반적으로 정부나 지방 자치 단체가 통제하기 때문에 '사회 자본'이라고 하며, 특정 기업이나 개인에게 혜택이 주어지는 것이 아니라 공익의 목적에 따라 간접적 필요에 의해 마련되는 것이므로 '간접 자본'이라고도 한다. 또한 사회 기반 시설을 뜻하는 영어 infrastructure의 앞부분만을 따서 인프라infra라고도 하며, 산업의 발전에 있어 반드시 필요한 공공재▪로 '산업 기반 시설'이라고도 한다. 우리나라의 사회 간접 자본은 대부분 중앙 정부와 지방 자치 단체에 의해 구축되어 왔다.

사회 간접 자본은 제품을 생산하는 데 직접 사용되는 것은 아니지만 경제 활동을 하기 위해 기초적으로 필요한 것들이다. 따라서 이러한 것들이 '없다'라

▪**공공재**(公共財): 모든 개인이 공동으로 이용할 수 있는 재화 또는 서비스. 공공재 사용에 있어 대가를 치루지 않더라도 혜택에서 배제시킬 수 없다.

▲사회 간접 자본인 서해안 고속 도로와 평택항의 건설

고 가정했을 때 그 중요성을 깨달을 수 있다. 현대 사회에서는 도로, 철도, 항만과 같은 교통 시설이 발달하고, 사회 간접 자본이 확충됨에 따라 생산과 수출 등의 경제 활동이 매우 활발해졌다. 이에 따라 사회 간접 자본은 경제 활동 및 일상생활에 있어 매우 중요한 역할을 수행하게 되었으며, 한 나라의 산업 활동 정도를 판단하는 기준으로 활용되기도 한다.

Tip 사회 간접 자본 중 교통의 발달에 대해 살펴보아요. 우리나라에서 근대적 도로의 출현은 1910년대 초 신작로가 개설되면서부터예요. 초기의 근대적 도로는 철도의 보조 수단이었죠. 1960년대 경제 발전과 함께 산업 도로와 고속 도로가 건설되면서 도로 교통은 비약적으로 발전했어요. 고속 도로의 발달은 운송 시간을 단축시켰으며, 토지 이용을 고도화시켜 산업 전반에 큰 변화를 가져왔어요.

공업 구조 〔장인 공 工, 업 업 業, 얽을 구 構, 지을 조 造〕

한 국가 안에서 어떤 종류의 공업이 전체 공업에서 차지하는 비중

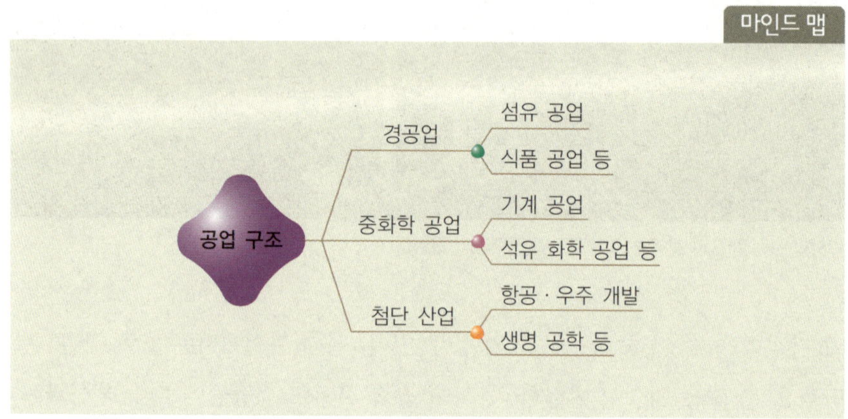

공업 구조는 산업 구조의 한 부분에 속한다. 산업 구조가 한 국가 안에서 농업·공업·서비스업 등 각종 산업이 차지하는 비율을 이야기하는 것이라면, 공업 구조는 여러 산업 분야 중에서 공업만 따로 골라내어 어떤 종류의 공업이 전체 공업에서 차지하는 비율을 뜻하는 것이다. 여기에서 말하는 공업의 종류에는 경공업, 중화학 공업, 첨단 산업 등이 있다.

우리나라의 공업 발전 단계에 따른 공업 구조의 변화를 살펴보면 다음과 같다. 1960년대는 공업화 초기로 수출 지향적인 정책에 따라 섬유, 의복, 신발 등 노동 집약적 경공업이 발달하였다. 당시 국내 시장은 협소하고 자원이 부족한 반면에 노동력은 비교적 풍부하였기 때문에 노동 집약적인 경공업이 우선적으로 발달하였다.

1970년대는 노동 집약적인 경공업을 기반으로 공업화가 진전되면서 중화학 공업의 비중이 높아지기 시작하였다. 그 이유는 제철·조선·정유·석유 화학

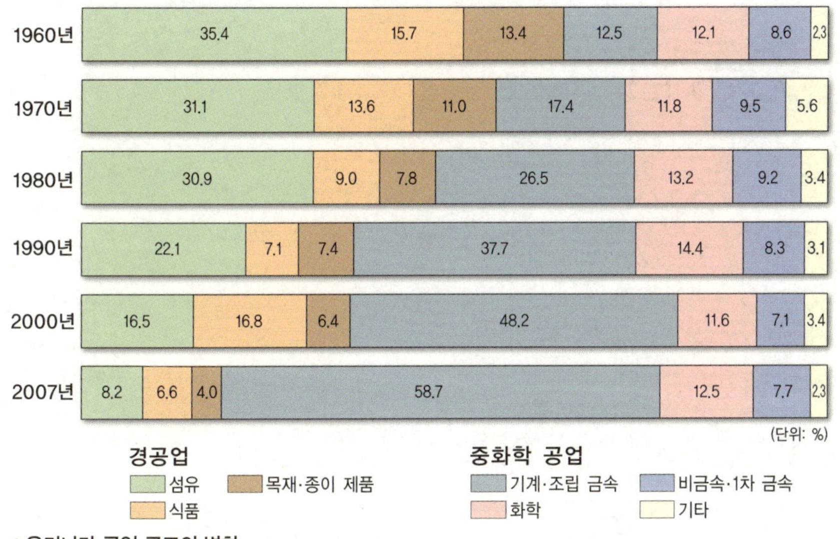

▲우리나라 공업 구조의 변화

공업 등의 수입을 대체하기 위해 국가에서 이들 공업을 집중적으로 개발하였기 때문이다. 1970년대 말에는 이들 제품이 국제 시장에서 경쟁력을 갖추게 되었다.

1980년대는 첨단 산업화 정책을 추진하여 점차 공업 구조가 고도화되었다. 이 시기에는 자동차, 전자 제품, 정밀 기계 등의 공업이 발달하였다.

1990년대 이후에는 전자 공업, 특히 반도체와 전자 제품 등의 기술 집약적 첨단 산업과 자동차 산업이 발달하면서 국제적인 경쟁력을 높여 가고 있다.

경공업 〔가벼울 경 輕, 장인 공 工, 업 업 業〕

생산물의 무게가 가벼운 물건을 만드는 공업

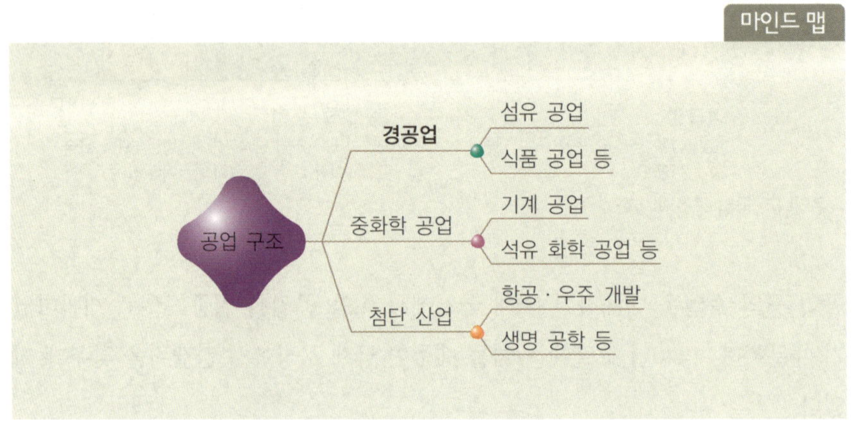

공업은 생산물의 무게에 따라 두 가지로 나눌 수 있는데, 그중 한 가지는 부피에 비해 무게가 가벼운 물건을 생산하는 공업인 경공업이다. 경공업은 목화나 양모 등 가벼운 원료를 이용하는 섬유 공업을 비롯하여 식료품 공업, 인쇄·출판업 등 주로 일상생활에서 인간이 직접 소비하는 물건을 만드는 공업이다. 다른 한 가지는 생산물의 무게가 부피에 비해 무거운 중화학 공업이다.

경공업 중에서 섬유 공업은 18~19세기 영국 산업 혁명의 핵심이 된 공업으로 이후 미국, 독일, 프랑스, 네덜란드의 초기 산업화 과정에서도 주도적인 역할을 하였다. 이러한 역할을 할 수 있었던 이유는 섬유 공업 자체가 고도의 기술이나 대량의 자본을 필요로 하지 않고, 생산 공정이 단순한 노동 집약적 산업이기 때문이다. 따라서 섬유 공업은 노동비가 저렴한 개발 도상국에서 경제 개발을 위한 필수 산업으로 육성되었는데, 우리나라의 경우도 이와 비슷하다.

우리나라의 경공업은 1960년대 이후 경제 개발 계획이 추진되면서 본격적으로 발달하였다. 1960년대 초반에는 저임금의 풍부한 노동력을 바탕으로 섬유 공업을 비롯한 식료품 공업, 인쇄·출판업 등 경공업이 발달하였고, 1960년대 후반에는 이러한 노동 집약적 경공업이 수출 산업으로 성장하였다. 그러나 최근에는 국내의 임금 상승으로 인하여 노동비가 저렴한 개발 도상국으로 공장을 이전하여 해외에서 생산하는 비율이 늘고 있으며, 사양 산업이 되어 생산을 포기하고 수입품으로 대체되기도 한다.

▲ 대표적 경공업인 섬유 공업

Tip 국내의 임금 상승으로 인하여 섬유 공업이 사양화되고 있으나 한편에서는 국내의 섬유 공업을 고급화하려는 움직임도 있어요. 그 대표적인 것이 바로 밀라노 프로젝트(Milano Project)예요. 이는 초창기 우리나라 섬유 공업의 중심지였던 대구를 이탈리아의 밀라노와 같은 세계적인 패션 도시로 성장시키기 위해 고품질의 섬유와 세련된 디자인을 중심으로 섬유 공업의 구조를 개편하고자 하는 섬유 공업 육성 계획이에요.

주제 **7**

중화학 공업

〔무거울 중 重, 될 화 化, 배울 학 學, 장인 공 工, 업 업 業〕

부피에 비하여 무게가 많이 나가는 생산물을 만드는 공업

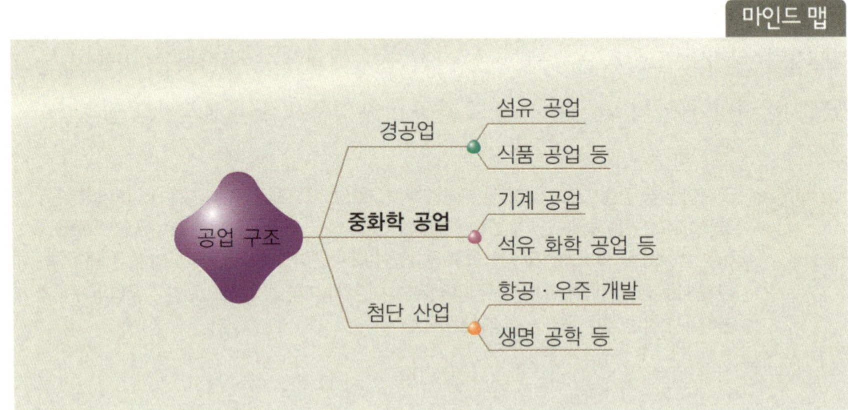

공업을 생산물의 무게에 따라 중화학 공업과 경공업으로 나눌 때 중화학 공업은 석유 화학·시멘트·자동차·조선·철강 공업 등과 같이 무게가 매우 무거운 제품을 생산하는 공업이다.

중화학 공업은 중공업과 화학 공업을 함께 일컫는 말이다. 중공업重工業은 무게가 무거운 물건을 만드는 공업이며, 화학 공업은 제조 과정에서 화학적 원리를 응용하거나 변화를 가하여 여러 가지 새로운 물질을 만들어 내는 공업이다. 중화학 공업은 제품을 생산하는 데 각종 기계와 장비 등 대규모의 시설이 필요하다. 따라서 많은 자본이 투입되는 공업이며, 이렇게 생산된 제품은 다른 공업의 원료가 되는 경우가 많다.

우리나라의 공업 발전 단계에서 1960년대가 경공업 중심이었다면, 1970년대는 중화학 공업이 중심이 되었다. 1970년대에는 정부의 적극적인 중화학 공업의 육성 정책과 수출 진흥 정책에 힘입어 제철·석유 화학·기계·조선·철강

▲ 포항 제철소

공업 등의 기술 집약적인 중화학 공업이 크게 성장하였다. 현재도 중화학 공업
은 우리나라 산업에서 상당한 부분을 차지 하고 있다.

우리나라의 중화학 공업은 주로 남동 임해 공업 지역에 입지하고 있어요. 바다를 통한 원료와
제품의 수출입이 용이하기 때문이죠. 포항의 제철 공업, 울산의 석유 화학·자동차·조선 공업
이 대표적이에요. 그 밖에 광양, 거제, 창원 등의 지역에도 중화학 공업이 발달하였어요.

주제 **8**

첨단 산업 〔뾰족할 첨 尖, 끝 단 端, 낳을 산 産, 업 업 業〕

기술 집약도가 높고 관련 산업에 미치는 파급 효과가 큰 산업

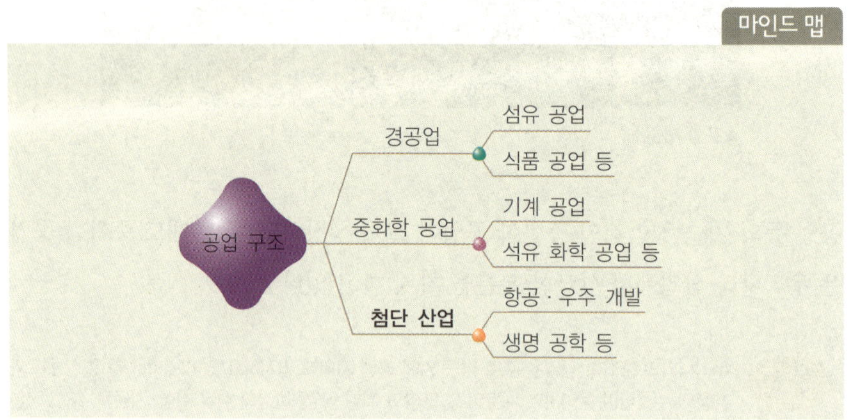

   기술 집약도가 매우 높으며 관련 산업에 미치는 파급 효과가 큰 산업을 첨단 산업이라고 하며, 항공·우주 개발, 정보 통신, 생명 공학 등이 여기에 속한다. 첨단 산업은 고도의 연구·개발과 투자 비용을 필요로 하는 지식 집약적 산업이며, 제품의 수명 주기가 매우 짧다.

   첨단 산업은 생산물의 부가 가치가 높기 때문에 입지 선정에 운송비를 포함한 다른 생산 요소가 미치는 영향은 크지 않지만 그 외의 것들이 첨단 산업의 입지에 영향을 준다. 첫째로 첨단 기술을 사용하는 산업이므로 연구·개발 시설에 쉽게 접근할 수 있고, 관련된 전문 기술 인력이 풍부한 곳이어야 한다. 둘째로 첨단 산업은 투자 위험이 큰 산업이므로 여기에 투자할 수 있는 모험 자본 등 풍부한 금융 자원이 있는 곳이어야 한다. 셋째로 행정, 금융 서비스, 문화 시설, 고속 교통, 정보 체계 등의 도시 기능이 집적集積되어 있어야 한다. 마지막으로 고급 전문 인력이 쾌적하게 일할 수 있도록 쾌적한 작업 및 거주

환경이 조성되어 있어야 한다.

　대표적인 첨단 산업 단지로는 미국의 실리콘 밸리Silicon Valley가 있으며, 우리나라에서는 대전의 대덕 연구 단지, 서울의 테헤란로가 있다. 또한 과거에 구로 산업 단지라고 불리던 곳이 현재는 첨단 산업 단지로 바뀌어 구로 디지털 단지가 되었다.

> **Tip** 실리콘 밸리는 미국 캘리포니아 주에 위치한 첨단 산업 단지예요. '실리콘'이란 지명은 이곳에 반도체 및 컴퓨터 관련 기업이 밀집해 있으므로 반도체의 재료가 되는 실리콘에서 유래한 것이지요. 또한 이곳은 계곡 지역이기 때문에 '밸리'라고 이름이 붙여졌어요.

주제 9

가내 공업 〔집 가 家, 안 내 內, 장인공 工, 업 업 業〕
domestic industry

가정에서 소규모로 물건을 만드는 작업 형태

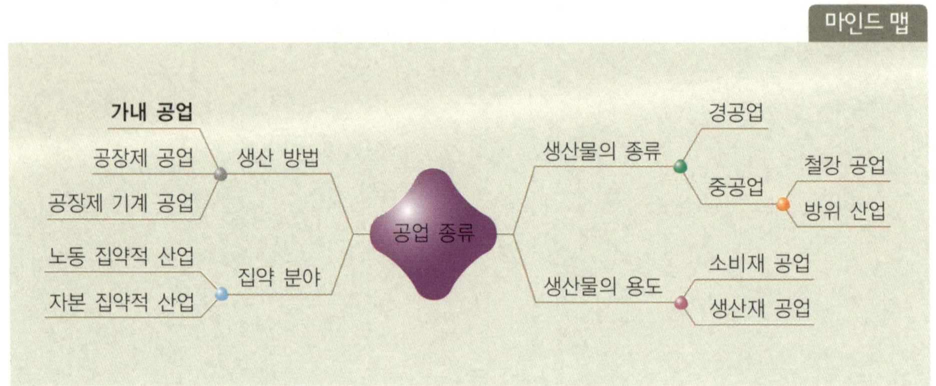

가내 공업은 가정에서 기계를 사용하지 않고 손으로 직접 물건을 만드는 소규모의 공업 형태를 일컫는다. 이것은 상품을 만드는 초기의 공업 형태로 산업화가 시작되기 전인 18~19세기까지 활발하게 이루어졌다. 그 후 차츰 상품을 만드는 생산 기술이 향상됨에 따라 집이 아닌 공장에서 물건을 만드는 공장제工場制 공업으로 변화하였으며, 한발 더 나아가 공장에서 기계로 대량 생산을 하는 공장제 기계 공업으로 변화하였다.

가내 공업은 두 가지 형태로 나뉜다. 한 가지는 생산품을 가족 공동체 내에서 사용하기 위해 가족 구성원이 생산하는 것으로 자급자족적 가내 공업이다. 다른 한 가지는 사용하고자 하는 사람들의 수요에 따라 생산하는 상업적 가내 공업이다. 초기에는 사용자들의 요구에 따라 소량으로 생산하였지만, 차츰 자본이 축적되고 수요가 늘어나면서 대략적인 수요를 예상하여 생산하게 되었으며, 생산물을 시장에서 판매하게 되었다.

일제 강점기 이전까지 우리나라의 공업은 가내 공업 형태의 전통 수공업으

▲ 강화의 화문석

▲ 담양의 죽세공품

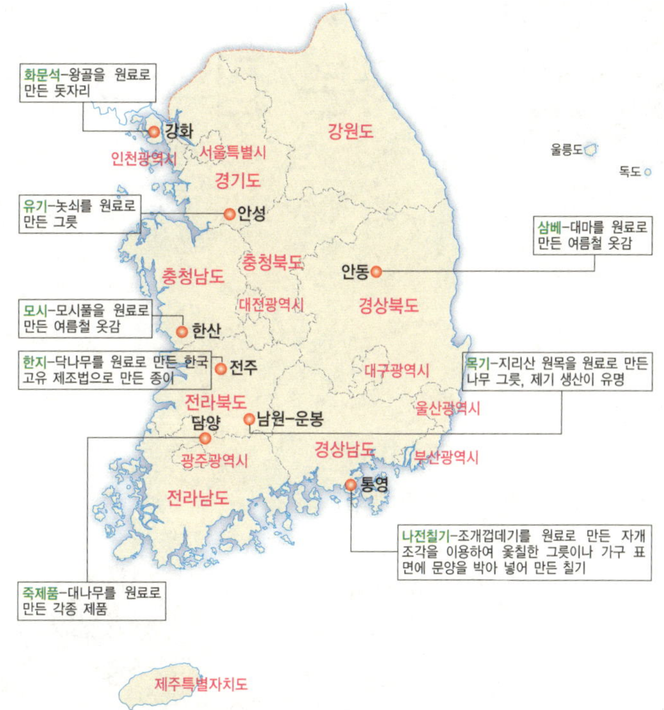

▲ 우리나라 전통 공업의 입지

로 이루어져 왔다. 주로 원료 산지 주변이나 기술 전수자가 있는 지역을 중심으로 공업이 입지하였으며, 무명·삼베·모시·명주 등의 옷감이나 전통 수공예품, 종이 등이 주요 생산품이었다.

현대 사회는 많은 분야에서 소품종 대량 생산 체제에서 다품종 소량 생산 체제로 생산 방식이 변하고 있다. 이는 소비자들 사이에서 모두가 가지고 있는 물건보다는 남들이 가지고 있지 않은 물건을 지니고 있는 것이 더욱 가치 있는 것으로 인식되고 있기 때문이다. 이에 따라 장인에 의한 가내 공업이 부가 가치가 높은 산업으로 새롭게 평가되고 있다.

Tip 전통 공업은 근대 공업과는 차이가 있어요. 전통 공업은 수공업 중심이지만, 근대 공업은 공장제 기계 공업 중심이에요.

주제 10

자본 집약적 산업

〔재물 자 資, 근본 본 本, 모을 집 集, 맺을 약 約, 과녁 적 的, 낳을 산 産, 업 업 業〕

생산에 투입되는 여러 요소 중 자본의 비율이 높은 산업

마인드 맵

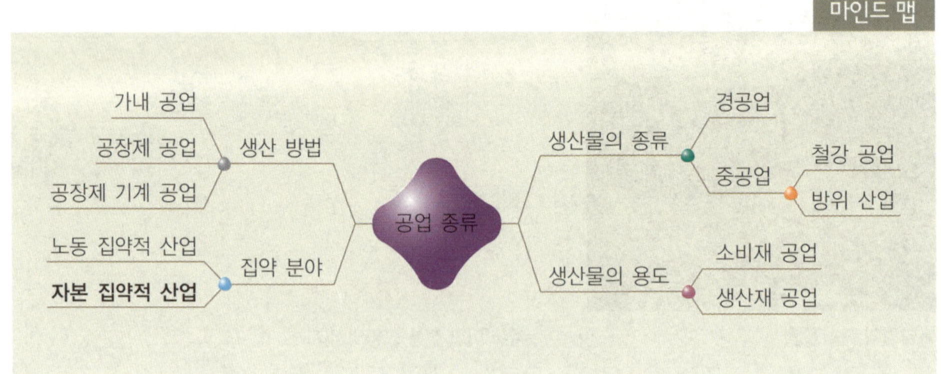

생산에 투입되는 자본의 비율이 다른 생산 요소, 특히 노동력보다 상대적으로 높은 산업을 자본 집약적 산업이라고 한다. 즉, 생산 수단으로서 대규모의 장비가 필요한 산업으로 철강·조선·석유 화학 공업 등이 여기에 해당한다.

자본은 생산 활동의 중요한 요소로 고정 자본과 유동 자본으로 나누어진다. 고정 자본은 공장, 기계 설비, 건물 등 생산 기간에 투자된 자본의 가치가 생산 과정에서 사라지지 않고 그대로 남아 있는 자본을 말한다. 유동 자본은 원료나 보조 재료와 같이 다른 생산 요소나 완제품에 자본의 가치가 이전되는 자본을 말한다. 흔히 자본 집약 산업의 자본은 고정 자본을 의미한다.

자본 집약적 산업은 장치 산업■이라고도 한다. 장치 산업은 각 생산 공정을 이루는 대형 장비와 그것들을 연결하는 장비로 구성되며, 생산 공정의 대부분은 자동화 장치가 대신하고, 근로자는 장치를 관리하거나 기계가 할 수 없는 부분만을 담당하게 하게 된다. 이렇게 함으로써 노동비와 수송비를 줄여 생산

■**장치 산업**: 컨베이어(conveyor)를 기반으로 한 대규모 설비들에 의해 생산이 이루어지는 산업. 컨베이어란 일정한 거리 사이를 재료 또는 화물이 자동으로 연속 운반되게 하는 기계 장치를 말하며, 이 장치로 작업 시간을 줄일 수 있다.

성의 향상을 도모한다. 이처럼 장비의 대형화를 꾀하기 위해서는 막대한 자본이 필요하므로 자본 집약적 산업이 된다.

자본 집약적 산업은 거액의 자본이 투자되기 때문에 경기가 호황일 때는 경영 효율이 높아지지만, 경기가 불황일 때는 생산 감소로 가동률이 저하되어 고정 비용 부담이 높아지므로 경영 효율이 떨어진다.

▲대표적 자본 집약적 산업인 석유 화학 공업

철강 공업 〔쇠 철 鐵, 강철 강 鋼, 장인 공 工, 업 업 業〕

철광석을 가공하여 철재와 강재를 생산하는 공업

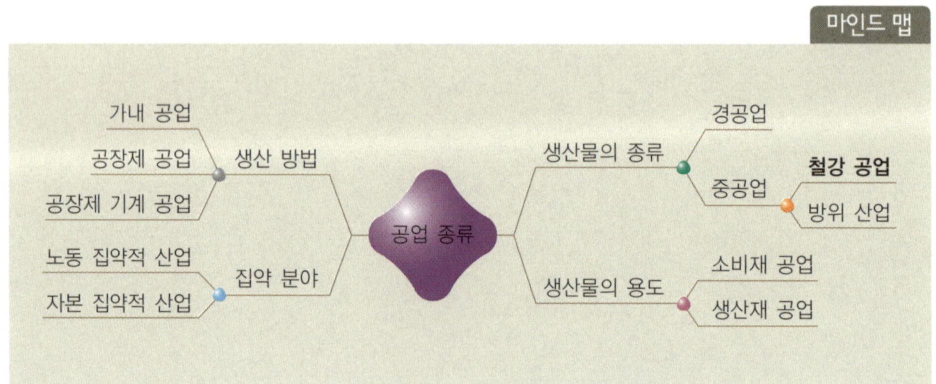

철광석을 여러 가지 공정을 거쳐 가공하여 여러 산업에 쓰이는 철재鐵材와 강재鋼材로 만드는 것을 철강 공업이라고 한다. 철강 공업은 산업 사회의 필수적인 기초 소재를 제공하여 경제 발전에 기여한다.

철강 공업은 원료와 생산품의 무게가 무겁기 때문에 운송비가 입지 선정에 중요한 요인이 되며, 막대한 설비와 투자가 필요한 대표적인 자본 집약적 산업이다.

철강 공업 입지는 여러 가지 요인에 따라 변화하는데, 미국을 예로 들어 철강 공업의 입지 변화에 영향을 미치는 요인을 살펴보자.

철강 공업 초기에는 철광석을 녹이는 데 목탄을 사용하였기 때문에 동부의 울창한 삼림 지대에 입지하였으나 19세기 중반 연료가 석탄으로 바뀌면서 석탄 산지인 피츠버그로 입지가 변화하였다.

19세기 후반~20세기 초반에는 제철 기술이 발달하여 적은 양의 석탄으로도 같은 양의 철을 생산할 수 있게 되면서 메사비 철광이 있는 덜루스로 입지가 변화하였다. 또한 수운 교통이 발달하면서 오대호 연안의 클리블랜드, 버팔로, 시카고, 게리 등지에도 철강 공업이 입지하였다.

20세기 중반 이후에는 메사비 철광이 점차 고갈되면서 원료를 해외 수입에 의존하게 되었다. 따라서 동부 연안의 항구 도시인 필라델피아와 볼티모어로 철강 공업의 입지가 변화하였다.

미국 철강 공업의 입지 변화를 통해 철강 공업의 입지에 운송비가 중요한 역할을 하는 것을 확인할 수 있으며, 원료 변화 또는 고갈에 따라서도 입지가 변화한 것을 알 수 있다.

Tip 철강 공업은 대기 오염을 유발해요. 그 이유는 철을 만드는 과정에서 이산화탄소가 많이 배출되기 때문이에요. 최근 중국 등 신흥 공업 경제 지역의 발전이 급격히 진행되면서 철강 수요도 폭발적으로 증가했어요. 따라서 전 세계적으로 온실가스 배출량 증가에 대한 우려의 목소리가 커지고 있답니다.

▲공업에 의한 대기 오염

주제 12

방위 산업 〔막을 방 防, 지킬 위 衛, 낳을 산 産, 업 업 業〕

국가를 지키는 데 필요한 무기·장비 등을 생산하는 산업

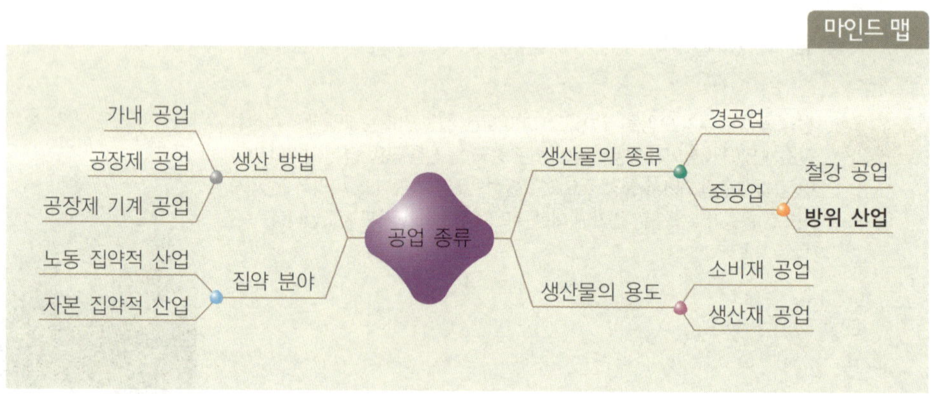

처음에는 군수 산업으로 불렸으나 제2차 세계 대전 이후 '군수'라는 말 대신 '방위'라는 말이 널리 쓰임에 따라 방위 산업으로 불리게 되었다. 방위란 외부로부터의 위협이나 침략에 대해 군사력으로 이를 억제 또는 예방하여 국가를 보전하는 것이다. 방위 산업은 항공기, 탱크, 총, 함선과 같이 전투에서 사용되는 무기뿐만 아니라 군복, 의약품, 의료 기기 등과 같은 부수적인 제품을 생산·판매하는 산업을 말한다.

방위 산업의 특징을 살펴보면 다음과 같다. 첫째, 일반 산업에 비해 수요가 한정되어 있으며, 둘째, 가격보다는 품질과 성능이 중요시된다. 셋째, 최첨단 정밀 기술이 요구되며, 넷째, 생산에 대규모의 설비와 자본이 소요된다. 다섯째, 국가 방위가 목적이므로 매우 비싼 제품일지라도 방위 목적에 부합되면 수요가 있다.

한편 방위 산업이 경제성을 갖기 위해서는 첨단 기술을 확보하여 첨단 무기를 생산할 수 있어야 한다. 첨단 기술을 사용하는 무기의 개발에는 높은 초기 비용이 들어가므로 이를 회복할 수 있을 만큼의 판매가 보장되어야 하기 때문이다.

우리나라의 방위 산업은 1970년대부터 2010년까지 40년간 크게 성장하였는데, 이 기간 동안 연구·개발에 16조 원을 투자하여 약 12만 명의 고용을 창출하였고, 총 9조 5000억 원의 부가 가치를 창출하였다. 갈수록 강화·보호되어가는 선진국의 기술 장벽을 고려할 때 첨단 기술을 중심으로 집중적인 투자가 필요하다.

우리나라 방위 산업 제품을 생산하는 기업은 LG이노텍, 삼성테크윈, 대우조선해양, 현대중공업, 두산중공업 등이 있어요. LG이노텍은 지상·해상용 레이더를, 삼성테크윈은 전투기·장갑차를, 대우조선해양은 잠수함을, 현대중공업은 호위함·군수지원함을, 두산중공업은 함정 추진 시스템을 생산하고 있어요.

주제 13 소비재 공업

〔사라질 소 消, 쓸 비 費, 재물 재 財, 장인 공 工, 업 업 業〕 **consumer goods industry**

일상생활에서 소비되는 재화를 생산하는 공업

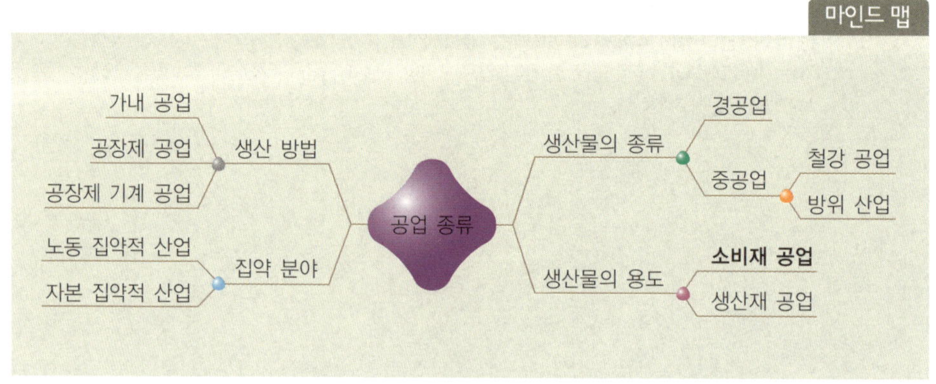

사용하여費 사라지는消 물건을 생산하는 공업, 즉 일상생활에서 개인의 욕망을 충족하기 위해 직접 사용되는 재화를 생산하는 공업을 말한다. 식품 공업, 섬유 공업, 자동차 공업 등이 여기에 해당한다.

소비재 공업은 오랫동안 쓸 수 있는 물건을 생산하는 내구성 소비재 공업과 빨리 닳아 없어지는 물건을 생산하는 비내구성 소비재 공업으로 나누어진다. '내구성'이라는 것은 물질의 원래 상태에서 변하지 않고 오래久 견디는耐 성질로 공업에 해당하는 것은 자동차 공업이며, 비내구성 소비재 공업에 해당하는 것은 식품 공업, 섬유 공업이다.

한편, 소비재를 생산하는 데 필요한 기계·설비 등을 생산하는 공업을 생산재 공업이라고 하며 금속 공업, 기계 공업, 화학 공업 등이 여기에 포함된다. 결국 하나의 소비재는 무수히 많은 생산재의 결합을 통해 만들어진다.

가공 무역 〔더할 가 加, 장인 공 工, 무역할 무 貿, 바꿀 역 易〕

외국에서 수입한 원료로 제품을 생산하여 수출하는 무역 형태

마인드 맵

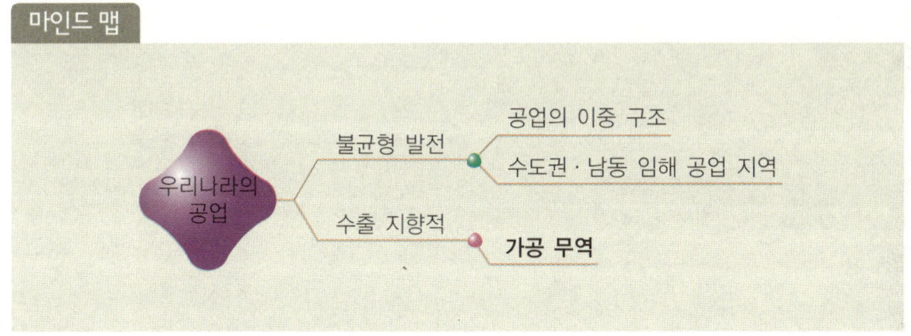

가공 무역은 외국에서 원료를 수입하여 국내에서 제품을 생산한 뒤 이를 다시 수출하는 무역을 말한다. '가공'은 원자재 또는 반제품에 노력을 가하여 새로운 물건을 만들어 내는 것을 의미하는데, 예를 들면 우유를 치즈로 만드는 것이 가공이며, 치즈를 수출하는 것이 가공 무역이다.

천연자원이 부족한 나라들이 가공 무역을 많이 행하는데, 그 대표적인 예가 영국, 독일, 일본 등의 선진국이다. 우리나라도 천연자원이 부족하여 원자재를 거의 해외 수입에 의존하고 있으며, 수입된 원자재는 국내의 기술과 노동력을 활용하여 새로운 반제품 또는 완제품을 생산하여 이를 다시 해외로 수출하여 이윤을 창출한다. 따라서 가공 무역을 목적으로 외국으로부터 수입하는 원자재와 반제품에 대해서는 특정한 조건하에서 관세를 면제하는 등 제도상의 우대 정책이 취해지고 있다.

Tip 우리나라 공업의 특징은 첫째, 원료의 높은 해외 의존도를 들 수 있어요. 둘째, 공업 구조가 노동 집약적 산업에서 자본·기술 집약적 산업으로 변하였지요. 셋째, 대기업과 중소기업의 격차가 큰 공업의 '이중 구조'를 보인다는 것이에요. 즉, 사업체 수는 중소기업이 대기업보다 많지만 생산액은 대기업의 비중이 더 높은 현상이 나타나요. 넷째, 공업 지역이 수도권과 남동 임해 지역에 편중되어 분포한다는 점이에요.

무역과 경제 발전

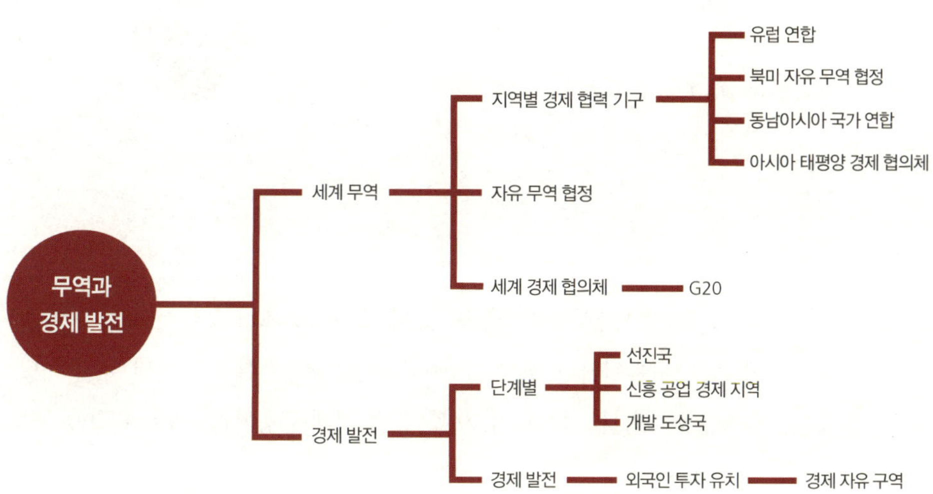
무역과
경제 발전

세계 무역

경제 발전

지역별 경제 협력 기구

자유 무역 협정

세계 경제 협의체

유럽 연합

북미 자유 무역 협정

동남아시아 국가 연합

아시아 태평양 경제 협의체

G20

단계별

경제 발전

선진국

신흥 공업 경제 지역

개발 도상국

외국인 투자 유치

경제 자유 구역

주제 **1**

유럽 연합 〔-, 연이을 연 聯, 합할 합 合〕
european union: EU

유럽의 정치·경제 공동체

마인드 맵

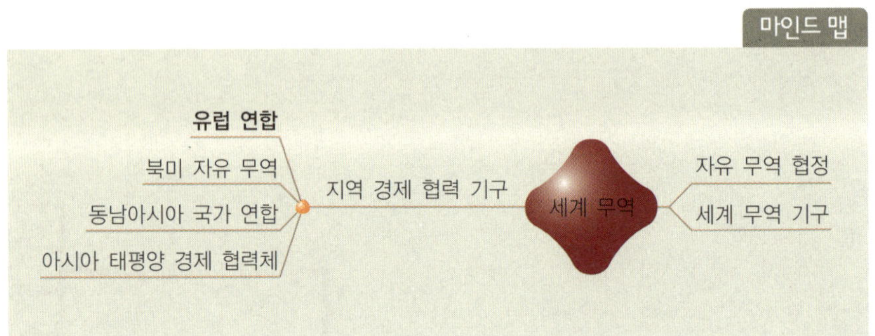

영어 약칭으로 EU라고도 불리는 유럽 연합은 유럽의 정치·경제 협력체로 1946년 9월 19일 영국 수상이 스위스 취리히에서 유럽의 국제 연합 기구의 필요성에 대해 언급한 것이 발단이 되었다. 이에 따라 1951년 유럽 석탄 철강 공동체ECSC가 만들어졌으며, 이후 유럽 경제 공동체EEC에서 유럽 공동체EC를 거쳐 1993년 유럽 연합EU이 탄생하였다.

1993년 1월 단일 유럽 의정서에 따라 공동 시장을 완성한 유럽 연합은 사람, 상품, 자본, 서비스의 역내 자유 이동을 제약하는 기술적표준, 물질적, 재정적 장벽을 제거하였다.

현재 유럽 연합의 회원국은 네덜란드, 독일, 룩셈부르크, 벨기에, 이탈리아, 프랑스, 덴마크, 아일랜드, 영국, 그리스, 에스파냐, 포르투칼, 스웨덴, 오스트리아, 핀란드, 몰타, 라트비아, 리투아니아, 슬로바키아, 슬로베니아, 에스토니아, 체코, 키프로스, 폴란드, 헝가리, 루마니아, 불가리아로 총 27개국이다. 가입 후보국으로는 마케도니아, 몬테네그로, 세르비아, 아이슬란드, 크로아티아, 터키가 있다.

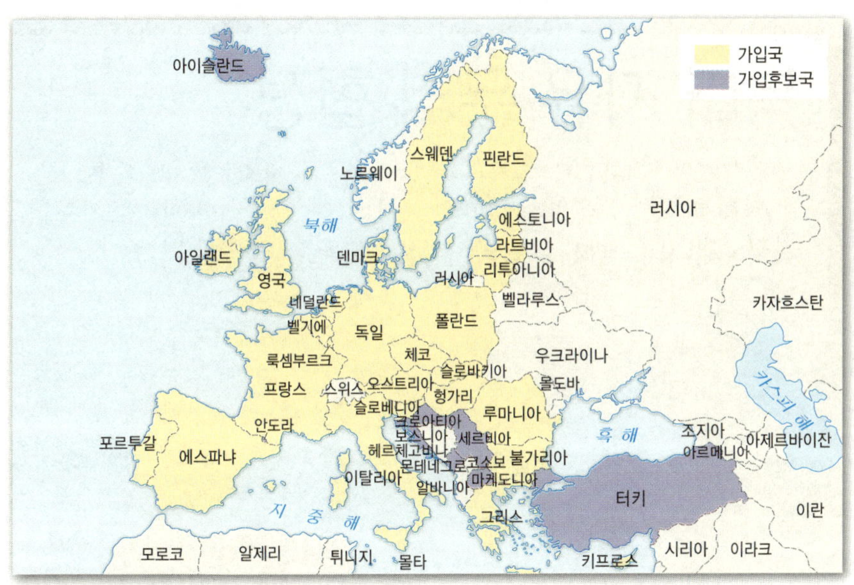

▲ 유럽 연합 가입국(2012년)

초기 13개국이었던 유럽 연합은 회원국 수가 늘어나 고민에 빠졌대요. 회원국 수가 늘어난 만큼 다양한 이해관계가 발생했기 때문이라고 하네요.

유럽 연합은 일반적인 국제 기구와는 달리 독자적인 법령 체계와 입법·사법·행정 기능을 갖추고 있으며, 통상·산업·농업 등 주요 정책을 배타적으로 결정하고 있다. 또한 정치·경제·사법·내무 분야 등에 이르기까지 공동 정책을 확대하고 있으며, 1999년부터 유통되기 시작한 유로EURO라는 단일 화폐를 사용하고 있다.

우리나라는 2011년 7월 1일 유럽 연합과의 자유 무역 협정▪을 발효하였다. 이를 통해 유럽 연합 시장 진출에 교두보를 마련하게 되었으며, 국내 소비자들은 세계적인 품질을 가지고 있는 유럽산 제품을 보다 낮은 가격으로 살 수 있게 되었다. 또한 유럽 연합 및 제3국으로부터의 외국인 투자 증대 등을 통해 우리 경제의 성장 잠재력을 크게 제고시킬 것으로 기대되고 있다.

▪**자유 무역 협정**(free trade agreement: FTA): 국가 간 무역 장벽을 없애 상품과 서비스의 자유로운 이동을 보장하는 협정.

주제 **2**

북미 자유 무역 협정

〔북녘 북 北, 아름다울 미 美, 스스로 자 自, 말미암을 유 由, 바꿀 무 貿, 바꿀 역 易,
화합할 협 協, 정할 정 定〕 **north american free trade agreements: NAFTA**

미국·캐나다·멕시코 3국이 맺은 자유 무역 협정

마인드 맵

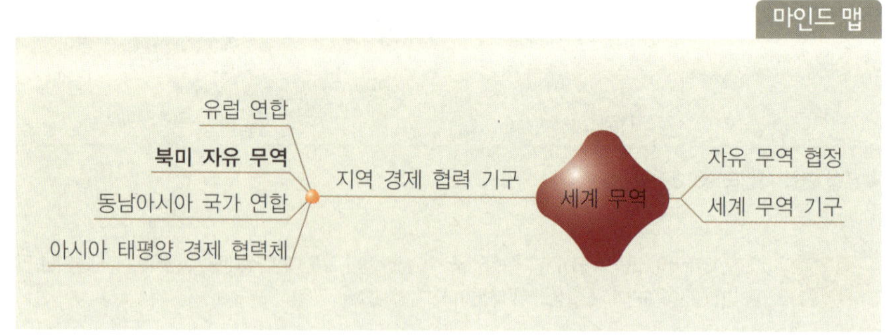

■**자유 무역 협정**(free trade
agreement: FTA): 국가 간 무
역 장벽을 없애 상품과 서비
스의 자유로운 이동을 보장
하는 협정.

　　영어 약칭으로 NAFTA라고도 불리는 북미 자유 무역 협정은 북미의 캐나
다, 미국, 멕시코 3국이 관세와 무역 장벽을 없애고 자유 무역권을 형성한 것
이다. 먼저 1989년 미국과 캐나다 간에 자유 무역 협정■이 체결되고, 여기에
멕시코가 동참하면서 1992년에 비로소 북미 자유 무역 협정이 완성되었다. 이
후 1994년 정식 발효되면서 지금의 모습이 되었다.

총교역의 70% 이상을 미국에 의존하고 있는 멕시코는 북미 자유 무역 협정을 통해 미국 시장
에 더욱 쉽게 접근할 수 있게 되었어요. 뿐만 아니라 지리적 장점을 이용하여 미국 시장에 진출
하려는 다국적 기업의 투자를 유치하는 데도 성과를 거두었지요.

　　북미 자유 무역 협정은 출현 당시 유럽 공동체EC를 능가하는 대규모 경제 통
합으로 거대한 단일 시장을 이루었다. 미국의 자본과 기술, 캐나다의 자본과
자원, 멕시코의 노동력과 자원이 결합됨으로써 국제 시장에서 막강한 경쟁력
을 갖추게 되었으며, 지역 경제 성장에도 도움이 되고 있다.

협정의 주요 내용은 상품 및 서비스 교역, 투자 및 지적 재산권에 관하여 자유 무역을 시행하는 것을 중점으로 하고 있다. 즉 3국 간의 관세를 5~15년에 걸쳐 단계적으로 철폐하여 15년 뒤에는 완전 철폐를 목표로 하고 있다.

북미 자유 무역 협정의 발효로 미국과 멕시코는 농산물 교역량의 50% 이상에 대해 관세를 폐지하였으며, 발효 후 10년간 전체의 94%를, 15년 내 모든 농산물의 교역을 완전 자유화하도록 되어 있다. 또한 강력한 원산지 규정을 도입하고, 역외 국가의 상품에 대해 불이익을 주는 보호 무역주의의 성격을 가지고 있다.

▲북미 자유 무역 협정 가입국

북미 자유 무역 협정은 우리나라에도 영향을 미친다. 긍정적인 요인은 북미 시장이 확대되고, 멕시코의 경제가 발전됨에 따른 북미 시장으로의 진출이 증대된다는 점이다. 반면에 부정적인 요인은 미국이 멕시코에 대한 투자를 확대함으로써 우리나라와 경쟁 관계에 있는 멕시코의 산업 경쟁력이 강화되어 우리나라의 산업 경쟁력이 저하될 수 있다는 점이다.

주제 **3**

동남아시아 국가 연합

〔동녘 동 東, 남녘 남 南, -, 나라 국 國, 집 가 家, 연이을 연 聯, 합할 합 合〕
association of south-east asian nations: ASEAN

동남아시아 지역의 경제적 · 사회적 기반 확립과 생활 수준의 향상을 위해 설립된 국제기구

마인드 맵

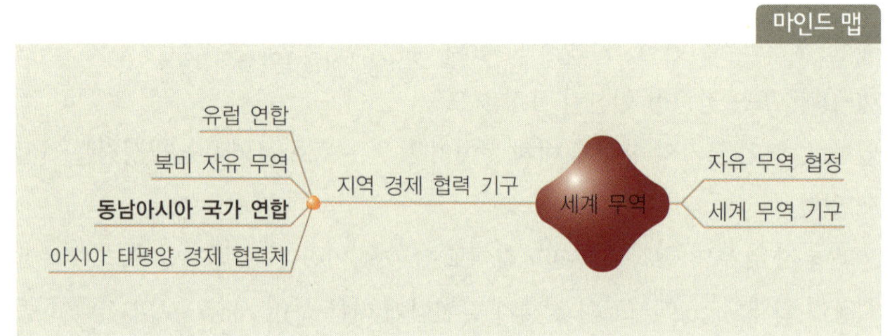

영어 약칭으로 ASEAN이라고도 불리는 동남아시아 국가 연합은 인도네시아 자카르타에 본부를 두고 있으며, 1967년 8월 8일 동남아시아 지역의 경제적 · 사회적 기반 확립과 각 분야에서의 평화적 · 진보적인 생활 수준의 향상을 위해 설립되었다. 설립 당시 회원국은 말레이시아, 싱가포르, 인도네시아, 타이, 필리핀 등 5개국이었으며, 그 후 미얀마, 라오스, 베트남, 브루나이, 캄보디아가 가입하여 10개국으로 늘어났다. 준회원국으로는 파푸아 뉴기니와 동티모르가 있다.

설립 초기에는 경제 · 문화 등 비정치적 분야의 협력이 주된 관심사였으나 1970년대 들어서 정치 문제에 대해서도 협력하기로 합의하였고, 지역 발전과 안전 보장이 강조되었다.

동남아시아 국가 연합은 1992년 싱가포르에서 열린 정상회담에서 자유 무역

■**자유 무역 협정**(free trade agreement: FTA): 국가 간 무역 장벽을 없애 상품과 서비스의 자유로운 이동을 보장하는 협정.

▲동남아시아 국가 연합 가입국

협정▪에 관해 논의하고, 논의 내용을 담은 '싱가포르 선언'을 채택하였다. 이듬 해인 1993년 당시 가입국이었던 말레이시아, 브루나이, 싱가포르, 인도네시아, 타이, 필리핀 등 6개국이 '공동 실효 특혜 관세 협정'을 체결하면서 아세안 자유 무역 협정ASEAN free trade agreement: AFTA이 발효되었다. 이후 가입한 미얀마, 라오스, 베트남, 캄보디아 등 4개국에 대해서도 자유 무역 협정이 확대되었다.

아세안 자유 무역 협정은 유럽 연합과 북미 자유 무역 협정 등 세계 경제의 블록화에 대응하기 위해 출범하였다. 주요 활동 내용은 협정 체결 국가 내 관세를 낮추는 것이며, 이에 따라 2018년까지 역내 관세를 철폐할 계획이다. 또한 외국인 투자를 유치하기 위해서도 노력하고 있다. 그러나 역내 거래에 있어서 농산물과 국가 안보 관련 품목 등은 제외된다.

Tip 동남아시아 국가 연합은 2008년 12월 15일 '동남아시아 국가 연합 헌장'을 발효했어요. 또한 매년 11월에 정상 회의를 개최하는 등 유럽 연합과 맞먹는 정치 · 경제 공동체로 거듭나기 위해 노력하고 있어요.

주제 **4**

아시아 태평양 경제 협력체

〔ㅡ, 클 태 太, 평평할 평 平, 큰 바다 양 洋, 지날 경 經, 건널 제 濟, 화합할 협 協, 힘 력 力, 몸 체 體〕 asian-pacific economic cooperation: APEC

아시아 태평양 지역의 경제 협력을 증대시키기 위한 국제기구

마인드 맵

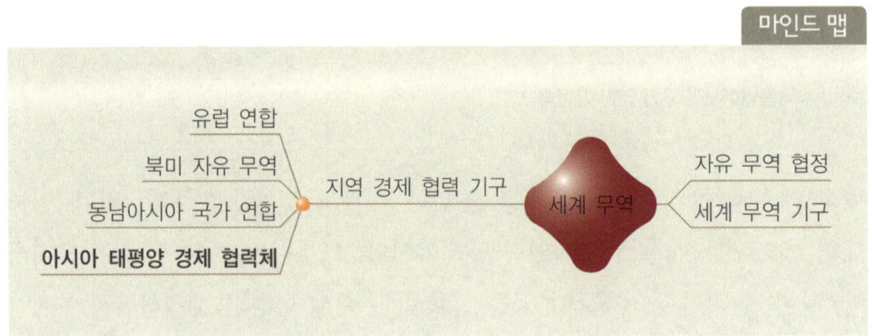

영어 약칭으로 APEC이라고도 불리는 아시아 태평양 경제 협력체는 아시아 태평양 지역의 경제적인 협력을 증대시키기 위한 각 국가 대표들의 협의 기구로 1989년 11월에 설립되었다. 설립 당시 회원국은 한국, 뉴질랜드, 말레이시아, 미국, 브루나이, 싱가포르, 오스트레일리아, 인도네시아, 일본, 캐나다, 타이, 필리핀으로 12개국이었다. 그 후 중국, 타이완, 홍콩, 멕시코, 파푸아 뉴기니, 칠레, 러시아, 베트남, 페루가 가입하여 현재 총회원국은 21개국이다. 이는 다른 어떤 경제 블록보다 훨씬 큰 규모이다. 그러나 환태평양 지역 국가라는 공통점을 제외하고는 문화와 경제 수준 등에서 많은 차이가 있어 협력의 걸림돌이 되기도 한다.

아시아 태평양 경제 협력체는 개방적 지역주의에 기초한 경제 협력의 달성을 목표로 개방성을 강조하고 있다. 1991년 서울에서 열린 제3차 회의에서 채택된 '서울 선언'을 통해 아시아 태평양 경제 협력체의 목적과 조직, 활동 범위를 위한 제도들을 마련하였고, 이듬해 열린 제14차 방콕 회의에서 마침내 공식

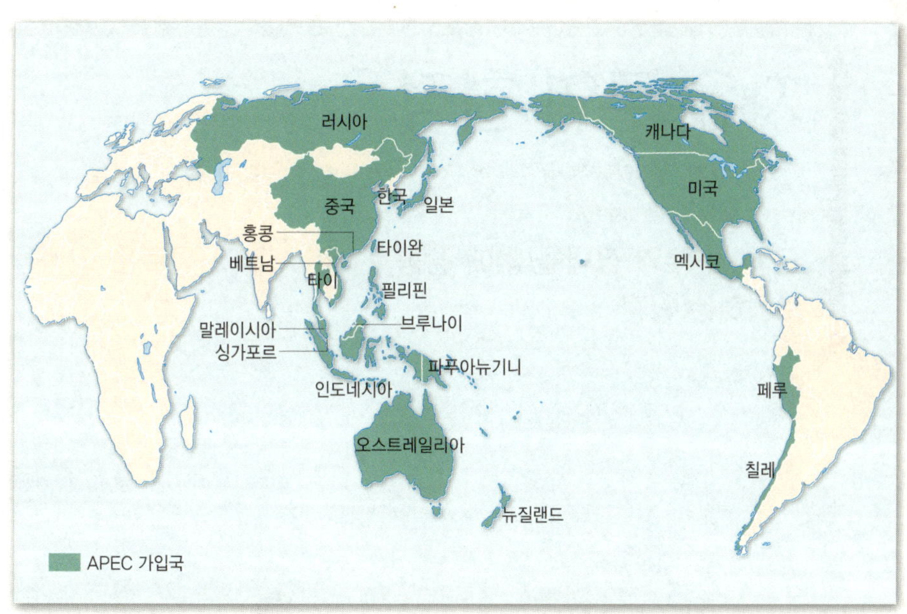

▲ 아시아 태평양 경제 협력체 가입국

적인 국제기구로 발돋움 하였다. 현재는 무역, 투자 및 기술 이전, 인적 자원 개발, 에너지, 수산업, 해양 자원 보존 등 다양한 부문에 걸친 대화 기구의 협력체로서 그 역할을 수행하고 있다.

이러한 비전과 목표를 효과적으로 달성하기 위해 역내의 정보·통신 기반 구조를 확충하고자 노력 중에 있으며, 구체적으로 2020년까지 초고속 정보 통신망의 구축에 박차를 가하고 있다.

아시아 태평양 경제 협력체 회원국의 정상들은 매년 11월 한자리에 모여 정상회의를 개최해요. 2005년에는 우리나라의 부산에서 APEC 정상 회의가 열리기도 했어요.

자유 무역 협정

(스스로 자 自, 말미암을 유 由, 무역할 무 貿, 바꿀 역 易, 화합할 협 協, 정할 정 定)
free trade agreement: FTA

국가 간 무역 장벽을 없애 상품과 서비스의 자유로운 이동을
보장하는 협정

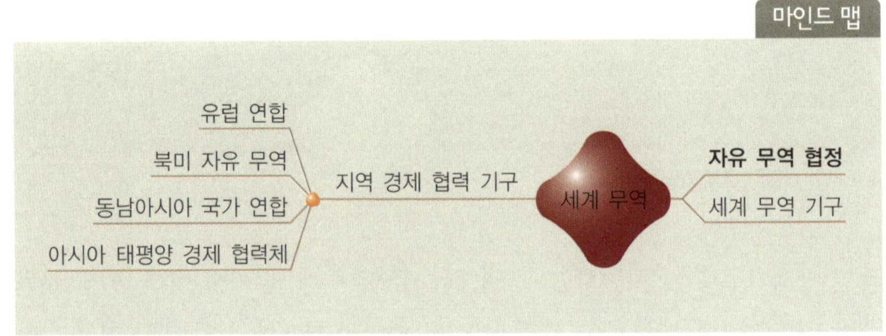

영어 약칭으로 FTA라고도 불리는 자유 무역 협정은 협정 국가 간에 상품이
나 서비스를 사고 팔 때 부과하는 세금이나 수입 제한 등의 무역 장벽을 완화
하거나 철폐하여 상호 간의 교역을 증진시키기 위한 협정이다. 이에 따라 협정
체결 국가 간 무역 자유화를 실현하기 위해 특별한 혜택을 부여한다. 이러한
자유 무역 협정은 그동안 인접한 국가끼리 체결되었기 때문에 지역 무역 협정
이라고도 한다.

세계 무역 기구■는 모든 회원국에게 가장 유리한 대우를 보장해 주는 다자
주의를 원칙으로 하는 반면, 자유 무역 협정은 협정을 체결한 국가끼리만 무관
세나 낮은 관세를 적용하는 양자주의 무역 체제이다.

자유 무역 협정에서는 협정을 맺은 국가 간 비교 우위에 있는 상품은 수출과
투자가 촉진된다는 장점이 있으나, 협정국에 비해 경쟁력이 낮은 산업은 도태
될 가능성이 있어 국가의 산업 구조가 흔들릴 수 있다는 단점이 있다.

■**세계 무역 기구**(world
trade organization: WTO): 국
제 무역을 확대하고 세계 무
역 분쟁 조정, 관세 인하 요
구, 반덤핑 규제 등 법적 권한
과 구속력을 갖는 국제기구.

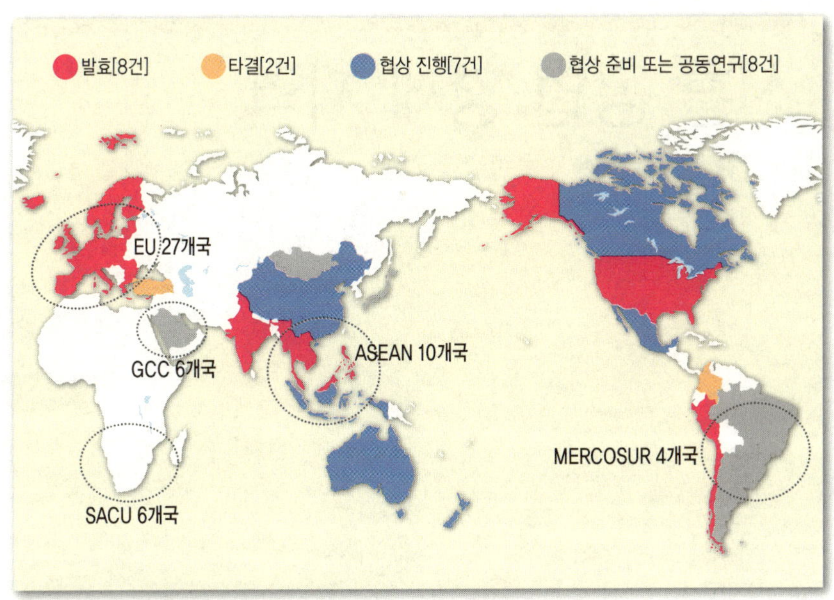

▲우리나라의 자유 무역 협정 추진 현황(2012년)

우리나라도 최근 자유 무역 협정을 체결하기 위해 적극적으로 노력하고 있다. 우리나라가 자유 무역 협정을 추진하는 이유는 다음과 같다. 첫째, 개방을 통해 경쟁을 심화시켜 생산성을 향상시키기 위해서이다. 둘째, 외국인 직접 투자를 유치하여 경제를 성장시킬 수 있기 때문이다. 셋째, 자유 무역 협정은 원하는 무역 상대국과 비교적 단기간에 협상이 가능하기 때문에 자유 무역 질서를 유지·확대하는 데 기여한다. 마지막으로 유럽 연합, 북미 자유 무역 협정과 같은 지역주의 체제의 확산에 따른 대응책으로서의 기능도 있다.

2012년 현재 우리나라는 칠레, 싱가포르, 인도, 미국, 페루, 유럽 자유 무역 연합, 유럽 연합, 동남아시아 국가 연합 등 8개 국가와 자유 무역 협정을 발효하였으며, 터키, 콜롬비아와 자유 무역 협정 협상을 타결하였다. 아직 캐나다, 멕시코 등 7개 국가와는 협상을 진행 중에 있다.

주제 **6**

신흥 공업 경제 지역

〔새 신新, 일흥興 , 장인 공工, 업 업業, 지날 경經, 건널 제濟, 땅 지地, 지경 역域〕
공업화를 기반으로 급속하게 경제가 성장한 지역

마인드 맵

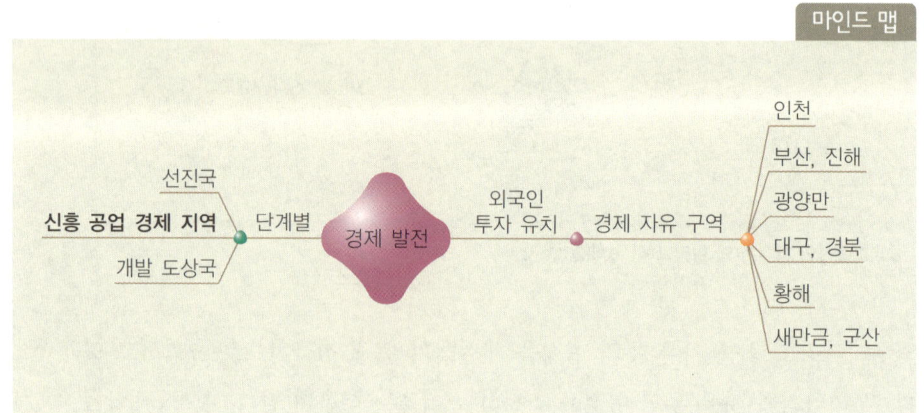

신흥 공업 경제 지역이라는 용어는 신흥 공업국으로부터 시작한다. 신흥 공업국이란 1960년대 초부터 1970년대까지 공업화를 기반으로 급속하게 경제가 성장한 국가를 지칭하는 용어이다. 이는 선진국과 개발 도상국의 사이의 단계인 중진국에 해당한다.

신흥 공업국은 영어로 newly industrializing countries이며, 약자로 NICs를 사용한다. 그러나 최근에는 신흥 공업 경제 지역newly industrializing economies: NIEs를 많이 사용하고 있다. 이는 1988년 토론토에서 열린 G7▪ 정상 회의에서 중국과 홍콩·타이완과의 관계를 고려해 신흥 공업국이라는 용어 대신 신흥 공업 경제 지역이라는 용어를 사용하기로 결정했기 때문이다.

신흥 공업 경제 지역은 남부 유럽 4개국그리스, 포르투갈, 스페인 및 유고슬라비아, 남아메리카 2개국브라질과 멕시코 및 동남아시아 4개국홍콩, 한국, 싱가포르 및 타이완을 포함한다. 그러나 남아메리카의 브라질, 멕시코 등은 누적된 채무가 많아 사실상

▪**G7**: Group 7의 약자로 선진 7개국을 의미한다. 선진 7개국이란 미국, 영국, 프랑스, 독일, 이탈리아, 캐나다, 일본을 말한다.

▲높은 건물들이 빼곡히 들어선 신흥 공업 경제 지역 중 하나인 홍콩

신흥 공업 경제 지역으로 보기에는 무리가 있다.

신흥 공업 경제 지역은 국토 면적, 인구 밀도, 자원 보유, 경제 발전 수준 및 국민 소득과 같은 면에서 다른 점이 많지만, 그럼에도 불구하고 모두 공업 발전의 길을 성공적으로 걸어왔다는 공통점이 있다. 공업 발전을 통해 산업 구조에서 2차 산업의 비중이 증가하였으며, 총수출량도 급속히 증가하고 있다.

현재 우리나라는 신흥 공업 경제 지역의 단계를 넘어 선진국 대열에 합류하고자 노력하고 있어요. 그 노력의 일환으로 2010년 11월 G20 정상 회의를 서울에서 개최하기도 했지요.

경제 자유 구역

〔지날 경 經, 건널 제 濟, 스스로 자 自, 말미암을 유 由, 구분할 구 區, 지경 역 域〕

외국인 자본이나 기술을 유치하기 위해 경제 활동에 각종 혜택을 주는 특별 경제 구역

마인드 맵

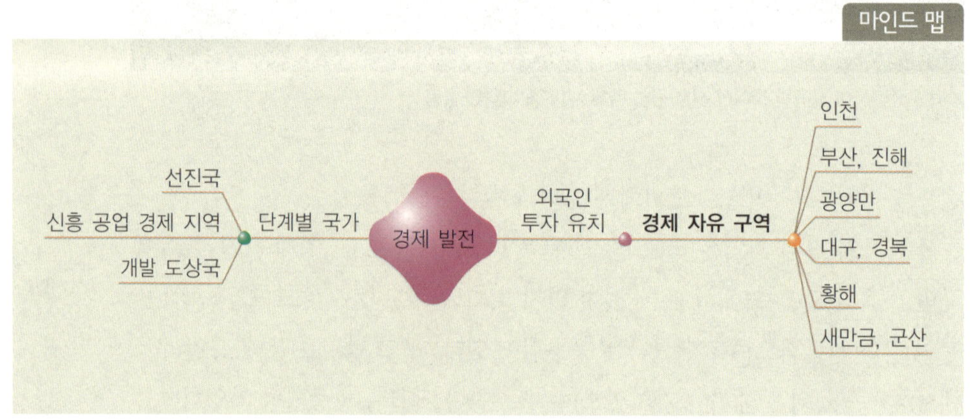

외국인 투자 기업의 경영 환경과 외국인의 생활 여건을 개선하고, 각종 규제를 완화하여 기업 경제 활동의 자율성과 투자 유인을 보장하는 특정한 지역을 가리켜 경제 자유 구역이라고 한다. 이를 통해 외국인의 투자를 촉진하고 나아가 지역 간의 균형적인 발전을 도모할 뿐만 아니라 국가 경쟁력을 향상시키고자 한다.

경제 자유 구역은 외국인의 투자를 끌어들이기 위해 다양한 혜택을 제공한다. 우선 조세 감면, 산업 입지 지원, 재정 지원 등 각종 혜택을 통해 우호적인 정책 환경을 조성한다. 또한 경제 자유 구역에 입주한 외국인 종사자에게는 특별 주택 공급이 이루어지며, 외국인 투자 기업이 사원형 임대 주택을 건설할 수 있도록 하여 다양한 외국인의 수요에 맞춘 임대 주택을 제공한다. 또한 외국인의 치료를 주목적으로 하는 외국 의료 기관을 설립하여 최첨단 의료 서비

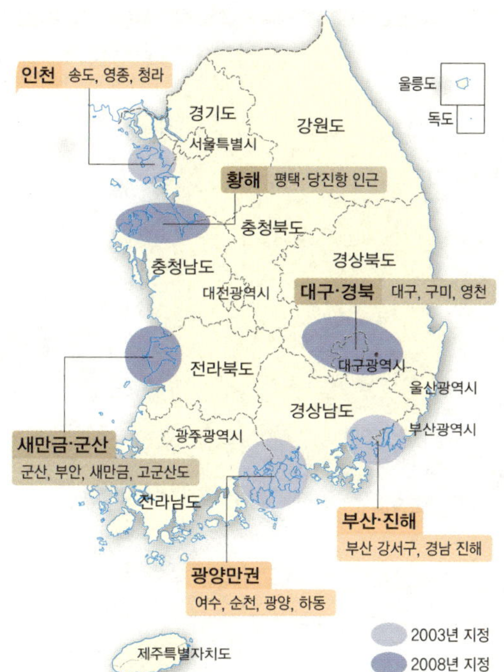

◀우리나라의 경제 자유 구역

우리나라는 1차로 2003년 인천, 부산·진해, 광양만권을 경제 자유 구역으로 지정하였으며, 2차로 2008년 황해, 대구·경북, 새만금·군산을 지정하여 총 6개의 경제 자유 구역을 운영하고 있다.

스를 편리하게 제공함으로써 건강하고 쾌적한 삶을 살 수 있도록 돕는다. 이 밖에도 가족 단위의 외국인 투자자들을 위하여 외국인 교육 기관을 설립하고, 일정 조건을 갖추면 카지노를 개설할 수도 있으며, 골프장 내 고급 주택 단지의 개발 또한 가능하다. 이처럼 경제 자유 구역으로 지정되면 기존의 도시와는 다른 법이 적용된다.

우리나라 역시 경제 자유 구역을 지정하고 다양한 혜택을 제공하여 외국인들의 투자 유치를 촉진·확대하고자 한다.

주제 **8**

G20

세계 주요 20개국의 모임

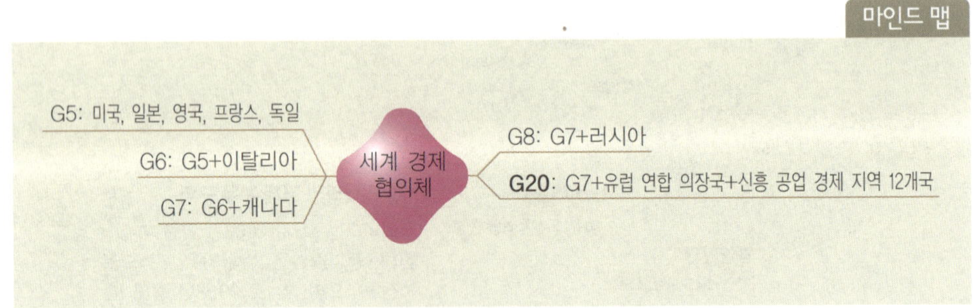

G20에서 G는 영어로 모임을 뜻하는 Group의 약자이며, 20은 회원국의 수를 의미한다. 즉 G20Group of 20은 선진 7개국G7: 미국, 영국, 프랑스, 독일, 이탈리아, 캐나다, 일본과 유럽 연합의 의장국▪, 신흥 공업 경제 지역에 속하는 12개국한국, 아르헨티나, 오스트레일리아, 브라질, 중국, 인도, 인도네시아, 멕시코, 러시아, 사우디아라비아, 남아프리카공화국, 터키을 합한 20개국을 일컫는다.

▪**유럽 연합의 의장국**(議長國): 유럽 연합의 회원 국가가 정해진 순서에 따라 6개월씩 수임한다.

G20의 출발은 1973년 제1차 석유 파동에서부터 시작된다. 당시 이스라엘과 아랍 국가들은 전쟁 중이었는데, 석유 수출국 기구OPEC는 이스라엘을 지원하는 국가에 대한 경고의 의미를 담아 1973년 석유 수출 금지 조치를 발표하였다. 이로 인해 전 세계는 석유 파동이라는 공황에 빠진다. 이때 선진 5개국인 미국, 영국, 프랑스, 독일, 일본의 정상들이 경제 협력을 위해 모인 것이 G20의 시초가 되었다. 이후 1975년 프랑스 랑부예에서 모인 회의에 이탈리아를 초청하여 G6가 되었고, 이듬해 미국에서 열린 G6 정상 회의에 캐나다가 초청되어 G7으로 발전하였다. 냉전의 종식으로 1997년부터는 러시아가 참석해 G8이 되었다.

1997년 아시아의 외환 위기 이후 선진국의 협력만으로는 위기의 탈출이 힘

▲2010 서울 G20 정상 회의

들다는 것을 인식하게 되었고, 이에 따라 1999년 9월 국제 통화 기금▪ 회의에서 신흥 공업 경제 지역의 국내 총생산, 국제 교역량 등 경제 규모를 우선적으로 고려하여 1999년 G20이 성립되었다.

Tip 우리나라는 2010년 11월 서울에서 제5차 G20 정상 회의를 개최했어요. 이는 아시아에서 최초로 치러진 G20 정상 회의라는 점에서 국제적으로 우리나라의 위상이 높아졌음을 의미해요. 실제로 서울 G20 정상 회의를 통한 대외 홍보 효과가 1조 8000억 원 수준에 이르는 등 우리나라의 인지도와 호감도 상승에 긍정적인 역할을 했다고 하네요.

▪**국제 통화 기금**(international monetary fund: IMF): 국제 연합(united nations: UN) 산하의 국제 금융 기구로서 세계 무역의 안정된 확대를 통한 회원국의 경제 성장을 목표로 1945년 설립되었다.

서비스업

지식 기반 산업
탈공업화 사회
정기 시장
상설 시장
전자 상거래
상업
서비스업
교통
운송비
기종점 비용
주행 비용
관광 산업
지속 가능한 관광 개발

서비스업 〔-, 업 업業〕
service indurstry

기업이나 소비자에게 재화와 서비스를 제공하는 활동

   기업과 소비자에게 재화와 서비스를 제공하는 활동을 서비스업이라고 한다. 따라서 서비스업의 분포는 인구 및 경제 활동의 분포와 밀접한 관련이 있다.

   서비스업은 수요 주체와 공급 주체에 따라 분류할 수 있는데, 수요 주체에 따라 생산자 서비스와 소비자 서비스로 나뉜다. 생비자 서비스는 기업의 생산 활동을 도와주는 서비스로 지식 집약적인 특성을 갖는다. 생산자 서비스업의 종류에는 건축·경영·마케팅·홍보·금융·법률 등이 있으며 주로 대도시에 집중되어 있어 지역 간 성장 격차가 발생한다. 소비자 서비스는 최종 소비자에게 직접 제공되는 서비스로 음식·숙박·오락·교육·의료 등이 있다. 소비자 서비스는 일반 개인 소비자에게 직접 제공되므로 소비자와 가까운 곳에 입지하게 된다. 따라서 인구 분포에 따라 분산하여 입지하는 경향을 보인다.

   서비스업은 또한 공급 주체에 따라서 공공 서비스와 민간 서비스로 나뉜다. 공공 서비스는 중앙 정부나 지방 정부 등 공공 기관이 제공하는 서비스로 각종 행정·교육·의료·국방·치안 서비스 등이 해당한다. 민간 서비스는 일반 개인이나 사적인 기관에서 제공하는 것으로 일반적인 금융·보험·상업 서비스 등을 말한다.

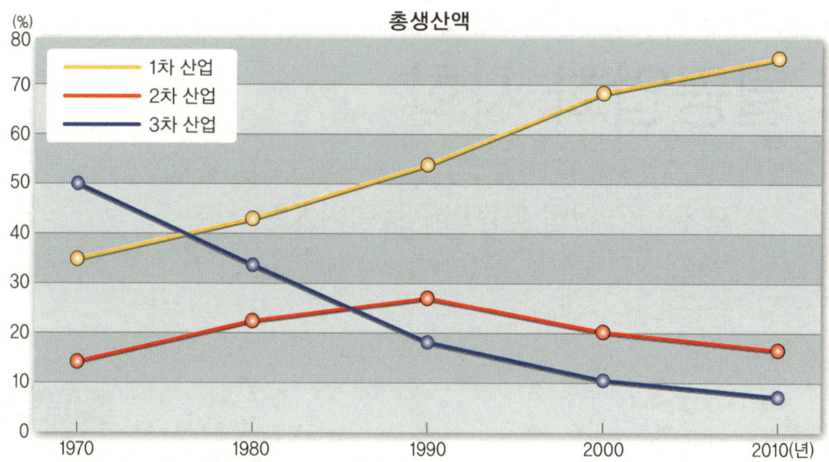

▲총생산액의 비중 변화로 본 우리나라 산업 구조의 변화
최근으로 올수록 3차 산업의 비중이 증가한다.

　서비스업은 소득 증대 및 생활 수준의 향상에 따라 다양해진 소비자의 욕구에 맞춰 점점 더 발달하고 있으며, 이는 서비스업 종사자 수의 증가, 산업 규모 확대, 국가 경제 내 비중 증대, 더 나아가 국가 경제 발전과도 연결된다.

탈공업화 사회

〔벗을 탈 脫, 장인 공 工, 업 업 業, 될 화 化, 모일 사 社, 모일 회 會〕

지식과 정보가 산업 활동의 원동력이 되는 사회

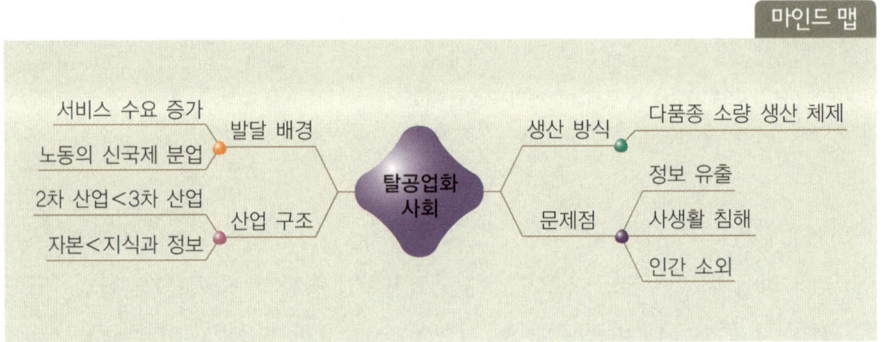

　공업화 사회는 자본과 노동력을 중심으로 하는 2차 산업의 비중이 높은 사회이다. 공업화 사회의 주요 산업은 제조업이며 제품은 소품종 대량 생산 체제를 거쳐 일률적으로 만들어진다. 탈공업화란 말 그대로 이러한 공업화를 벗어나는 것을 의미한다. 즉, 탈공업화 사회는 2차 산업의 비중이 감소하고 자본보다는 지식과 정보가 우선시되며, 지식 기반 서비스업의 3차 산업 비중이 높아지는 사회이다. 탈공업화 사회에서는 전문직·관리직·기술직 종사자가 증가하며, 소비자의 다양한 기호를 반영하여 다품종 소량 생산 체제를 지향한다. 또한 교통과 통신의 발달로 시·공간적 제약이 감소되어 인구 및 각종 기능이 도시로 집중되는 것을 완화시킨다. 그러나 정보 유출과 사생활 침해, 인간 소외, 지역·계층 간의 정보 격차 등의 문제점이 발생하기도 한다.

　탈공업화의 원인으로는 크게 두 가지를 들 수 있다. 첫째, 경제 발전에 따른 소득 수준의 향상으로 서비스에 대한 수요가 증가한 것이다. 소득 수준이 향상하면서 삶의 질에 대한 관심이 높아짐에 따라 서비스에 대한 수요가 증가하고,

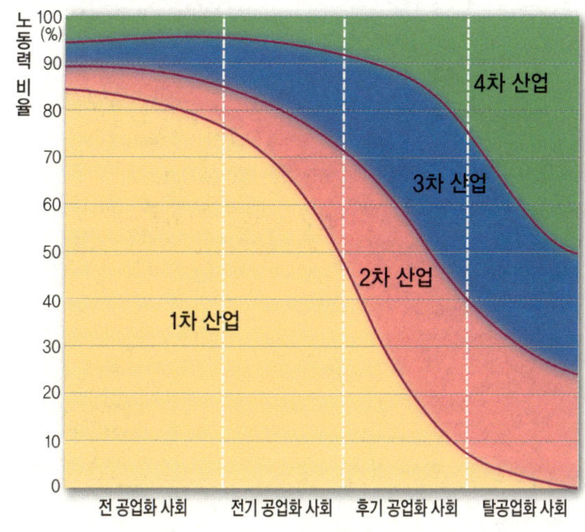

◀ **경제 발전에 따른 산업 구조의 변화**

1. 전 공업화 사회: 1차 산업 비중이 높은 농업 중심의 사회
2. 공업화 사회: 제조업이 경제 성장을 주도 하며, 도시화·공업화가 급속히 진행되는 사회
3. 탈공업화 사회: 지식·정보를 바탕으로 한 3차 산업이 중심이 되는 사회

상대적으로 제조업 비중이 하락한 것이다. 둘째, 노동의 신국제 분업▪으로 국내 제조업 공장의 다수가 해외로 이전하여 제조업 종사자 비율이 줄어들었을 뿐만 아니라, 제조 공정의 자동화 및 기계화도 제조업 종사자의 비율을 감소시키는 데 한몫하였다.

우리나라는 1960년대 이전까지는 농업 중심의 1차 산업의 비중이 높은 사회였으나, 1960년대부터 급속한 공업화가 이루어져 2차 산업의 비중이 증가하였다. 1960년대에는 섬유, 식품 등의 소비재 경공업과 비료 등의 수입 대체 산업이 발달하였고, 1970년대는 조선, 제철, 석유 화학 등의 중화학 공업이 발달하였다. 탈공업화 현상은 1980년대 후반을 기점으로 뚜렷하게 나타났는데, 실제로 제조업 취업자의 비율이 1989년을 정점으로 지속적으로 하락하고 있다. 최근에는 서비스업의 비중이 절대적으로 증가한 탈공업화 사회가 되었다.

▪**노동의 신국제 분업**(新國際分業): 제조업 공정의 대부분이 임금이 저렴한 후진국으로 이전되고 기술·자본 집약적 고부가 가치 산업은 선진국이 담당하는 형태의 분업.

주제 **3**

지식 기반 산업

〔알 지 知, 알 식 識, 터 기 基, 소반 반 盤, 낳을 산 産, 업 업 業〕

지식을 이용하여 상품과 서비스의 부가 가치를 높이는 산업

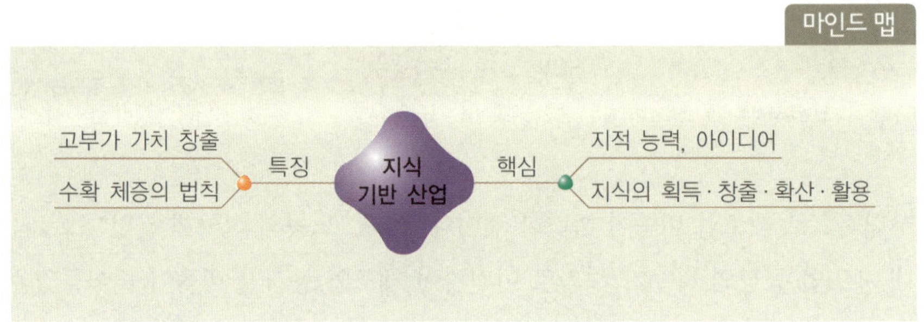

 기술과 정보를 포함한 지적 능력과 아이디어를 일컬어 '지식'이라고 하는데, 지식 기반 산업이란 이러한 고급 지식을 활용하여 상품과 서비스의 부가 가치를 크게 향상시키거나 고부가 가치의 지식 서비스를 제공하는 산업을 말한다. 이와 같은 지식 기반 산업의 비중이 높은 경제를 지식 기반 경제라고 한다.

 공업화 사회에서 지식의 집약도와 활용도가 증가함에 따라 산업은 전통 산업과 지식 기반 산업으로 분리되기 시작한다. 경제에서 차지하는 지식 기반 산업의 비중이 증가하면 지식 기반 산업은 점차 첨단 기술 위주의 과학 산업에서 분리되기 시작한다.

 지식 기반 산업은 지식의 획득, 창출, 확산, 활용이 산업 활동의 핵심이 된다. 지식의 초기 창출에는 막대한 규모의 투자 비용이 들지만, 일단 창출된 지식은 생산의 규모가 커질수록 비용이 점차 줄어들고 수익은 점차 증가한다. 또한 일단 창출 또는 축적된 지식은 스스로 새로운 지식을 창출하여 지속적인 경제 성장과 산업 발전을 가능하게 하는 특성을 갖는데, 이를 수확 체증의 법칙이라고 한다.

　최근에는 지식 기반 산업을 중심으로 한 새로운 고용 창출이 세계 여러 나라에서 크게 이루어지고 있으며, 특히 경제 협력 개발 기구▪ 회원국들은 국내 총 생산의 약 35%를 지식 기반 산업에서 얻는 것으로 추산되고 있다.

▪ **경제 협력 개발 기구**
(organization for economic cooperation and development: OECD): 회원국 간의 상호 경제 정책을 통해 경제 및 사회의 발전을 도모하고 세계 경제 문제에 대처하기 위한 정부 간 정책 논의 및 협의 기구.

주제 **4**

상업 〔장사 상 商, 업 업 業〕

상품을 사고파는 행위를 통해 이익을 얻는 일

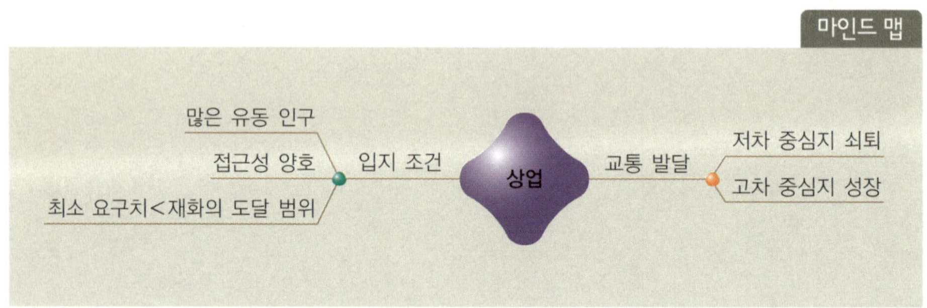

■**최소 요구치**: 중심지가 유지되기 위한 최소한 수요가 존재하는 범위.

■**재화의 도달 범위**: 중심지의 재화와 서비스가 제공되는 범위.

■**중심지**: 주변 지역으로 재화와 서비스를 제공하는 지역.

상품을 사고파는 행위을 통해 이익을 얻는 일을 상업이라고 한다. 상업의 입지 조건은 유동 인구가 많고, 교통이 편리하며, 최소 요구치■보다 재화의 도달 범위■가 큰 곳이다.

상업 입지의 변화 요인으로는 인구수, 구매력, 수요, 교통의 발달, 정보 통신의 발달 등이 있다. 인구수와 구매력, 수요가 증가하면 중심지■의 수는 증가하고 중심지 간의 간격은 좁아진다. 또한 교통이 발달하여 접근성이 좋아지면 저차 중심지보다는 서비스와 재화의 종류가 많은 고차 중심지로 가는 소비자들이 많아지면서 저차 중심지는 쇠퇴하고 고차 중심지는 성장한다.

상업의 성격과 입지 조건에 대한 예로 백화점과 대형 할인점을 살펴보자.

백화점과 대형 할인점은 물건을 파는 상점이라는 공통점이 있지만, 취급하는 물건에는 차이가 있다. 백화점은 고급 의류, 고급 잡화 등의 고급 제품을 취급하기 때문에 접근성이 좋은 대도시의 도심이나 부도심에 위치한다. 반면 대형 할인점은 대량 판매를 통해 일상 생활 용품을 저렴하게 판매하기 때문에 넓은 매장과 주차장을 필요로 한다. 따라서 지가가 저렴한 주거 지역이나 도시 외곽 지역에 위치한다. 즉, 고급 제품을 보유하고 있는 백화점은 일상 생활 용

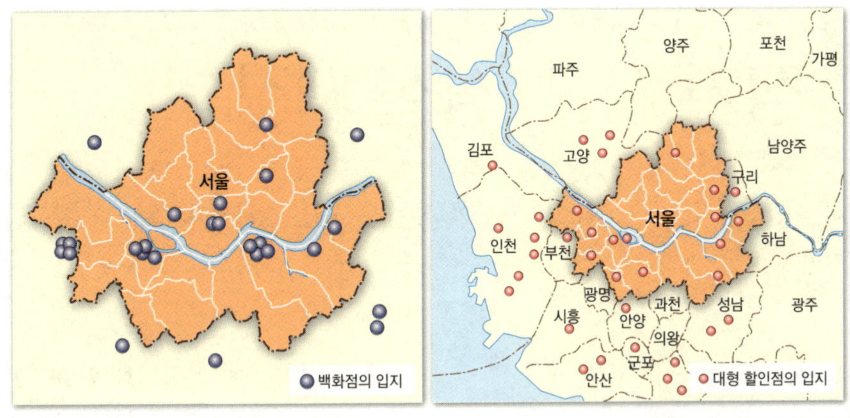

▲**백화점과 대형 할인점의 분포 비교**
백화점은 접근성이 좋은 도심에, 대형 할인점은 지가가 저렴한 외곽 지역에 입지한다.

품을 판매하는 대형 할인점에 비해 접근성이 높은 지역에 위치하려는 경향이 있다.

이러한 차이 때문에 두 상점의 성장 요인도 다르다. 백화점이 성장하기 위해서는 경제력구매력의 성장, 다양한 종류의 편의 시설 등이 필요하고, 대형 할인점이 성장하기 위해서는 외곽 지역까지 연결되는 교통수단의 발달, 대량 판매를 통한 가격 경쟁력 확보 등이 필요하다.

주제 **5**

정기 시장 / 상설 시장

〔정할 정 定, 기약할 기 期 / 항상 상 常, 베풀 설 設, 저자 시 市, 마당 장 場〕

일정한 주기로 열리는 시장 / 항상 장이 열려 있는 시장

마인드 맵

일정한 주기로 정해진 장소에서 판매자와 소비자가 만나 상거래가 이루어지는 시장을 정기 시장이라 하고, 일정한 장소에서 항상 상거래가 이루어지는 시장을 상설 시장이라고 한다.

인구가 희박하고 교통이 발달하지 않았던 과거에는 최소 요구치보다 재화의 도달 범위가 작았기 때문에 상설 시장이 발달하지 못하였다. 따라서 몇 개의 넓은 지역을 정기적으로 순회하면서 상업 유지에 필요한 최소한의 수요를 확보하는 정기 시장이 발달하였다.

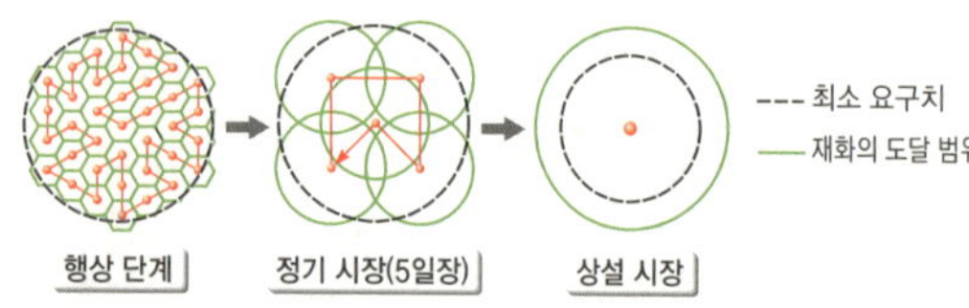

▲ **시장의 변화 과정**

정기 시장 → 교통 발달, 인구 증가 → 상설 시장
(형성 조건: 재화의 도달 범위 > 최소 요구치)

그러나 인구 증가, 교통의 발달, 생활 수준의 향상 등으로 수요가 증가하고 구매력이 증대되면서 정기 시장이 상설 시장으로 변화하였다. 상설 시장은 소비자들이 상점으로 직접 찾아오기 때문에 상인이 여러 지역을 다니지 않더라도 최소 요구치를 충족할 수 있다.

6 주제

전자 상거래

(번개 전 電, 아들 자 子, 장사 상 商, 갈 거 去, 올 래 來)

인터넷이나 전화 등을 이용하여 상품을 사고파는 행위

전자 상거래는 인터넷이 발달하기 이전에도 홈쇼핑, 홈뱅킹 등의 다양한 형태로 존재하였으나, 인터넷이 대중화되면서 일반적으로 인터넷상에서의 상거래를 의미하게 되었다. 좁은 의미의 전자 상거래는 인터넷상에 홈페이지로 개설된 상점을 통해 실시간으로 재화, 서비스 등의 상품을 거래하는 것을 의미한다. 넓은 의미의 전자 상거래는 판매자와 소비자와의 거래뿐만 아니라 공급자, 금융 기관, 정부 기관, 운송 기관 등과 같이 거래에 관련되는 모든 기관과의 관련 행위를 포함한다.

전자 상거래는 전통 상거래에 비해 시·공간적 제약이 거의 없으며, 기업 입장에서는 제품에 관한 정보를 구축할 수 있다. 또한 무점포 상점의 등장으로 매장 임대료나 판매 사원에게 지불될 임금을 절약할 수 있는 장점이 있다. 대신 상품을 보관하는 물류 센터를 운영해야 하는 부담은 증가하였다.

▲ 인터넷 쇼핑몰의 시장 규모

[출처: 통계청]

주제 **7**

교통 〔사귈 교 交, 통할 통 通〕

자동차·기차·배·비행기 따위를 이용하여 사람이 오고 가거나 짐을 실어 옮기는 일

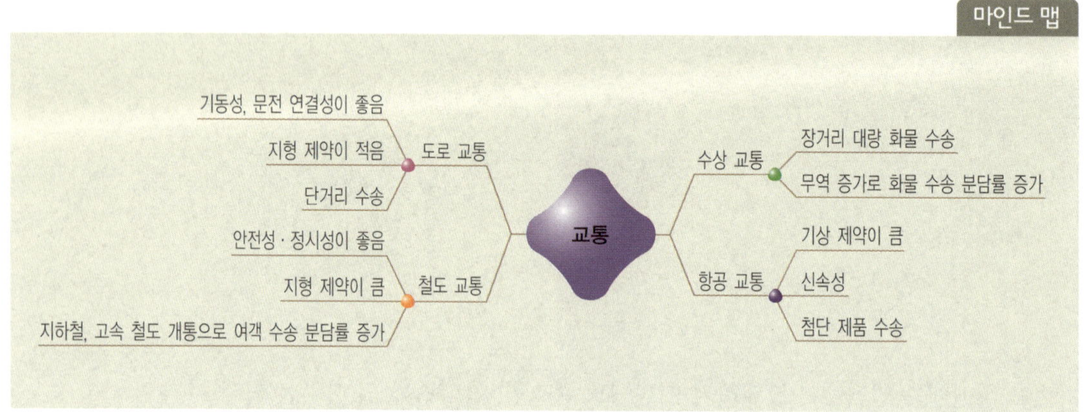

자동차, 기차, 선박, 비행기 등을 이용하여 사람이 오고 가거나 짐을 실어 옮기는 일을 교통이라고 한다.

교통의 긍정적 측면으로는 시·공간적 제약을 극복할 수 있고, 인구와 기능이 한곳에 몰리지 않도록 분산시킨다는 점이다. 그러나 대기 오염, 소음 피해, 교통 혼잡 비용 증가 등의 문제를 일으킨다는 부정적 측면도 있다.

크게 교통은 도로 교통, 철도 교통, 수상 교통, 항공 교통으로 나뉜다. 도로 교통자동차은 지형적 제약이 적고, 기동성▪과 문전 연결성▪이 뛰어나 단거리 수송에 유리하다. 이러한 점 때문에 도로 교통은 여객 수송 분담률이 가장 높다.

철도 교통기차은 대량 수송이 가능하고 안전성과 정시성▪이 뛰어나며 중거리 수송에 유리하다. 지하철과 고속 철도의 등장으로 여객 수송 부담률이 증가하였으나 지형 제약이 크다는 단점이 있다.

수상 교통선박은 하천을 이용하는 하천 교통과 바다를 이용하는 해상 교통으

▪**기동성**: 상황에 따라 재빠르게 움직이거나 대처하는 특성.

▪**문전 연결성**: 물자나 사람을 목적지까지 바로 연결해 줄 수 있는지의 정도.

▪**정시성**: 정해진 시간 또는 시기를 지키는 성질.

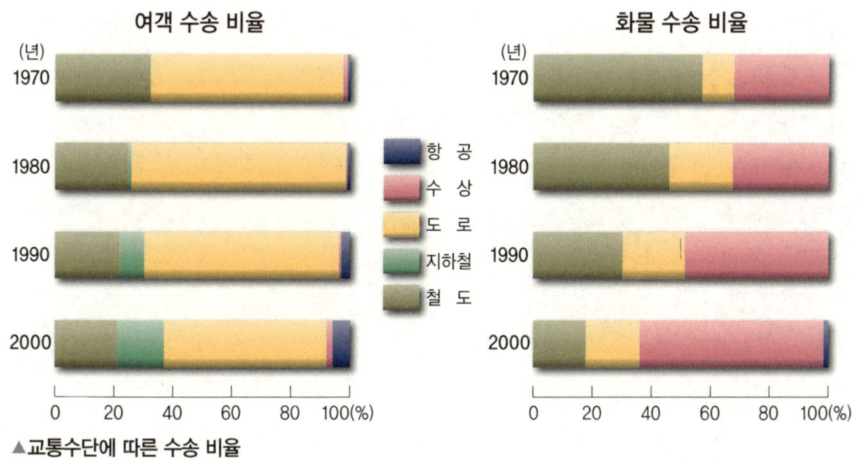

▲교통수단에 따른 수송 비율

로 다시 나눌 수 있다. 기상 조건에 따라 제약을 받고 느리다는 단점이 있으나 대량 화물의 장거리 수송에 유리하다. 최근 무역의 발달로 화물 수송에서 차지하는 분담률이 가장 높다.

항공 교통_{비행기}은 첨단 제품을 신속하게 수송하는 데 유리하지만 그 비용이 비싸고 기장 제약도 크다. 높은 비용으로 인해 여객 및 화물 수송 분담률은 가장 낮다.

교통수단들의 여객 및 화물 수송 분담률 순위와 각 교통수단들의 특성을 묻는 문제가 자주 출제돼요.

운송비 〔옮길 운 運, 보낼 송 送, 쓸 비 費〕
transportation cost

여객이나 화물 수송에 드는 비용

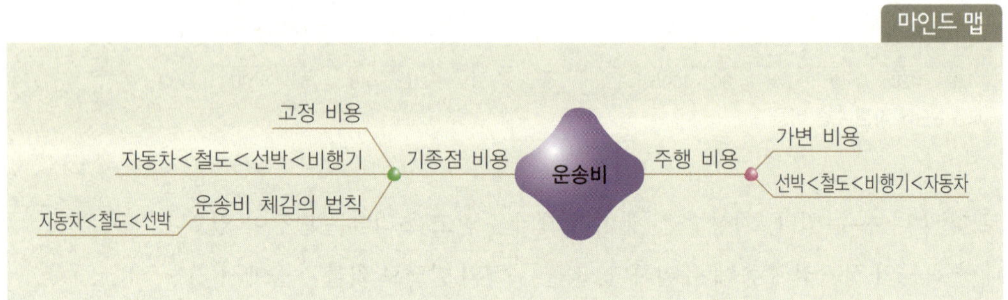

운송비총운송비는 기종점 비용과 주행 비용을 합한 것이다. 다시 말해 운송비는 거리와는 관계없이 일정한 비용으로 부과되는 기종점 비용과 운반 거리에 따라 증가하는 주행 비용으로 구성된다.

기종점 비용은 교통로 건설·유지·관리비, 터미널 유지·관리비, 화물 하역비, 운송 업무비 등과 같이 운반 거리와 상관없이 일정하게 부과되는 비용이다. 중간에 운송 수단이 바뀌면 그것이 어떤 수단이냐에 따라 기종점 비용이 추가로 부과된다. 기종점 비용은 도로 교통이 가장 낮고 철도 교통, 수상 교통, 항공 교통 순으로 증가한다.

주행 비용은 운반 거리 비용이라고도 하며, 실제 운송 수단을 통해 이동함에 따라 들어가는 비용이다. 주행 비용은 운반 거리에 비례하여 증가하기는 하지만 운반 거리가 증가할수록 단위 거리당 운송비의 증가율이 감소하는 운송비 체감의 법칙이 작용한다. 운송비의 체감률은 도로 교통이 가장 낮고, 철도 교통, 수상 교통 순으로 커진다. 또한 주행 비용은 운송 규모가 커지면 그에 반비례하여 감소한다.

도로 교통은 단위 거리당 주행 비용은 비싸지만 기종점 비용이 저렴하여 단

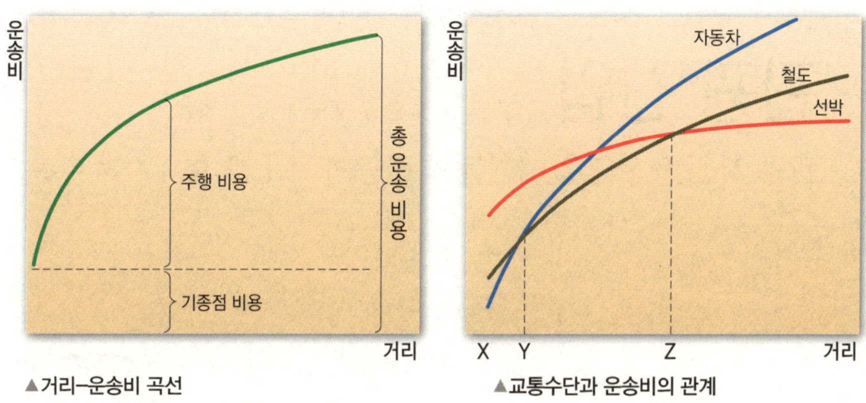

▲거리-운송비 곡선   ▲교통수단과 운송비의 관계

거리 수송에 적합하다. 수상 교통은 기종점 비용은 비싸지만 단위 거리당 주행 비용이 저렴하여 장거리 수송에 유리하다. 철도 교통은 도로 교통과 수상 교통의 중간에 해당되는 비용이 들어 중거리 수송에 적합하다. 항공 교통은 기종점 비용 및 주행 비용이 비싸지만 신속한 운송을 필요로 하는 장거리 수송에 이용된다.

주제 **9**

관광 산업 〔볼 관 觀, 빛 광 光, 낳을 산 産, 업 업 業〕

관광 자원을 토대로 사람들의 관광의 욕구를 충족시켜 주는 산업

마인드 맵

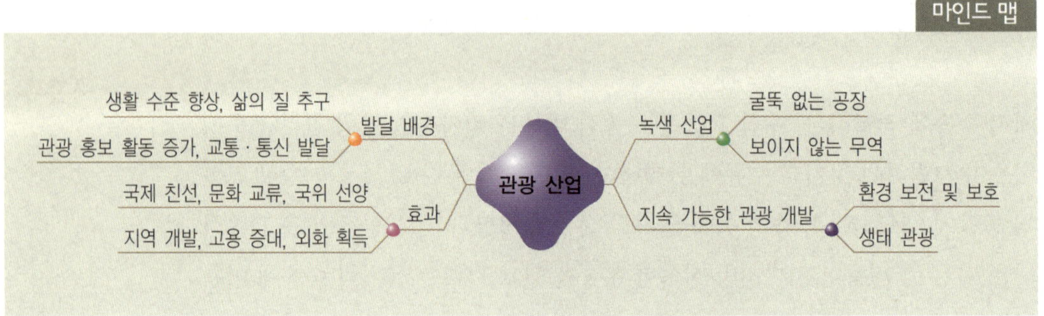

일시적으로 다른 지역을 여행하는 행위 또는 조직적으로 이루어지는 여가 활동을 관광이라고 하며, 사람들로 하여금 관광의 욕구를 불러일으키고, 이를 충족시켜 주는 대상을 관광 자원이라고 한다. 관광 산업은 이러한 관광 자원을 바탕으로 사람들에게 교통, 숙박, 음식, 오락 등의 서비스를 제공하는 산업을 말한다.

관광 산업의 성장 요인으로는 업무 자동화에 의한 근로 시간 단축, 소득 증대에 따른 경제적 여유, 교육 수준의 향상, 관광 홍보 활동의 증가, 관광 기반 시설 확충, 교통 및 대중 매체 발달, 여가에 대한 가치관 변화, 정보 통신 발달로 인한 여행 정보 수집 용이 등이 있다.

관광 산업의 발달은 국민 소득 향상 및 소득 증대, 외화 획득, 국제 친선, 국위 선양, 문화 교류 등의 효과를 가져온다. 하지만 계절적 요인에 의한 고용 불안정, 전통 문화유산의 훼손, 생태계 파괴 및 환경 오염, 외부인과의 문화 충돌 등은 관광 산업 발달에 부정적 요인으로 작용하고 있다. 따라서 관광 산업을 육성할 때에는 자연환경과 국민의 의식 수준, 그리고 관광에 대한 사회적

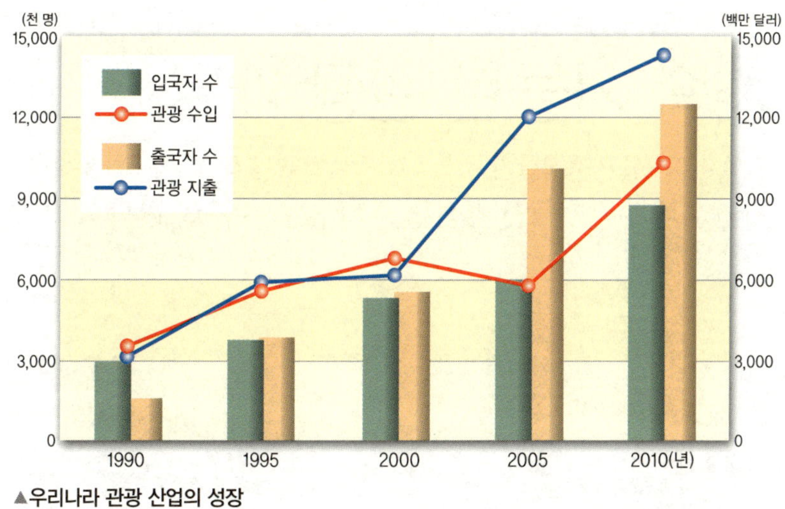

▲우리나라 관광 산업의 성장

욕구를 고려하여 지속 가능한 관광 자원의 개발을 추구해야 하며, 지역 고유의 향토성과 지역성을 살린 문화 관광을 상품화해야 한다.

  최근의 관광 산업은 이를 반영하여 단순히 보고 즐기는 관광에서 나아가 체험하고 느끼는 관광으로 변화하고 있다.

Tip 관광 산업은 보이지 않는 무역, 굴뚝 없는 공장, 녹색 산업이라고 할 만큼 친환경적이며, 높은 부가 가치를 창출하고 있어요.

주제 10

지속 가능한 관광 개발

〔가질 지 持, 이을 속 續, 옳을 가 可, 능할 능 能, 볼 관 觀, 빛 광 光, 열 개 開, 필 발 發〕

자연환경에 장기적인 손상을 주지 않는 수준의 관광 개발

마인드 맵

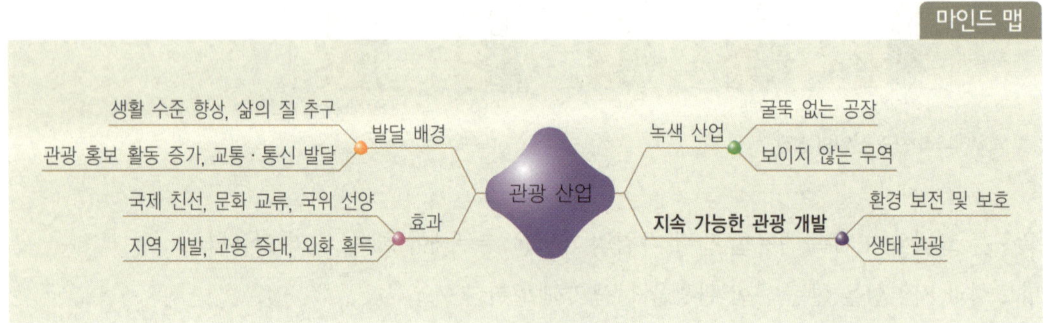

■**관광 자원**(觀光資源): 사람들로 하여금 관광의 욕구를 불러일으키고, 이를 충족시켜 주는 대상.

관광 소비가 해당 관광지의 수용 능력을 초과하지 않고, 자원을 해치거나 고갈시키지 않으며, 환경에 장기적인 손상을 주지 않는 수준에서 이루어지는 관광 개발을 지속 가능한 관광 개발이라고 한다. 이는 무분별하고 대규모로 진행된 기존의 관광 개발로 인해 심각한 환경 파괴와 그에 따른 부작용이 발생하면서 그에 대한 대안으로 나온 개념이다.

최근 여가와 관광에 대한 관심이 커지면서 전 세계적으로 관광 자원■ 개발이 활기를 띠고 있다. 사람들의 흥미를 끌어 관광 수입을 올릴 수 있는 모든 인공적·자연적 대상이 관광 자원에 해당하지만 대부분의 관광 자원은 자연환경이거나 문화유산이다. 이러한 것들은 한 번 파괴되면 회복되는 데 시간이 오래 걸리거나 회복이 어려울 수도 있으므로 체계적인 보호와 보존 및 관리를 위해 현재의 자연환경에 최대한 변화를 주지 않고 조화를 이루는 방향으로 개발이 이루어져야 한다.

지속 가능한 관광 개발의 하나인 생태 관광은 환경 훼손을 최대한 억제하면서 자연을 관찰하고 이해하며 즐기는 여행 방식 또는 여행 문화이다. 친환경적

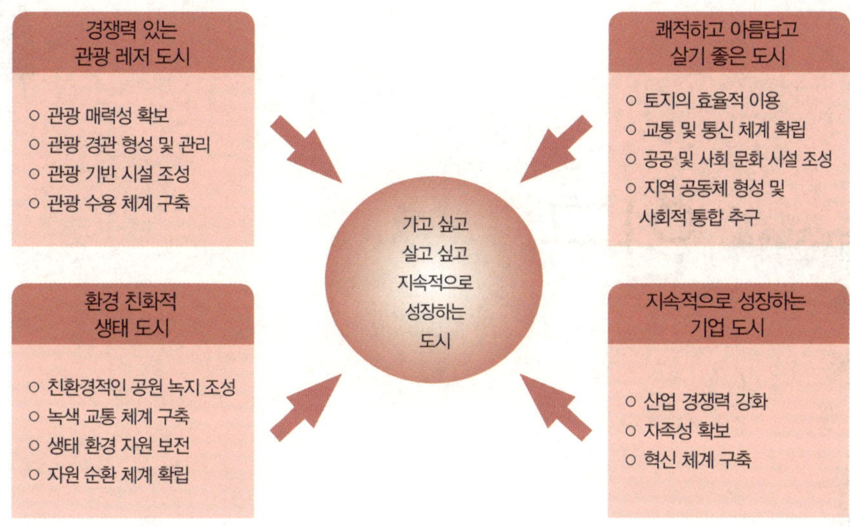

▲관광 레저 도시 개발 목표

[출처: 문화관광부 "지속 가능한 관광 레저 도시 개발 편람"]

관광을 통해 자연환경을 보전하면서 지역 사회의 소득 증대에도 기여하는, 즉 환경과 경제를 동시에 고려하는 새로운 관광 형태이다. 생태 관광은 첫째, 환경 변화의 피해를 최소화해야 하고, 둘째, 자연 그대로를 관찰해야 하며, 셋째, 친환경적 관광이어야 하고, 마지막으로 도시와 농촌 간의 연계가 있어야 한다는 특징이 있다.

인구

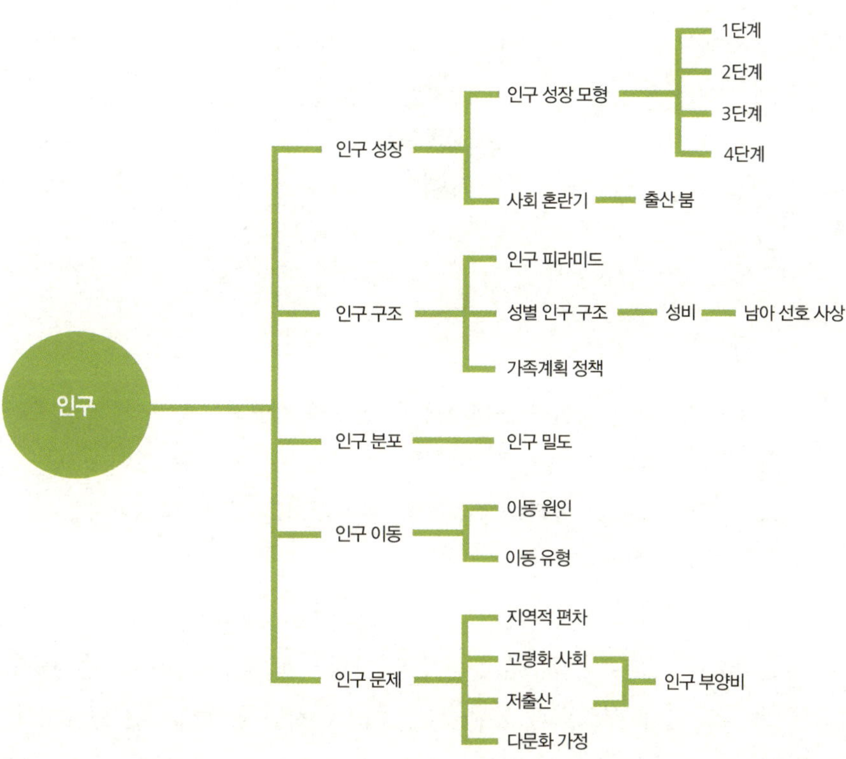

인구
인구 성장
인구 성장 모형
1단계
2단계
3단계
4단계
사회 혼란기
출산 붐
인구 구조
인구 피라미드
성별 인구 구조
성비
남아 선호 사상
가족계획 정책
인구 분포
인구 밀도
인구 이동
이동 원인
이동 유형
인구 문제
지역적 편차
고령화 사회
저출산
인구 부양비
다문화 가정

주제 **1**

인구 성장 〔사람 인 人, 입구 口, 이룰 성 成, 길 장 長〕
population growth

일정 기간에 발생한 인구의 자연적 증감과 사회적 증감의 합

마인드 맵

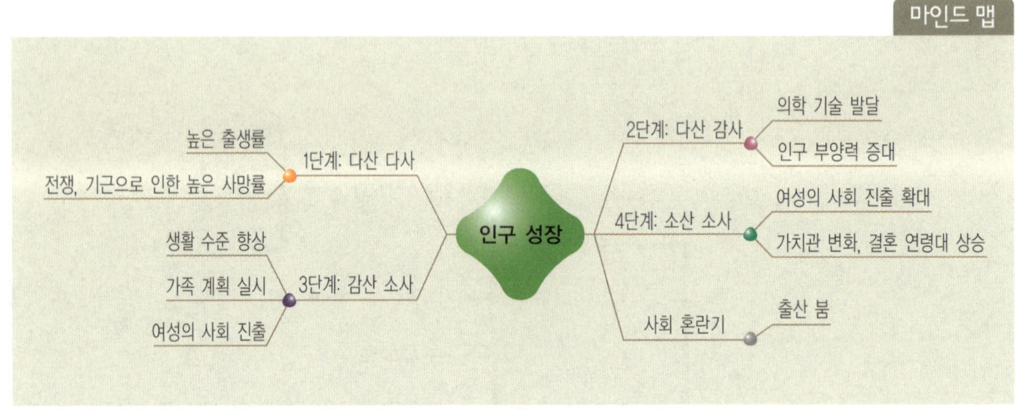

    일정 기간에 발생한 인구의 성장은 인구의 자연적 증감과 사회적 증감의 합으로 알 수 있다. 자연적 증감은 출생자 수와 사망자 수의 차이에 의한 인구수의 증감을 말하며, 사회적 증감은 인구 이동, 즉 전입자 수와 전출자 수의 차이에 의한 인구수의 증감을 의미한다.

    우측의 그래프를 참고하여 인구 성장 모형을 살펴보면 다음과 같다. 1단계는 출생률과 사망률이 모두 높은 다산 다사형의 고위 정체기이다. 출생률이 높지만, 낮은 인구 부양력과 전쟁·기근 등으로 사망률 역시 높은 단계이다. 전통 사회나 일부 저개발 국가에서 나타난다. 2단계는 출생률은 높지만 사망률은 감소하는 다산 감사형의 초기 확장기로 의학 기술의 발달, 인구 부양력의 증대로 사망률이 감소하여 인구가 폭발적으로 증가한다. 주로 산업화 초기의 개발 도상국에서 나타난다. 3단계는 출생률이 감소하기 시작하며, 사망률은 안정화되는 감산 소사형의 후기 확장기로 여성의 사회 진출 증가와 가족계획으로 출생률이 감소하기 시작한다. 4단계는 출생률과 사망률이 모두 낮은 소산 소사

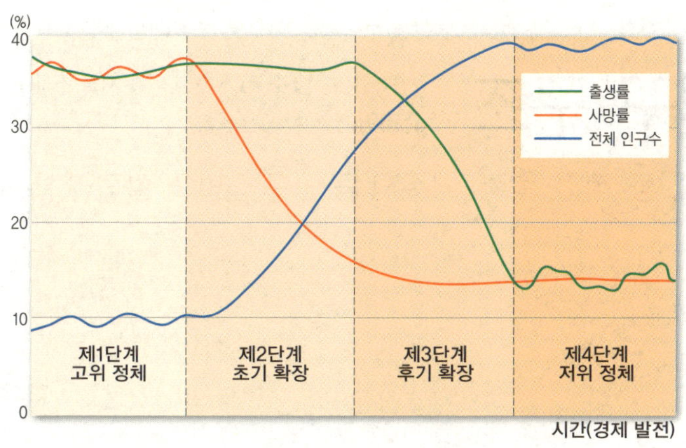

▲인구 성장 모형

출생률과 사망률이 감소하지만 전체 인구수는 계속 증가한다.

형의 저위 정체기로 출산율의 저하와 인구 고령화 문제가 대두된다. 주로 선진국에서 나타난다.

우리나라의 인구 성장은 다섯 시기로 나눌 수 있다. 일제 강점기 이전까지는 전형적인 다산 다사의 고위 정체기로 전체 인구수는 적은 상태였다. 일제 강점기에는 높은 출생률과 근대 의학의 보급으로 인구 부양력의 증대되어 사망률이 감소하여 인구가 급증하기 시작하였다. 광복 후에는 해외 동포의 귀국과 6.25 전쟁 이후의 출산 붐으로 인구 성장이 불규칙하였다. 1960년대 이후에는 가족계획 정책과 생활 수준의 향상 등으로 출생률이 감소하여 인구 성장이 둔화되었다. 1990년대 이후에는 자녀에 대한 가치관의 변화와 여성의 사회 진출로 인구 성장에 큰 변화가 없는 소산 소사의 안정화 상태가 되었다.

구분	특징	시기	우리나라
1단계	다산 다사	일제 강점기 이전	전통적인 농업 사회
2단계	다산 감사	일제 강점기	근대 의학 보급, 인구 부양력 증대
		6.25 전쟁 후	출산 붐
3단계	감산 소사	1960년대 이후	가족계획 정책, 생활 수준 향상
4단계	소산 소사	1990년대 이후	출생률 저하, 기대 수명 증가

▲우리나라의 인구 성장 단계

주제 **2**

인구 구조

〔사람 인 人, 입 구 口, 얽을 구 構, 지을 조 造〕
population structure

연령, 성, 직업, 학력, 거주지 등 인구 집단의 질적인 특성

마인드 맵

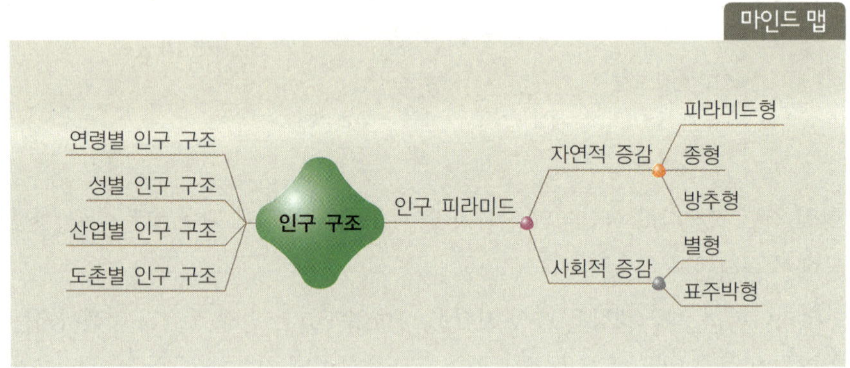

인구 구조를 보면 인구의 구성과 특성을 파악할 수 있는데, 크게 연령별·성별·산업별·도촌별 인구 구조로 구분한다.

연령별 인구 구조는 출생, 사망 및 인구 이동 등에 의하여 결정되며, 지역의 사회·문화·경제적 상황에 따라 큰 차이가 나타난다.

성별 인구 구조는 성비▪를 통해 파악할 수 있는데, 성비는 인종·문화·경제적 배경에 따라 차이가 나타난다. 일반적으로 출생 시에는 남초 현상이 나타나 성비가 높지만 노년에 이를수록 여초 현상이 나타나 성비가 낮아지는 경향이 있다. 또한 성비는 지역의 정치·경제·사회적 여건에 따라 심한 불균형을 나타내기도 한다.

산업별 인구 구조는 경제 활동 인구▪를 통해 파악할 수 있는데, 경제 활동 인구 가운데 각각 1차 산업, 2차 산업, 3차 산업에 종사하는 인구의 비율로 나타낸다. 총인구에 대한 경제 활동 인구의 비율은 개발 도상국보다 선진국이 높으며, 개발 도상국은 1차 산업 인구의 비율이 높고, 선진국은 2·3차 산업 인구

▪**성비**(性比): 여성 인구 100명에 대한 남성 인구의 수.

▪**경제 활동 인구**(經濟活動人口): 15세 이상 인구 중에서 노동 능력이나, 노동 의사가 있어 경제 활동에 기여할 수 있는 인구. 학생, 전업주부, 환자 등과 같이 노동 능력이나 노동 의사가 없는 인구는 제외되며, 취업자와 실업자를 모두 포함한다.

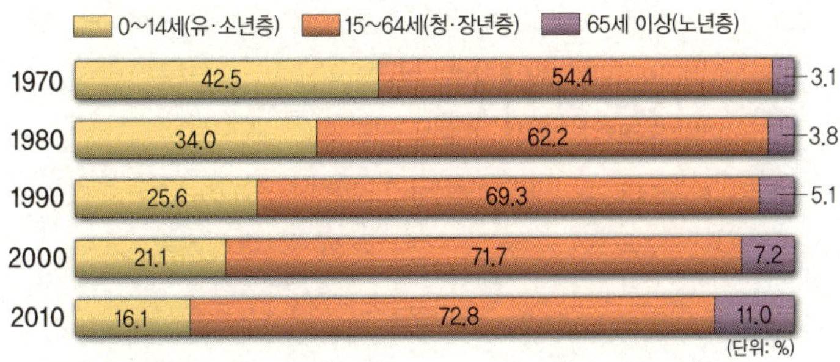

▲우리나라의 연령별 인구 구조

[출처: 통계청, 장래 인구 추계, 2010]
최근으로 올수록 유·소년 인구는 감소하고 노년 인구는 증가한다.

의 비율이 높다.

도촌별 인구 구조는 도시와 촌락에 거주하는 인구의 비율로 나타내며, 한 국가의 근대 산업의 발달 정도를 반영하는 지표로 간주된다. 선진국일수록 도시 인구의 비율이 높고, 저개발 국가일수록 촌락 인구의 비율이 높다. 그 이유는 경제 개발이 도시를 중심으로 추진되기 때문이다. 따라서 도시 인구의 증가 요인은 촌락 인구가 도시로 유입하는 것에서 찾을 수 있으며, 이러한 현상을 이촌 향도라고 한다.

인구 피라미드

인구의 성별·연령별 구성을 나타낸 그래프

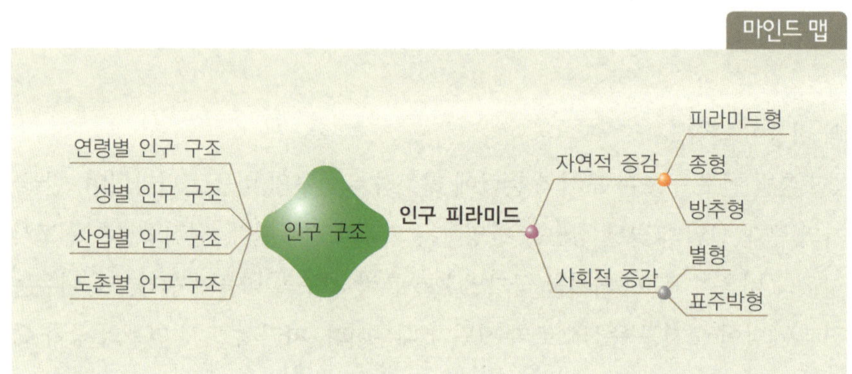

인구의 성별, 연령별 구성을 동시에 나타내는 그래프를 인구 피라미드라고 하며, 세로축에는 연령을, 가로축에는 남녀 인구의 구성 비율을 표시한다. 인구 피라미드는 현재 인구 구조의 사회·경제적 특성을 반영할 뿐만 아니라 이를 바탕으로 미래의 다양한 사회 문제도 예측할 수 있다.

인구 피라미드는 인구의 자연적 증감에 따라 피라미드형, 종형, 방추형으로, 인구의 사회적 증감에 따라 별형, 표주박형으로 구분할 수 있다.

피라미드형은 저개발 국가 및 개발 도상국에서 많이 나타나는 유형으로 다산 다사 및 다산 감사형에 해당된다. 유·소년 인구의 비율이 높고 평균 수명이 짧으며, 유·소년 인구에 대한 부양 부담이 크다.

종형은 선진국의 소산 소사형에 해당된다. 유·소년 인구의 비율이 낮고, 청·장년 인구 및 노년 인구의 비율이 높다. 평균 수명 연장으로 인구의 고령화 현상이 나타나 노인 문제가 발생한다.

방추형은 출산율 저하로 인해 사망률보다 출생률이 낮아서 인구가 감소하는

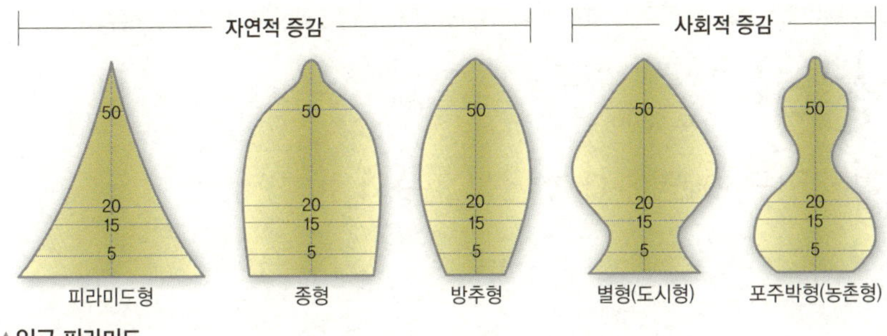

▲인구 피라미드

유형이다. 유·소년 인구의 비율이 낮고, 청·장년 인구 및 노년 인구의 비중이 높아 장기적으로 노동력 부족 문제가 발생해 국가 경쟁력이 약화될 수 있다.

별형은 생산 연령층 인구의 전입이 많은 도시 및 근교 농촌 지역에서 나타나는 유형으로 청·장년 인구의 비율이 높다. 도시형이라고도 하며, 이 유형이 나타나는 지역은 주택 부족, 교통 체증 등과 같은 각종 도시 문제가 일어나기도 한다.

표주박형은 청·장년 인구의 전출로 인해 노년 인구의 비율이 높은 농촌형이다. 따라서 이 유형이 나타나는 지역은 노동력 부족 현상이 나타난다.

주제 **4**

성비 〔성품 성 性, 견줄 비 比〕
sex ratio

여성 인구 100명에 대한 남성 인구의 수

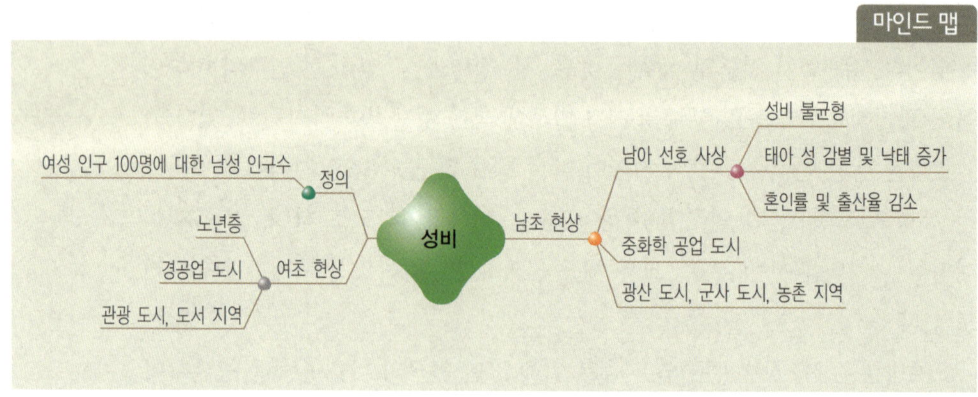

여성 인구 100명에 대한 남성 인구수를 성비라고 한다. 성비가 100 이상이면 여성에 비해 남성의 수가 많은 것이고, 100 이하면 남성보다 여성의 수가 많은 것이다.

자연 상태에서 남녀의 출생 시 성비는 103~107로 남초 현상이 나타난다. 그러나 남성에 비해 여성의 평균 수명이 길기 때문에 노년층으로 갈수록 여초 현상이 나타난다.

남성의 비율이 여성의 비율에 비해 비정상적으로 높아지거나, 반대로 여성의 비율이 남성에 비해 비정상적으로 높아지면 성비 불균형으로 인해 결혼 인구가 감소하여 인구 증가율이 낮아지는 등의 사회 문제가 발생한다.

우리나라의 지역별 성비를 살펴보면 중화학 공업 도시포항, 광양, 울산, 광산 도시태백, 정선, 군사 도시양구, 화천 등은 남성의 비율이 높은 남초 지역이며, 경공업 도시구미, 마산, 관광 도시제주, 경주, 도서 지역 등은 여성의 비율이 높은 여초 지역이다. 촌락 지역에서는 젊은 여성들이 일자리를 찾아 도시로 떠나기 때문에 남

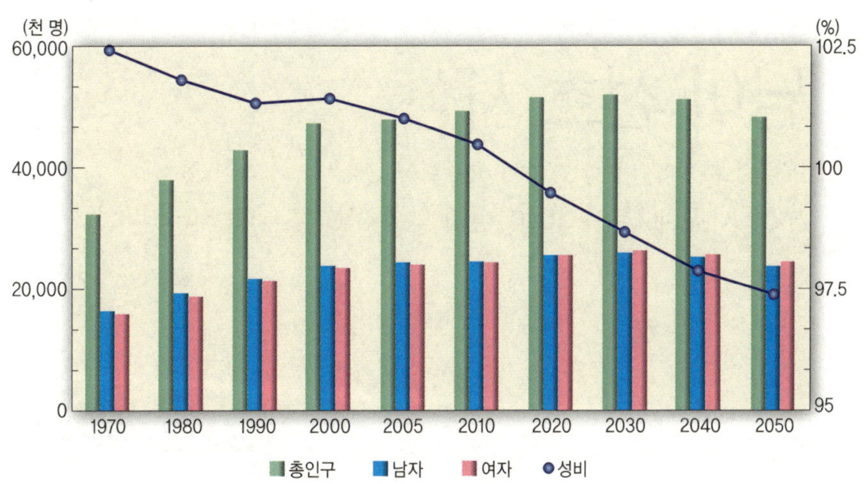

▲**우리나라의 성별 인구 현황** [출처: 통계청, 장래 인구 추계, 2010]

초 현상이 두드러진다.

　한편 미국 CIA의 "The CIA World Factbook"에 따르면 2009년 기준 세계의 성비는 101로 나타나 남성이 여성보다 조금 더 많은 것으로 나타났다. 연령별로 살펴보면 14세 이하의 성비는 106, 15~64세의 성비는 103으로 남초 현상을 보이지만 65세 이상의 성비는 79로 여초 현상을 보인다.

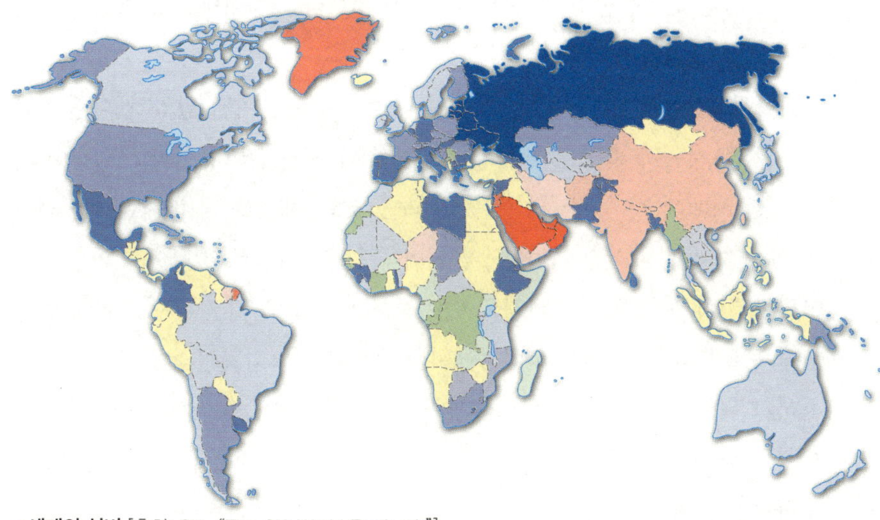

▲**세계의 성비** [출처: CIA, "The CIA World Factbook"]
지도를 통해 국가별 성비를 알 수 있는데, 파란색 일수록 여성이 더 많은 국가이고, 빨간색일수록 남성이 더 많은 국가이다.

주제 **5**

남아 선호 사상

〔사내 남 男, 아이 아 兒, 가릴 선 選, 좋을 호 好, 생각 사 思, 생각 상 想〕

부계 사회에서 여자아이보다 남자아이를 선호하는 관념

마인드 맵

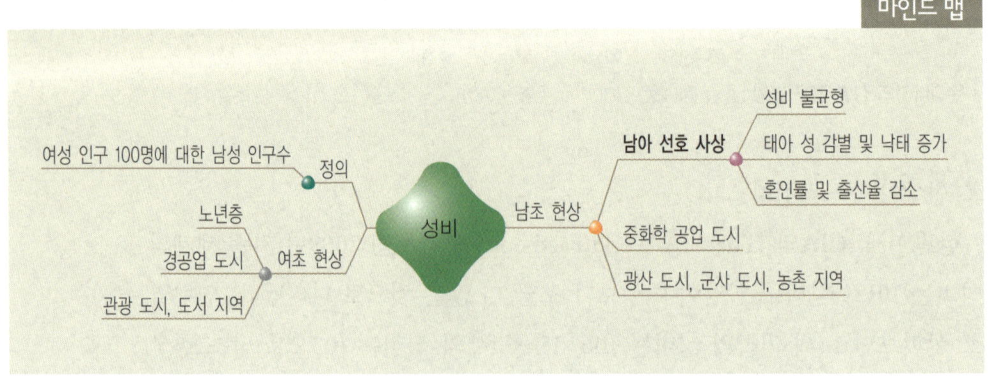

부계 사회에서 혈통을 잇기 위하여 여자아이보다 남자아이를 선호하는 것을 남아 선호 사상이라고 한다.

우리나라의 전통 가족은 남성 우위를 바탕으로 이루어져 있었기 때문에 남성과 여성의 지위가 불평등하였으며, 엄격한 남녀 차별적 규범과 가치관이 가족 관계를 지배해 왔다. 아들이 집안의 대를 잇고, 제사를 지내야 한다는 전통은 남아 선호 사상과 남존여비▪ 사상을 더욱 견고하게 만들었다.

▪**남존여비(男尊女卑):** 남성의 사회적 지위나 관리가 여성보다 높다고 보고 여성을 업신여기는 일.

이러한 의식은 현대 사회까지도 이어져 사회적으로 결혼한 여성에게 아들 출산을 강요하였으며, 여성의 입장에서는 아내와 며느리로서의 견고한 지위를 획득하기 위해 더욱 남아를 선호하게 되었다. 이는 아들을 낳기 위해 태아 성 감별과 낙태를 증가시켰으며, 성비의 불균형을 초래하여 혼인율과 출생률이 감소하는 인구 문제를 야기하였다.

다행히 1995년을 기점으로 남아 선호 사상이 완화되고 있는데, 1994년부터

태아 성 감별 의료 행위에 대한 처벌이 강화되었을 뿐만 아
니라 젊은 세대들을 중심으로 자녀에 대한 가치관이 바뀌었
기 때문이다.

　남아 선호 사상을 해결하기 위해서는 남녀 차별적인 사람
들의 인식이 남녀 평등적으로 변화되어야 하며, 국가적으로
는 남녀 평등과 무분별한 낙태 금지에 대한 지속적인 정책이
시행되어야 한다.

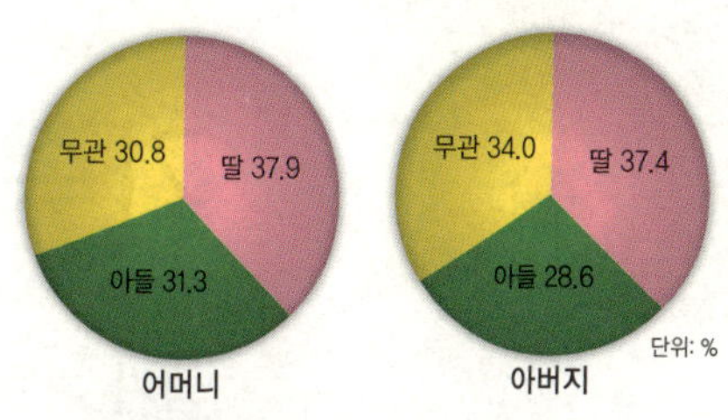

▲자녀에 대한 부모의 가치관의 변화

[출처: 육아정책연구소, 2008]
출산 전 바랐던 자녀의 성별에 대한 설문 조사에서
아들과 딸의 선호도에 큰 차이가 없다. 이를 통해
한국 사회의 고질병이었던 남아 선호 사상이 점차
사라지고 있음을 알 수 있다.

가족계획 정책

〔집 가 家, 겨레 족 族, 셀 계 計, 그을 획 劃, 정사 정 政, 꾀 책 策〕

국가 차원에서 자녀의 수나 출산의 간격을 계획적으로 조절하는 일

마인드 맵

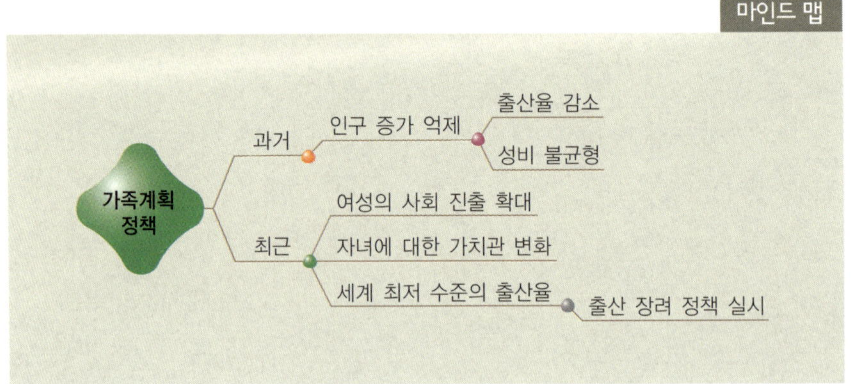

가족계획이란 부부의 생활 능력, 가치관에 따라 자녀의 수나 출산 간격을 조정하는 일로, 우리나라는 1962년부터 국가 사업으로 경제 개발 계획과 함께 실시하였다. 초기 가족계획 정책의 최우선 목표는 늘어나는 인구 증가를 억제하기 위해 출산율을 낮추는 것이었으나, 그로 인해 신생아의 성비 불균형 현상이 나타나자 1990년대에는 이를 해소하기 위해 정책 목표가 변화하였다.

출산율 억제를 위한 가족계획 정책의 실시, 경제 발전에 따른 여성의 교육 수준 향상 및 취업 기회의 확대, 결혼 연령대의 증가 등으로 인해 합계 출산율이 지속적으로 감소하였다. 특히 2001년부터는 합계 출산율[■]이 1.3명에도 미치지 못하는 세계 최저 수준으로 출산율이 감소하여 심각한 사회 문제로 대두되고 있다. 따라서 최근에는 저출산 문제를 해결하고자 출산율을 높이기 위한 출산 장려 정책을 실시하고 있다. 출산 장려 정책이란 출산에 대한 경제적, 정신적 부담을 국가와 사회가 분담하여 출산을 지원하는 제도를 말한다.

■**합계 출산율**(合計出産率): 여성 한 명이 평생 동안 낳을 수 있는 자녀의 수. 출산 가능한 여성의 나이인 15세부터 49세까지를 기준으로 산출한다.

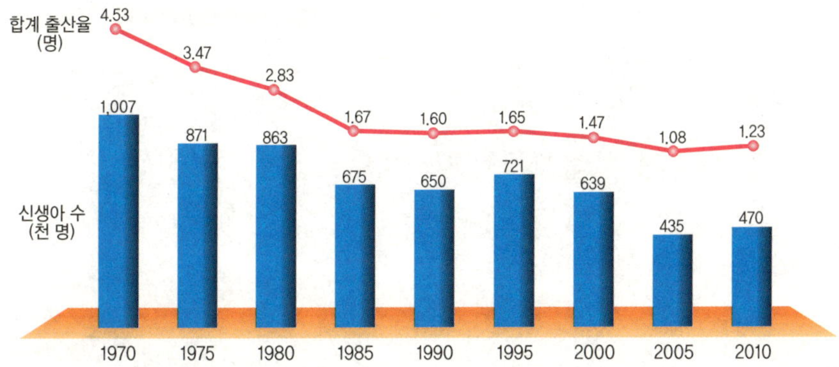

▲우리나라 합계 출산율과 신생아 수의 변화

[출처: 통계청, 출생 통계, 2011]

▲우리나라 가족계획 정책의 변천 과정

주제 **7**

출산 붐 〔날 출 出, 낳을 산 産, ㅡ〕
baby boom

전쟁·불경기 후 출산율이 일시적으로 급증하는 현상

마인드 맵

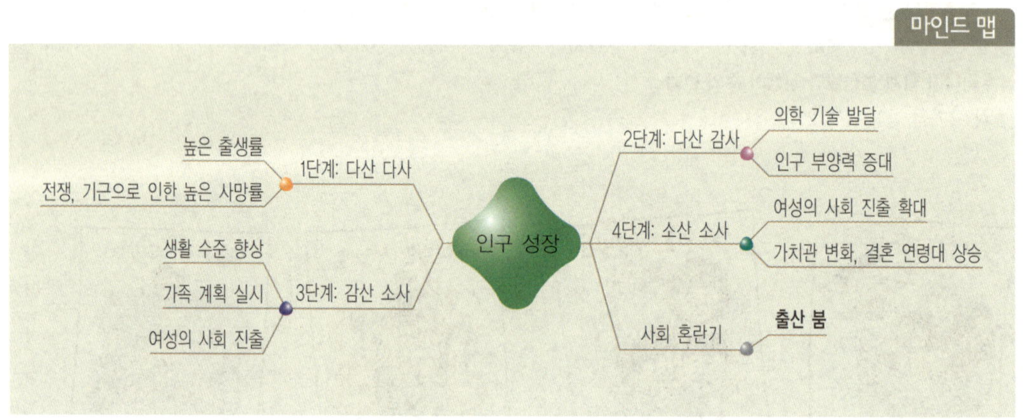

　특정 시기에 아기를 가지고 싶어하는 공통된 사회적 경향으로, 출산율이 현저하게 높아지는 현상을 출산 붐이라고 하며, 베이비 붐baby boom이라고도 한다. 즉, 출산 붐은 전쟁이나 불경기와 같은 사회 혼란으로 출산율이 감소하였다가 그 원인이 해소되면서 출산율이 증가하여 인구의 자연 증가율이 급격히 높아지는 현상이다. 출산 붐이 한 번 나타나면 세대를 거듭해 제2, 제3의 출산 붐이 나타나지만, 사회적·경제적 상황에 따라 나타나지 않을 수도 있다.

　미국에서는 제2차 세계 대전 후인 1945~1960년에 출산율이 급격히 증가하였는데, 이때 태어난 출산 붐 세대는 미국 내 최대 인구 집단이라는 점에서 일찍부터 관심의 대상이 되어 왔다.

　우리나라는 6.25 전쟁이 끝난 1955년부터 가족계획 정책으로 출산율이 둔화된 1963년까지 출산 붐이 나타났다. 이 출산 붐 세대의 인구는 2011년 729만 명에 달하며, 경제 활동 인구의 46.4%를 차지하고 있다. 최근 우리 사회는 거대한 인구 집단인 이들 세대의 퇴직과 관련하여 성장 잠재력 및 경제 성장 둔

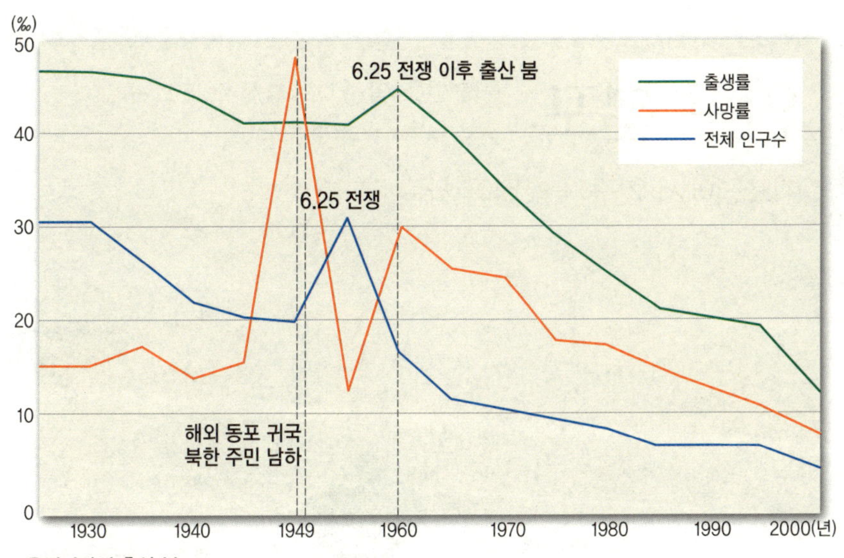

▲우리나라의 출산 붐

화 등의 문제가 우려되고 있어 적절한 대책 마련이 필요하다.

> **Tip** 다양한 가족의 형태를 지칭하는 용어를 알아볼까요?
> * 딩크족(double income no kids: DINK): 정상적인 부부 생활을 영위하면서 의도적으로 자녀를 두지 않는 맞벌이 부부를 일컫는 용어
> * 통크족(two only no kids: TONK): 자녀들에게 부양받기를 거부하고 자신들만의 오붓한 삶을 즐기려는 노인 세대
> * 핑크족(poor income no kids: PINK): 소득 수준이 낮아 정상적인 자녀 교육을 뒷바라지 할 수 없어서 자녀를 갖지 않는 부부

주제 **8**

인구 분포

〔사람 인 人, 입 구 口, 나눌 분 分, 베 포 布〕
population distribution

지표면에서 인구가 나뉘어 사는 것

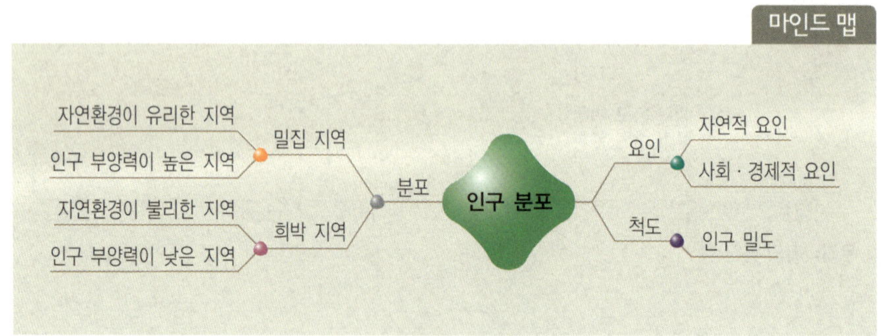

지표면의 일정한 범위 안에서 자연적·사회적 영향을 받아 인구가 나뉘어 사는 것을 인구 분포라고 한다.

세계의 인구 분포는 지역에 따라 불균등하며, 특정 지역에 집중되어 있다. 해안 평야 지역이나 냉·온대 기후 지역 등 자연환경이 사람이 살기에 유리한 지역에는 인구가 밀집하는 반면 사막이나 영구 동토 지대, 열대 우림 기후 지역 등 자연환경이 사람이 살기에 불리한 지역은 인구가 희박하다.

인구 분포에 있어 저개발 국가나 개발 도상국은 자연적 요인의 영향을 더 많이 받으며, 선진국은 사회·경제적 요인의 영향을 더 많이 받는다. 그러나 과학 기술이 발달함에 따라 불리한 자연조건을 극복하면서 거주 지역이 점차 확대되고 있다.

우리나라의 경우 1960년대 이전에는 남서부 평야 지역에 인구가 밀집하였으나, 1960년대 이후 산업화와 도시화가 진행되면서 대도시로 인구가 모여들었다. 2000년대 이후에는 전체 인구의 약 90%가 도시에 거주하고 있으며, 특히 수도권에만 전체 인구의 절반가량이 거주하고 있어 인구 분포에 지역적 차이가 심하다. 이로 인해 최근에는 인구의 역도시화▪ 현상이 일어나고 있다.

▪ **역도시화(逆都市化):** 도시화(都市化)의 반대(逆) 현상. 도시 인구가 비도시 지역으로 이주하여 도시 인구가 감소하는 것을 의미한다.

인구 분포	요인	특징	예
밀집 지역	자연적	해안 지역, 온대 기후 지역, 비옥한 토양, 평야 지역	방글라데시, 인도
	사회적	편리한 교통, 풍부한 일자리, 문화 시설	서부 유럽, 미국 북동부
희박 지역	자연적	열대·건조·한대 기후 지역, 고산 지역	몽골, 오스트레일리아
	사회적	교통 불편, 산업 시설과 일자리 부족, 전쟁, 기근	수단

▲요인에 따른 세계의 인구 분포

Tip 유턴(U-turn) 현상이란 농촌에 살던 주민이 대도시로 이동하였다가 다시 농촌으로 돌아오는 현상을 말하고, 제이턴(J-turn) 현상이란 인구가 농촌을 떠나 대도시로 이동하였다가 대도시 주변의 중·소도시로 이동하는 현상을 말해요. 이 두 현상은 역도시화에 포함된답니다.

주제 **9**

인구 밀도

〔사람 인 人, 입 구 口, 빽빽할 밀 密, 법도 도 度〕
population density

지표면의 일정한 범위 안에 거주하는 인구의 수

마인드 맵

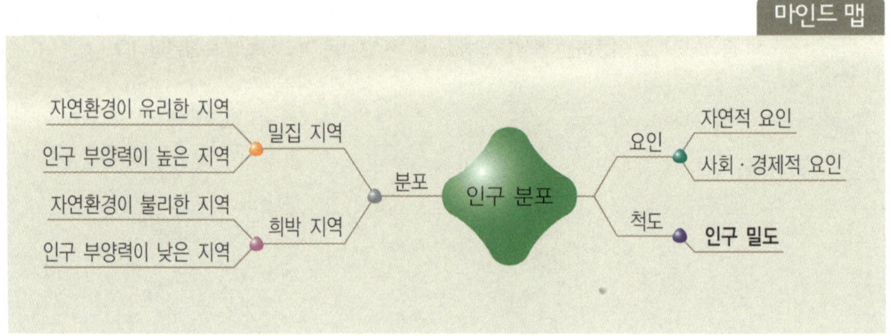

인구 밀도란 인구 분포를 나타내는 기준으로 보통 1km²의 면적에 거주하는 인구수로 나타낸다.

인구 밀도의 종류에는 총인구를 면적으로 나눈 산술적 인구 밀도, 총인구를 경지 면적으로 나눈 지리적 인구 밀도, 농업 인구를 경지 면적으로 나눈 농업 인구 밀도, 총인구를 경제력지역의 총소득, 생산 지수 등으로 나눈 경제적 인구 밀도 등이 있다. 지리적 인구 밀도는 인구의 지지력을 나타내며, 경제적 인구 밀도는 인구 부양력의 지표가 된다.

인구 밀도는 기후, 지형, 토양 등의 자연적 요인과 정치, 경제, 문화 등 사회적 요인에 의해 결정된다. 자연적 요인이 유리한 지역과 인구 부양력이 높은 지역에 인구가 밀집한다.

서부 유럽과 미국 북동부 지역은 상공업이 발달하여 인구 밀도가 높고, 계절풍 기후가 나타나는 동남아시아의 충적 평야 지역은 농업이 발달하여 인구 밀도가 높다.

▲우리나라의 인구 밀도

[출처: 국토연구원, 세계도시정보]

(왼쪽) 서울의 인구 밀도가 경제 협력 개발 기구(OECD)에 가입한 선진국 대도시들 가운데 가장 높아 균형 발전 정책을 통한 지방으로의 인구 분산이 시급한 것으로 나타났다.

(오른쪽) 2010년 서울의 인구 밀도는 강원도의 약 190배에 달하는 것으로 나타났다.

주제 10

인구 이동 〔사람 인 人, 입 구 口, 옮길 이 移, 움직일 동 動〕
population migration

인구가 한 지역에서 다른 지역으로 이동하는 현상

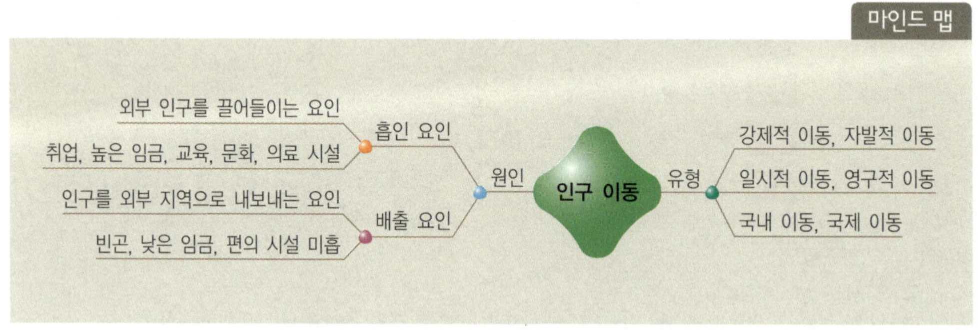

거주를 목적으로 인구가 한 장소에서 다른 장소로 옮겨가는 현상을 인구 이동이라고 한다.

인구 이동의 유형에는 강제적 이동▪, 자발적 이동▪, 일시적 이동▪, 영구적 이동▪, 국내 이동, 국제 이동이 있다. 이러한 이동의 원인에는 흡인 요인과 배출 요인이 작용하는데, 여기에는 경제·문화·가족·교육·정치적 여건 등이 반영된다.

흡인 요인pull factor이란 인구를 지역 내부로 끌어들이는 요인으로 지역에 대한 만족의 정도를 의미한다. 상업·교통의 발달, 교육·의료·문화 시설, 쾌적한 환경, 풍부한 취업 기회, 높은 임금 등이 흡인 요인으로 작용한다. 배출 요인push factor이란 인구를 외부 지역으로 내보내는 요인으로 현재 살고 있는 지역에 대한 불만족의 정도를 의미한다. 빈곤, 저임금, 편의 시설 부족, 일자리 부족, 환경 오염 등이 배출 요인으로 작용한다.

우리나라의 인구 이동은 크게 다섯 시기로 나누어 볼 수 있다. 일제 강점기에는 병참 기지화 정책의 영향으로 관북 지방의 공업 지역으로 많은 인구가 이

▪**강제적 이동**: 자연재해, 종교적 박해, 전쟁 등을 이유로 본인의 의사와 상관 없이 이루어지는 이동.

▪**자발적 이동**: 더 나은 환경을 찾아 스스로 이동하는 것.

▪**일시적 이동**: 유학, 단기 취업 등과 같은 단기간의 이동.

▪**영구적 이동**: 이주하는 지역에 영구히 거주할 목적으로 이동.

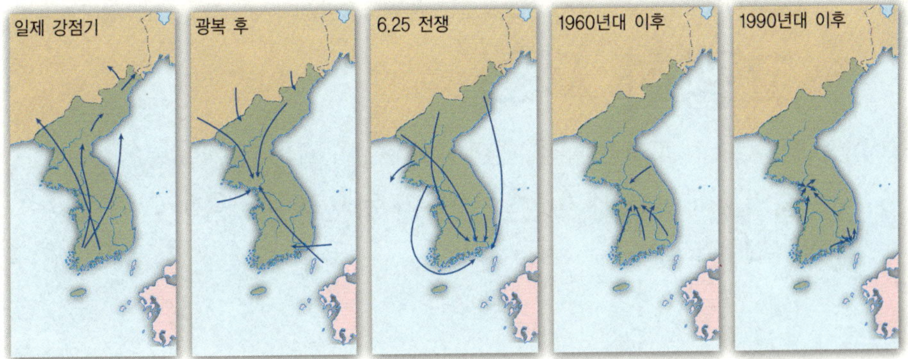

▲시대에 따른 우리나라의 인구 이동

동하였다. 광복 직후인 1945년에는 해외 동포의 귀국과 북한 동포의 월남에 따른 인구 이동이 있었으며, 6.25 전쟁 때에는 북한 주민의 남하, 남부 지방으로의 피난 등에 따른 인구 이동이 일어났다. 1960년대 이후에는 급속한 산업화와 도시화의 영향으로 이촌 향도 현상이 뚜렷하게 나타났으며, 1990년대 이후부터는 대도시에서 주변 위성 도시나 신도시, 근교 농촌으로 이동하는 역도시화▪ 현상도 나타나고 있다.

■ **역도시화**(逆都市化): 도시화(都市化)의 반대(逆) 현상. 도시 인구가 비도시 지역으로 이주하여 도시 인구가 감소하는 것을 의미한다.

고령화 사회

〔높을 고 高, 나이 령 齡, 될 화 化, 모일 사 社, 모일 회 會〕 **Aging Society**

총인구에서 65세 이상의 인구가 차지하는 비율이 7% 이상인 사회

마인드 맵

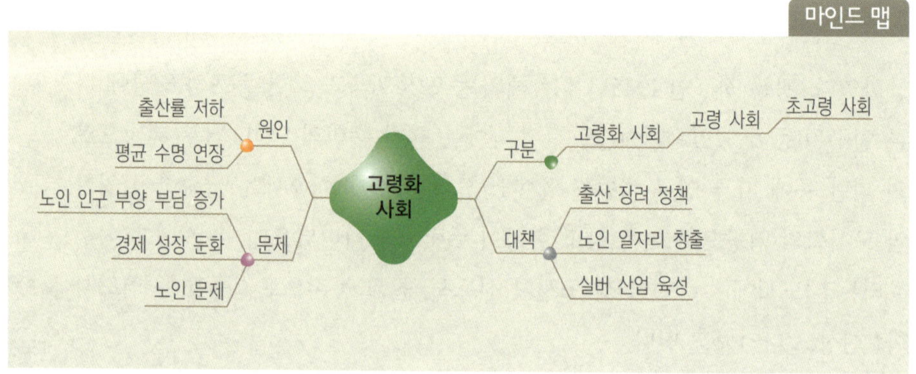

총인구에서 65세 이상의 인구가 차지하는 비율이 7% 이상인 사회를 고령화 사회라고 한다. 급격한 출산율 저하와 의학 기술 및 생활 수준의 향상으로 인해 평균 수명이 연장되면서 고령화 사회가 등장하였다. 고령화 사회는 총인구에 대한 65세 이상 인구의 비율에 따라 고령화 사회7%→고령 사회14%→초고령 사회20% 순으로 구분한다.

고령화는 우리나라를 비롯하여 유럽, 일본 등 선진국에서 주로 나타나고 있다. 우리나라의 경우 2011년 65세 이상 인구의 비율이 11.4%이며, 향후 고령화 속도가 더욱 빨라져 2026년에는 초고령 사회에 진입할 것으로 보인다.

고령화 사회는 저출산의 확대로 생산 가능 인구는 감소하는 데 반해 노년 인구는 증가하여 연금, 의료비 등 노년 인구 부양에 대한 사회적 부담이 증가한다. 또한 노동력 부족으로 인해 경제 성장이 둔화되며, 노인 소외, 빈곤, 질병 등의 노인 문제도 나타난다.

국가	도달 연도(년)			소요 기간(년)	
	고령화 사회	고령 사회	초고령 사회	고령화 사회 → 고령 사회	고령 사회 → 초고령 사회
일본	1970	1994	2005	24	11
프랑스	1864	1979	2018	115	39
영국	1929	1975	2028	46	53
미국	1942	2014	2032	72	18
한국	2000	2017	2026	17	9

▲ 국가별 고령화 속도

[출처: 일본 국립사회보장, 인구문제연구소, "인구통계자료집", 2005]

고령화 사회에 대한 대책으로는 출산 장려 정책 실시, 정년 연장과 재취업 지원 등 노인 일자리 창출, 노인 복지 시설 확충과 실버 산업 육성 등이 있다. 또한 외국인 노동자 유입 등을 통해 노동력 부족 문제에도 대비해야 한다.

Tip 고령화를 나타내는 지표로 고령화 지수라는 것이 있어요. 이것은 노년 인구를 유·소년 인구로 나눈 비율로 출산율이 감소하여 유·소년 인구의 비율은 낮아지는 반면 평균 수명이 길어지면서 노년 인구의 비율이 높아지는 현상을 잘 나타내 준답니다.

주제 **12**

인구 부양비

〔사람 인 人, 입 구 口, 도울 부 扶, 기를 양 養, 쓸 비 費〕
생산 연령 인구에 대한 비생산 연령 인구의 비율

마인드 맵

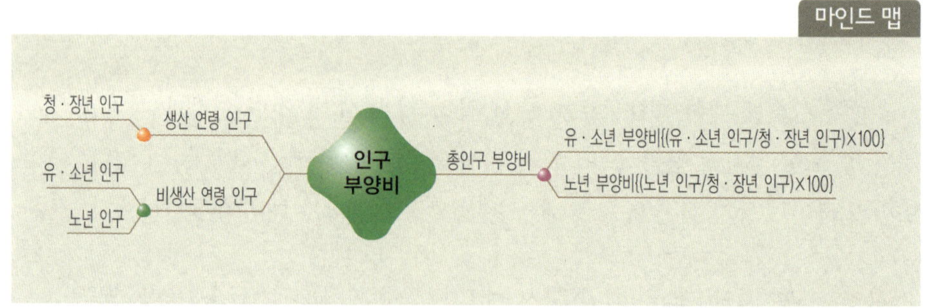

생산 연령 인구인 청·장년 인구에 대한 비생산 연령 인구인 유·소년 인구와 노년 인구의 비율을 인구 부양비라고 한다. 인구 부양비는 인구 구조를 반영하고 있기 때문에 사회 경제 구조의 한 지표로 사용될 수 있다.

비생산 연령 인구 즉, 부양 인구는 0~14세까지의 유·소년 인구와 65세 이상의 노년 인구를 말한다. 이들은 생산 활동에 종사하기에는 너무 어리거나 나이가 너무 많은 연령층이다. 생산 연령 인구란 15~64세까지의 인구를 말하며, 여기서 말하는 생산 연령 인구나 비생산 연령 인구는 실제 경제 활동 참여 여부와는 관계없이 단순히 연령 개념에 의해서만 정의된다.

인구 부양비는 노년 부양비와 유·소년 부양비로 구분될 수 있다. 노년 부양비는 청·장년 인구에 대한 노년 인구의 비율을 말하며, 유·소년 부양비는 청·장년 인구에 대한 유·소년 인구의 비율을 의미한다.

우리나라의 총인구 부양비는 감소하고 있는데, 이는 출산율 감소에 따른 유·소년 부양비의 감소가 노년 부양비의 증가보다 커서 총인구 부양비가 감소했기 때문이다. 그러나 저출산이 지속되고 고령화가 빠르게 진행되면 총인구 부양비는 증가할 것이다.

　농촌의 청·장년층 유출로 인해 1980년 이전에는 도시에 비해 농촌의 총인구 부양비가 매우 높았으나, 1990년 이후에는 농촌의 출산율 저하로 인해 유·소년 부양비가 도시보다 낮아져 도시와 농촌 간의 총인구 부양비 격차가 줄어들고 있다.

　총인구 부양비는 개발 도상국이 선진국에 비해 높으며, 노년 부양비는 선진국이 높고, 유·소년 부양비는 개발 도상국이 높다.

구분		1960년	1970년	1980년	1990년	2000년	2005년
총인구 부양비	전국	86.0	83.3	60.5	44.2	39.4	39.7
	도시	77.9	67.0	53.9	42.7	37.0	36.4
	농촌	89.4	90.6	70.3	48.5	50.0	55.7
유·소년 부양비	전국	79.9	77.2	54.3	37.0	29.2	26.7
	도시	74.0	63.1	49.9	37.6	29.5	26.7
	농촌	82.1	85.9	60.8	35.1	28.0	26.7
노년 부양비	전국	6.0	6.1	6.2	7.2	10.2	13.0
	도시	3.9	3.9	3.9	5.1	7.5	9.8
	농촌	7.1	7.7	9.6	13.4	22.0	28.9

▲인구 부양비의 도시·농촌별 시기별 변화(1960~2005년)

[출처: 통계청, 인구주택총조사, 각 연도]

주제 **13**

인구 문제

〔사람 인 人, 입 구 口, 물을 문 問, 제목 제 題〕
population problem

인구의 증감이나 인구 구조의 불균형으로 인해 발생하는 경제 및 사회 문제

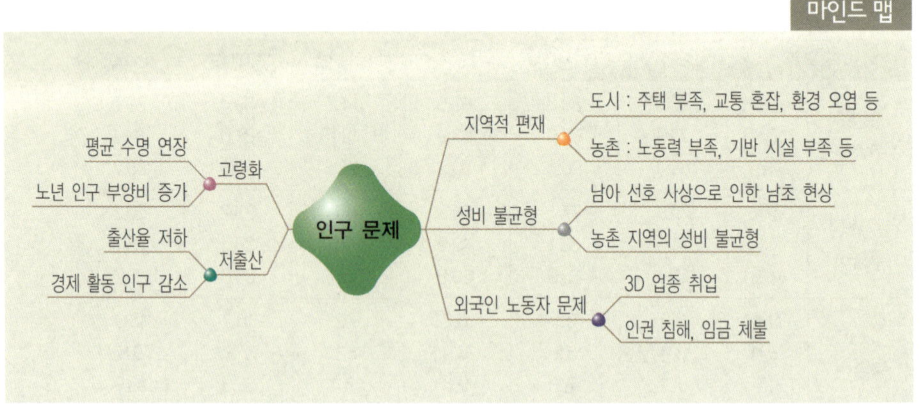

마인드 맵

인구의 증감이나 인구 구조의 불균형으로 인해 발생하는 경제 및 사회 문제를 인구 문제라고 한다.

인구 문제는 크게 두 가지로 구분할 수 있다. 하나는 낮은 인구 증가율, 인구의 고령화, 그로 인한 노동력의 부족으로 선진국에서 주로 발생한다. 다른 하나는 높은 인구 증가율, 높은 유·소년 인구 비율, 그로 인한 높은 유·소년 부양비로 개발 도상국에서 주로 발생한다.

우리나라 인구의 문제로는 인구의 지역적 편재와 고령화, 성비 불균형, 심각한 저출산, 외국인 이주자 문제 등을 꼽을 수 있다.

2010년 우리나라의 약 50%는 서울을 비롯한 6대 광역시에 거주하고 있을 정도로 대도시로의 인구 집중이 심하다. 이로 인해 대도시는 인구 과밀화로 각종 시설이 부족하고, 교통 혼잡, 환경 오염, 범죄 증가, 실업 등 도시 문제가 발생한다. 반면에 농촌은 인구 과소화로 노동력 부족에 따른 생산 활동의 위축, 편

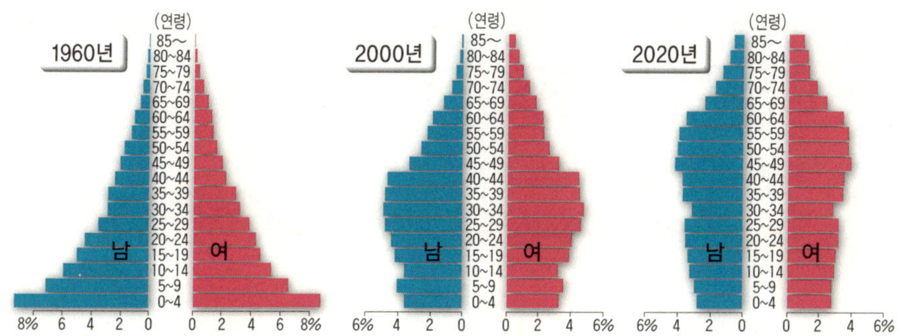

▲ **우리나라의 인구 구조 변화**

우리나라는 출산율 감소 및 노년 인구 증가로 인해 피라미드가 피라미드형에서 종형, 방추형으로 변화하고 있다.

의 시설 부족, 폐교 등의 문제가 발생한다.

세계에서 유래가 없을 정도로 빠르게 진행되는 인구의 고령화는 노동력 부족과 노년 인구에 대한 사회적 부양 부담의 증가, 사회 복지 비용의 증가 등을 야기한다. 또한 노인 소외, 빈곤, 질병 등의 노인 문제도 발생한다.

성비 불균형과 관련하여 유·소년 인구에서는 남아 선호 사상으로 인해 남초 현상이 나타나며, 농촌 지역에서는 결혼 적령기 남성의 배우자 부족 문제가 심각하다. 성비 불균형으로 인해 결혼 인구가 감소하면 인구 증가율이 둔화될 수 있으며, 결혼 이주자의 증가로 다문화 가정▪이 늘어나면서 여러 사회 문제가 발생할 수도 있다.

최근 심각한 저출산 현상으로 우리나라의 인구 감소가 예상되어 생산력 감소 및 국력 쇠퇴가 우려되고 있다. 또한 노동력 부족과 더불어 국내 노동자의 3D 산업▪ 기피 현상으로 외국인 노동자들의 유입이 증가하고 있는데 이는 외국인 노동자와의 언어 소통, 인권 침해, 임금 체불, 불법 체류 등의 또 다른 인구 문제를 유발하고 있다.

▪**다문화 가정**(多文化家庭): 서로 다른 국적, 인종, 문화를 가진 사람들로 이루어진 가정.

▪**3D 산업**(産業): 힘들고 (Difficult), 더럽고(Dirty), 위험한(Dangerous) 분야의 산업.

저출산·고령화 현상은 현재 우리 사회가 안고 있는 대표적인 인구 문제예요. 따라서 이 현상의 원인, 특징, 대책을 정리해 두는 것이 중요해요.

주제 14

다문화 가정

〔많을 다 多, 글월 문 文, 될 화 化, 집 가 家, 뜰 정 庭〕

서로 다른 국적, 인종, 문화를 가진 사람들이 포함된 가정

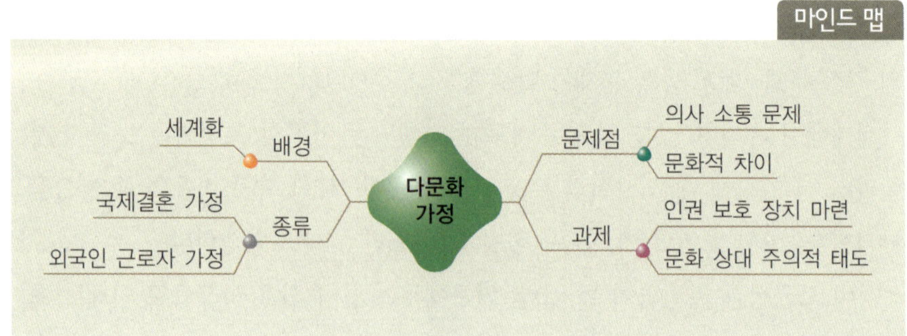

우리나라에서 사용하는 다문화 가정이라는 용어는 우리와 다른 민족 또는 다른 문화적 배경을 가진 사람들이 포함된 가정을 총칭한다. 이 용어는 국제결혼 가정, 혼혈아처럼 차별적이고 부정적인 이미지를 갖는 용어를 대체하기 위해 2003년 건강시민연대가 제안하여 현재까지 사용되고 있다. 한편 "다문화가족지원법" 제2조에 따르면 '다문화 가족이란 결혼 이민자 또는 귀화 허가를 받은 자와 대한민국 국적자로 이루어진 가족'을 말한다.

다문화 가정 또는 다문화 가족은 세계화에 따른 국제적 장벽이 약화되어 노동력의 이동이 활발해지고, 국제결혼이 비교적 자유로워지면서 생겨났다.

다문화 가정이 증가하는 이유는 국제결혼에 대한 사회적 인식이 긍정적으로 바뀌면서 국제결혼이 늘어났으며, 외국과의 경제 교류가 활발해지면서 우리나라에 취업하는 외국인 근로자가 증가하였기 때문이다. 그러나 다문화 가정의 결혼 이민자 중에서 상당수는 의사 소통 문제, 문화적 차이 등으로 한국 사회에 적응하는 데 힘들어하고 있으며, 자녀 교육 문제, 가정 폭력 등 가족 관계

유형	원인	출신 국가
결혼 이민자	농촌 지역의 결혼 적령기 인구의 심각한 남초 현상	중국, 동남아시아 등
학업 및 구직	세계화에 따른 다양한 분야의 개방 및 국내 저임금 노동력의 부족	세계 각지

▲ 외국인의 유입 유형과 원인 및 출신 국가

의 어려움과 낮은 경제 수준으로 어려움을 겪고 있다.

우리는 오랫동안 단일 민족과 단일 문화의 전통을 이어 왔기 때문에 다문화 가정에 익숙하지 않다. 그러나 우리의 문화와 마찬가지로 그들의 문화도 고유한 가치를 가지고 있음을 인정하고, 편견을 버리고 차별하지 않도록 노력해야 한다.

도시

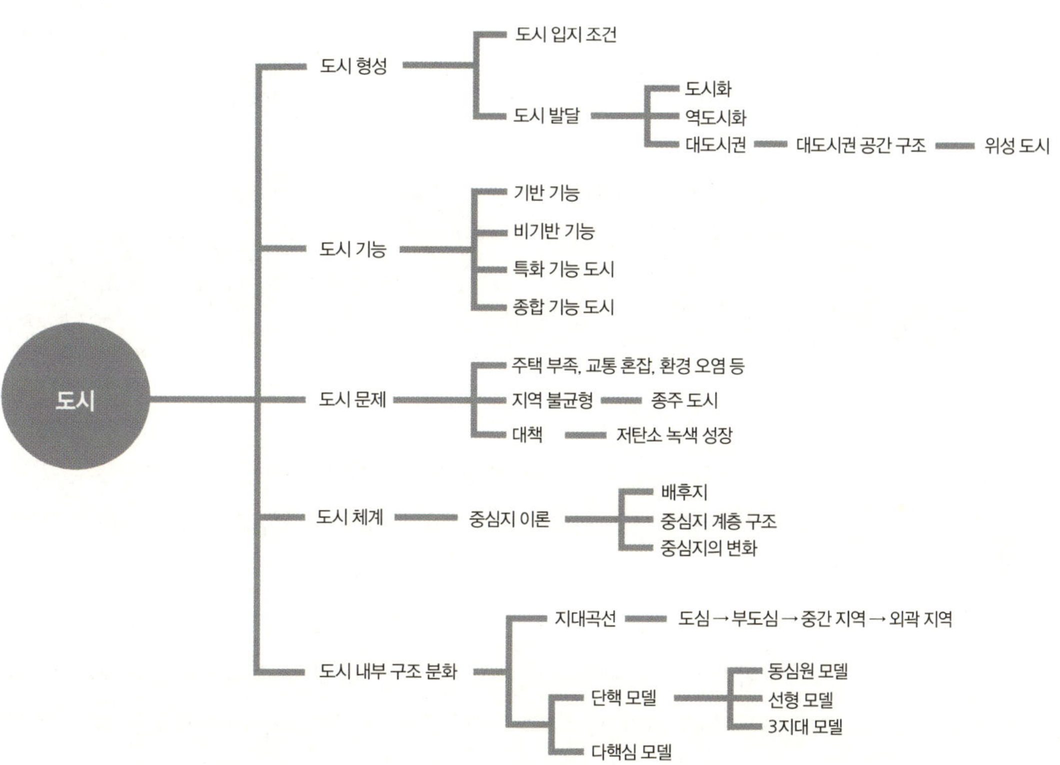

도시
도시 형성
도시 입지 조건
도시 발달
도시화
역도시화
대도시권
대도시권 공간 구조
위성 도시
도시 기능
기반 기능
비기반 기능
특화 기능 도시
종합 기능 도시
도시 문제
주택 부족, 교통 혼잡, 환경 오염 등
지역 불균형
종주 도시
대책
저탄소 녹색 성장
도시 체계
중심지 이론
배후지
중심지 계층 구조
중심지의 변화
도시 내부 구조 분화
지대곡선
도심 → 부도심 → 중간 지역 → 외곽 지역
단핵 모델
동심원 모델
선형 모델
3지대 모델
다핵심 모델

주제 **1**

도시 입지 조건

〔도읍 도 都, 저자 시 市, 설 입 立, 땅 지 地, 가지 조 條, 물건 건 件〕
도시가 형성되기 위하여 갖추어야 할 요소나 조건

마인드 맵

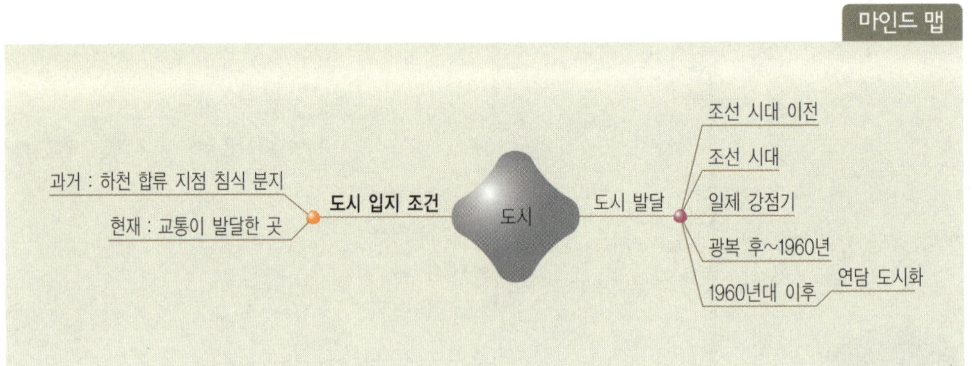

도시는 사회적·경제적·정치적 활동의 중심이 되는 곳으로, 많은 사람이 밀집하여 거주하며 그들 대부분은 2·3차 산업에 종사하고 있다. 이러한 도시의 모습은 고정된 것이 아니라 시간의 흐름에 따라 변화를 거듭한다.

과거에는 하천 합류 지점의 침식 분지를 중심으로 도시가 형성되었다. 주변에 하천이 있으면 생활용수 및 농업용수로 이용할 수 있을 뿐만 아니라 교통로로도 이용할 수 있기 때문이다. 또한 주변이 산으로 둘러싸여 있는 분지 지역은 방어에 유리하였다. 즉 과거에는 지형, 기후와 같은 자연조건이 도시를 형성하는 데 많은 영향을 미쳤다고 볼 수 있다.

현재에는 교통이 발달한 곳을 중심으로 사람이 모여든다. 교통이 발달하여 접근성이 좋은 곳은 사람뿐만 아니라 재화와 정보의 교류도 활발하기 때문이다. 즉 도시의 입지에 인문 조건이 크게 반영되어 경제적으로 성장하고 있는 지역을 중심으로 도시가 형성된다. 사람들의 왕래가 잦은 지하철역 주변이나 버스 정류장 주변에 학교나 관공서, 상가 등 다양한 편의 시설들이 밀집해 있는 것과 마찬가지이다. 따라서 고속 도로와 항만 등 주요 교통 시설이 잘 발달한 곳은 대도시로 성장할 가능성이 높다.

　도시는 개별적으로 존재하는 것이 아니라 주변 지역 및 다른 도시들과의 상호 작용을 통해 도시를 유지·발전시킨다. 특히 오늘날에는 국가 내에서의 도시 간 상호 작용뿐만 아니라 세계의 도시들과의 상호 작용도 활발해짐으로써 도시의 관계적 위치가 도시의 입지에 중요한 요소가 되었다.

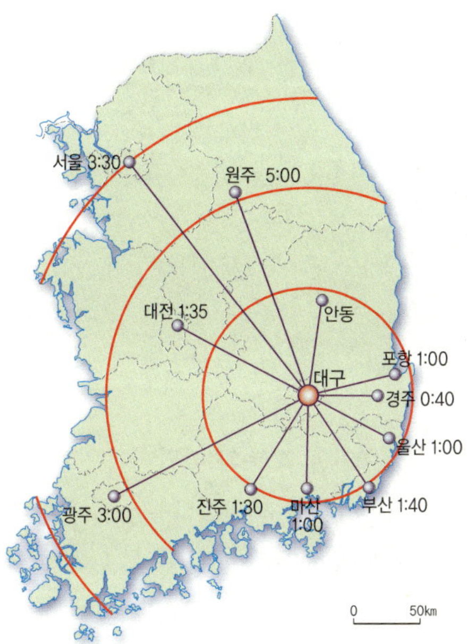

◀ **대구의 관계적 위치**

숫자는 대구와 주요 도시와의 직선 거리별 시간이다. 서울은 우리나라에서 가장 발달한 도시이기 때문에 교통축이 잘 발달되어 있어 거리에 비해 짧은 약 3시간 30분이 소요된다.

도시 발달 〔도읍 도 都, 저자 시 市, 필 발 發, 통달할 달 達〕

도시의 기능과 교통 발달에 따른 도시의 성장

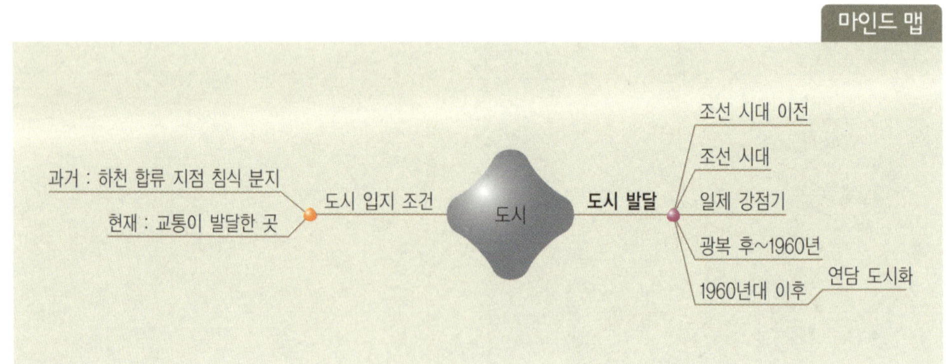

　　도시가 성장하는 데 영향을 주는 가장 큰 요인은 교통의 발달이다. 교통이 발달한 곳일수록 접근성이 높아져 도시로 성장하는데 유리하다. 이 외에도 특정한 기능이나 정책 목표에 따라 도시가 성장한다.

　　우리나라의 도시 발달 모습을 시대 순으로 살펴보자.

　　우리나라의 도시는 고대 국가의 형성과 더불어 발달하였다. 즉, 삼국 시대부터 행정 기능을 바탕으로 본격적으로 도시가 형성되었고, 고려 시대에는 정치·문화·군사 기능의 중심지가 도시로 발달하였다.

　　조선 시대에는 정치·행정·군사·상업 기능을 중심으로 도시가 발달하였다. 하천 분지 지역처럼 방어에 유리한 곳에 도시가 입지하였고, 특히 수도인 한양의 입지에는 풍수지리설이 중요하게 작용하였다.

　　일제 강점기에는 식민지 수탈 정책으로 항구 도시부산, 목포, 인천, 원산 등와 철도 도시대전, 익산, 신의주, 천안 등가 발달하였고, 병참 기지화 정책으로 광공업 도시함흥, 청진, 나진도 발달하였다. 이때의 도시들은 체계적인 계획에 의해 발달한 것이 아

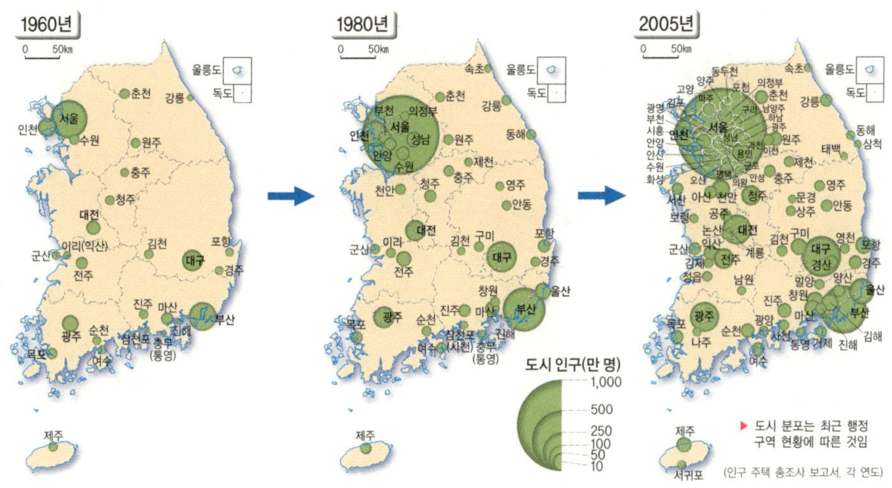

▲우리나라의 시기별 도시 발달

[출처: 통계청, 인구 주택 총조사 보고서, 각 연도]

니라 일본의 식민지 정책에 따라 불규칙적으로 성장하였기 때문에 이후의 도시 발달에 있어 문제가 되었다.

광복 후부터 1960년까지는 해외 동포의 귀국, 북한 주민의 월남과 빈민층이 도시로 집중하면서 도시에서 인구 과밀화와 슬럼화 현상이 나타났다.

1960년대 이후부터는 '경제 개발 계획'을 실시하면서 경부축을 중심으로 도시가 발달하였는데, 특히 경공업을 바탕으로 도시의 성장이 이루어졌다. 이촌 향도가 이루어지면서 서울을 비롯한 대도시는 과밀화되었다.

1970년대 이후에는 중화학 공업의 발달로 남동 임해 공업 지역포항, 울산, 마산, 창원 등의 신흥 공업 도시들이 급성장하였으며, 1980년대 이후 대도시 주변 위성 도시▪가 발달하면서 연담 도시화▪ 현상이 나타났다.

▪위성 도시(衛星都市): 중심 도시인 대도시의 기능을 분담하여 중심 도시의 과밀화를 완화하기 위해 만들어진 도시.

▪연담 도시화(連膽都市化): 도시가 교통로를 따라 연결되어 둘 이상의 시가지가 연결되는 현상.

주제 **3**

기반 기능
〔터 기 基, 소반 반 盤, 틀 기 機, 능할 능 能〕
basic function

도시에서 생산된 재화와 서비스를 도시 외부에 제공하여 얻은 소득을 통해 도시를 성장시키는 기능

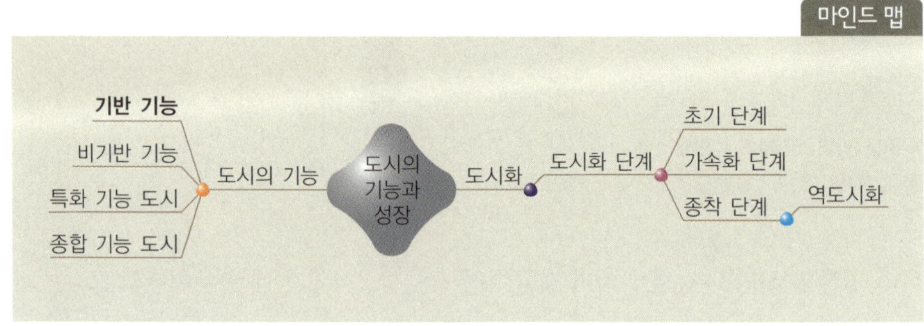

▲기반 기능의 예인 포항 제철소

　도시의 특성에 따라 각 도시마다 생산하는 재화와 서비스에는 차이가 발생하며, 이러한 차이를 도시들 간의 활발한 상호 작용을 통해 서로 보완한다. 즉 각 도시에서 생산된 재화와 서비스는 도시 외부 지역에도 공급되며, 이렇게함으로써 얻은 소득은 도시의 경제 활동을 이끄는 기반이 된다. 이처럼 도시의 재화와 서비스를 외부에 제공하여 얻은 소득을 통해 도시 성장의 기반이 되는 기능을 기반 기능이라고 한다.

　기반 기능이 확대되면 생산 시설이 늘어나면서 도시의 규모도 커지며, 이로 인해 고용이 증대될 수 있다. 또한 고용의 증대는 도시의 인구 성장과 함께 도시 성장으로 이어지기도 한다. 따라서 기반 기능은 도시의 경제 및 규모 성장과 관계가 있어 도시가 성장하는 기반이 된다.

Tip 기반 기능의 예를 살펴볼까요? 우리나라의 포항은 제철 공업을 기반으로 성장한 도시예요. 포항은 품질 좋은 철을 국내뿐만 아니라 해외에도 공급하면서 도시의 경제를 성장시켰고, 이를 바탕으로 도시를 성장시킬 수 있었죠.

비기반 기능

〔아닐 비 非, 터 기 基, 소반 반 盤, 틀 기 機, 능할 능 能〕 **non-basic function**

도시 내부 지역 주민들의 수요를 충족시켜 주는 기능

마인드 맵

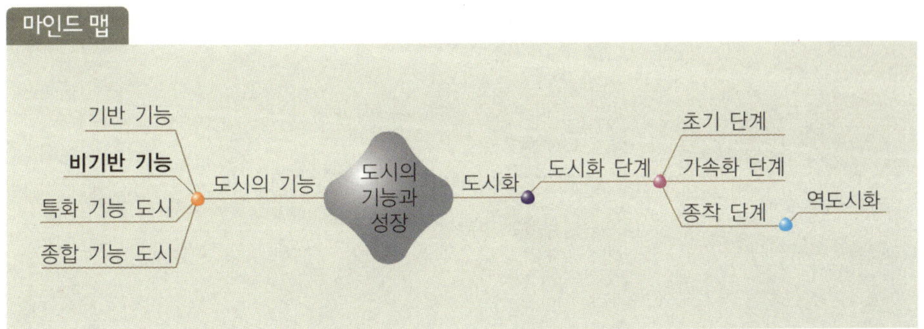

도시가 유지되기 위해서는 도시 주민들에게도 재화와 서비스가 공급되어야 하는데, 이러한 수요를 충족시켜 주는 기능을 비기반 기능이라고 한다.

도시 주민들에게 필요한 교육·의료·행정·교통 서비스뿐만 아니라 쇼핑 등의 여가 활동도 비기반 기능에 해당한다. 인구가 많아질수록 이러한 수요도 증가하기 때문에 인구가 많은 대도시에서는 비기반 기능이 보다 활성화된다.

▲ 비기반 기능의 예인 여가 활동(운동 경기 관람)

기반 기능과 비기반 기능은 서로 별개의 기능이 아니다. 도시가 기반 기능을 통하여 성장하면 인구가 증가하고, 이에 따라 도시 내부에서 필요한 재화와 서비스도 늘어나므로 비기반 기능도 증가하게 된다. 또한 비기반 기능이 활성화되면 지역 경제가 활성화되고, 이는 기반 기능을 수행하는 데 도움을 줄 수 있을 뿐만 아니라 새로운 기반 기능을 유치할 수도 있다. 즉, 도시는 기반 기능과 비기반 기능의 상호 작용을 통해 성장한다.

특화 기능 도시

[특별할 특 特, 될 화 化, 틀 기 機, 능할 능 能, 도읍 도 都, 저자 시 市]

특정 분야의 기능을 집중적으로 발달시킨 도시

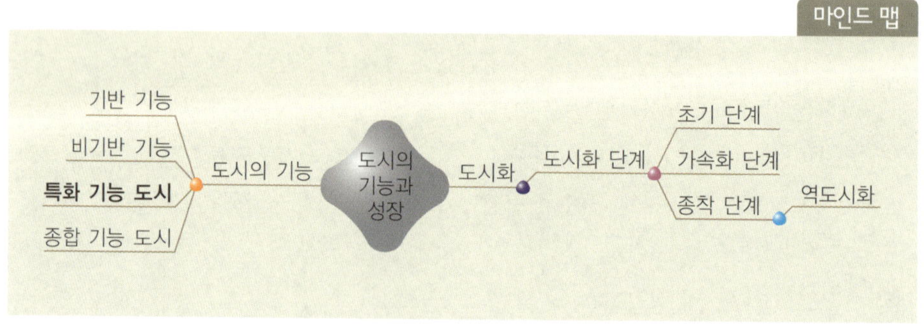

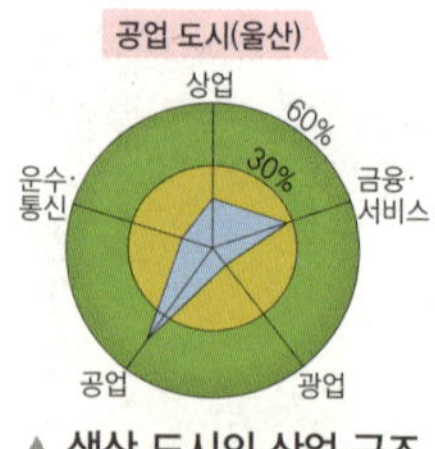

▲ 생산 도시의 산업 구조

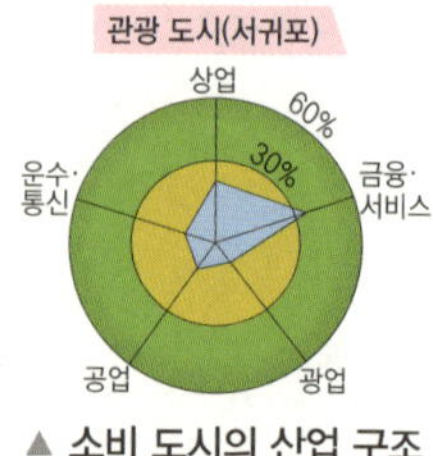

▲ 소비 도시의 산업 구조

　다양한 기능이 모인 대도시는 더욱 많은 인구와 기능이 집중하면서 자연스럽게 도시가 성장한다. 반면 중·소도시들처럼 특정한 분야의 기능을 집중적으로 발달시켜 성장한 도시를 특화 기능 도시라 하고, 이러한 기능을 특화 기능이라고 한다. 각 도시의 특화된 기능은 그곳의 주민들이 주로 어떠한 산업에 종사하는지를 보고 파악할 수 있다. 즉, 산업별 취업 인구 구조와 산업별 생산액의 비중을 보면 알 수 있다.

　공업 및 광업 기능이 특화되어 생산 활동이 주로 이루어지는 도시를 '생산 도시'라고 한다. 제품을 생산하여 다른 도시에 공급함으로써 소득을 올려 도시를 성장시키는 것이다. 공업을 특화시킨 도시로는 우리나라의 울산, 안양, 창원, 포항, 안산 등이 있는데, 이 도시들의 산업별 취업 인구 구조를 살펴보면 제조업 종사자의 비율이 높은 것을 알 수 있다.

　한편 행정, 교육, 관광, 군사 등의 기능을 특화시켜 소비 활동이 주로 이루어지는 도시를 '소비 도시'라고 한다. 소비 도시의 산업 구조를 살펴보면 서비스업 종사자의 비율이 높게 나타난다.

종합 기능 도시

〔모을 종 種, 합할 합 合, 틀 기 機, 능할 능 能, 도읍 도 都, 저자 시 市〕

고도화되고 있는 산업 구조에 맞추어 하나의 기능이 아닌 여러 기능을 갖고 있는 도시

마인드 맵

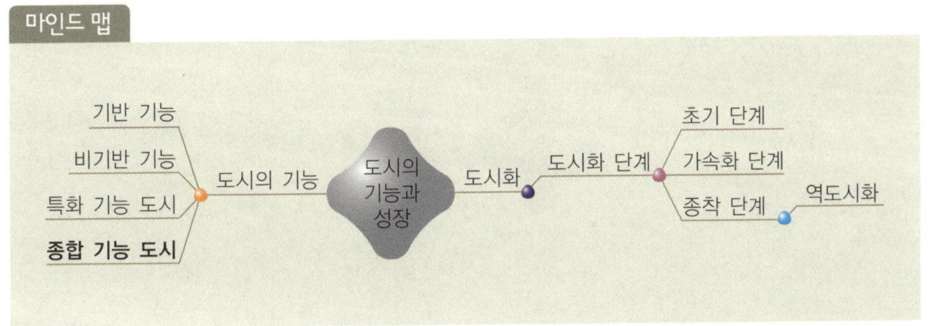

급속한 산업화가 이루어지고 있는 현대의 도시는 2·3차 산업이 주를 이루고 있으며 복잡하고 다양한 기능을 수행하고 있다. 특히 인구가 많은 도시는 보다 다양한 기능들이 요구되며, 그 수요를 충족시키기 위해 여러 가지 기능이 발달하게 되었다. 즉 공업·금융·관광·상업·교육 등 여러 기능을 복합적으로 갖춘 종합 도시들이 나타나게 되었는데, 이렇게 성장한 도시를 종합 기능 도시라고 한다.

우리나라는 1960년대 이후 교통이 발달하고 급속한 산업화가 진행되면서 종합 기능을 갖춘 대도시들이 등장하였다. 1990년대 이후부터는 금융, 연구·개발, 정보 처리, 지식 등 서비스업의 발달로 대도시의 성장이 더욱 두드러지고 있다.

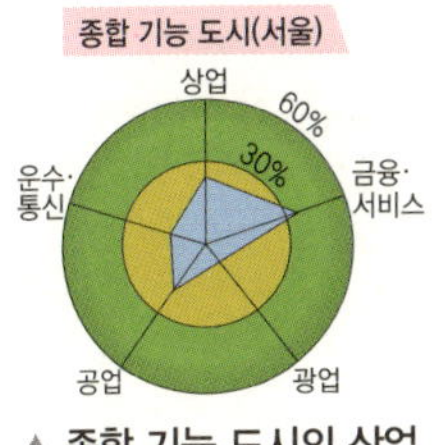

▲ 종합 기능 도시의 산업 구조

주제 **7**

도시화 〔도읍 도 道, 저자 시 市, 될 화 化〕
urbanization

도시의 인구가 증가하고 도시적 생활 양식이 주변 지역으로 확대되는 현상

마인드 맵

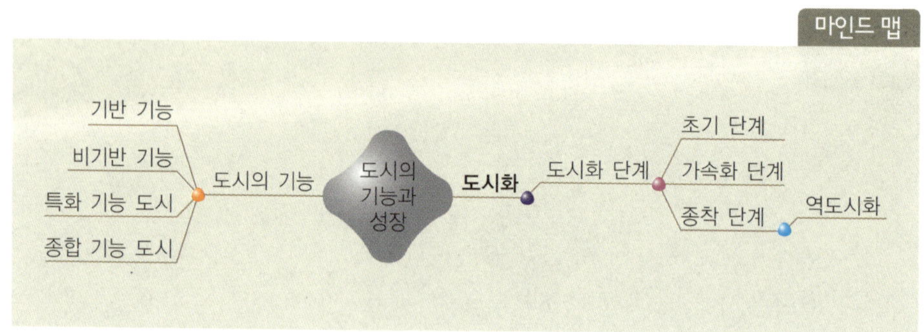

'~화化' 된다는 것은 글자 그대로 그것처럼 되어 간다는 것이므로 '도시화'란 도시가 되어 간다는 말이다. 즉, 도시의 인구가 증가하고 도시적 생활 양식이 주변 지역으로 확대되는 현상을 도시화라고 한다. 도시는 다양한 산업이 발달하여 고용의 기회가 많고, 편의 시설이 다양하기 때문에 인구가 집중한다.

우리나라는 급속도로 산업화가 이루어지면서 농촌 인구가 도시로 이주하는 이촌 향도 현상이 빠르게 진행되어 도시적 생활 양식으로의 변화가 빠르게 진행되었다.

도시화 곡선은 시간의 흐름경제 발전에 따라 전체 인구 중에서 도시 인구가 차지하는 비율인 도시 인구 비율도시화율을 나타내는 곡선으로, 도시화는 크게 초기 단계, 가속화 단계, 종착 단계로 구분한다.

초기 단계는 도시 인구 비율이 약 30%에 이르기 전까지의 단계로 대부분의 인구가 농촌에 거주하고 있으며, 1차 산업에 종사하고 있다. 도시화의 진행 속도가 매우 느린 단계이다.

가속화 단계는 본격적인 도시화가 이루어지는 단계로 도시화가 빠르게 진행

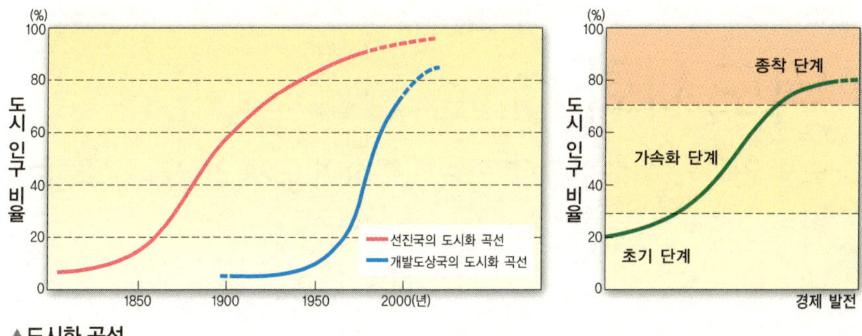

▲도시화 곡선

되어 그래프의 기울기가 급하게 나타난다. 이 단계에서는 이촌 향도 현상이 나타나 도시 인구가 급격히 증가한다.

　도시화율이 약 70%를 넘기 시작하면 종착 단계에 들어선 것으로 본다. 도시화의 진행이 둔화되며, 오히려 도시 인구 비율이 감소하기도 한다. 종착 단계에 들어선 선진국에서는 도시의 인구가 포화 상태에 이르러 도시 문제가 발생하기도 한다.

Tip 선진국은 일찍부터 산업화가 진행되어 도시화가 서서히 진행되었어요. 그에 비해 개발 도상국은 급격한 산업화와 함께 도시화도 빠르게 진행되고 있어, 가속화 단계의 기울기가 더욱 급하게 나타나요. 따라서 도시 문제는 개발 도상국에서 더 심각하답니다.

주제 **8**

역도시화 〔거스릴 역 逆, 도읍 도 都, 저자 시 市, 될 화 化〕

도시 인구가 비도시 지역으로 이주하여 도시 인구가 감소하는 현상

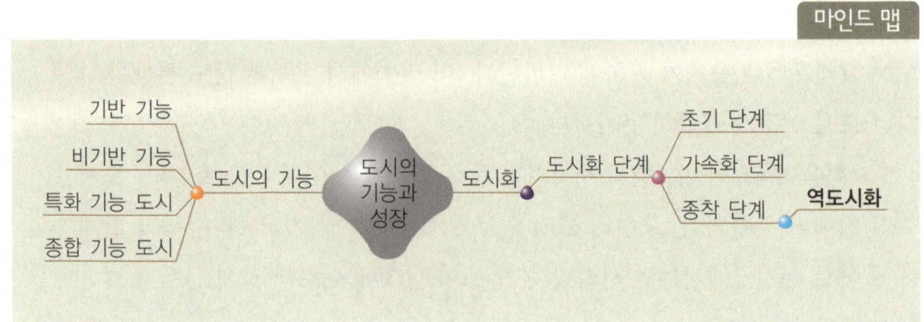

■**도시화율**(都市化率): 전체 인구 중에서 도시에 거주하는 인구의 비율.

도시화 곡선에서 도시화율■이 약 70%를 넘어서면 도시화의 종착 단계에 들어섰다고 본다. 도시화의 종착 단계에 들어선 일부 선진국에서는 오히려 도시화율이 감소하는 현상이 나타나기도 한다. 이와 같이 도시 인구가 비도시 지역으로 이주하여 도시 전체 인구가 감소하는 현상을 역도시화 또는 탈도시화라고 하며, 도시화의 반대 현상으로 이해할 수 있다.

이러한 현상이 나타나는 이유는 많은 인구와 다양한 기능이 도시에 밀집하면서 주택 문제, 상·하수도 문제, 교통 문제, 환경 문제 등 각종 도시 문제가 발생하였기 때문이다. 즉, 쾌적한 생활을 누리고 싶은 욕구와 비용이 많이 드는 대도시 생활을 벗어나려는 경향이 맞물리면서 도시의 인구가 비도시 지역으로 이주하기 시작한 것이다.

역도시화는 유턴 현상과 제이턴 현상으로 나누어 볼 수 있다. 유턴U-turn 현상은 농촌에서 살던 인구가 대도시로 이동하였다가 다시 농촌으로 돌아가는 것을 말하고, 제이턴J-turn 현상은 농촌을 떠난 인구가 대도시로 이동하였다가 농촌이 아닌 대도시 주변 중·소도시로 이동하는 현상을 말한다.

▲ 역도시화 현상

정확한 의미의 역도시화는 도시 인구가 비도시 지역으로 이주하는 현상이에요. 하지만 우리나라에서는 도시에서 외곽 도시로 인구가 이주하고 있어 진정한 의미의 역도시화로 보지 않는 경우도 있지요. 그러나 서울이나 부산 같은 일부 대도시처럼 도시화 단계의 한계에 다다른 도시들에서 곧 진정한 의미의 역도시화가 발생할 것으로 예상되고 있어요.

도시 문제

〔도읍 도 都, 저자 시 市, 물을 문 問, 제목 제 題〕
urban problem

급속한 도시화의 진행으로 인해 나타나는 사회 문제

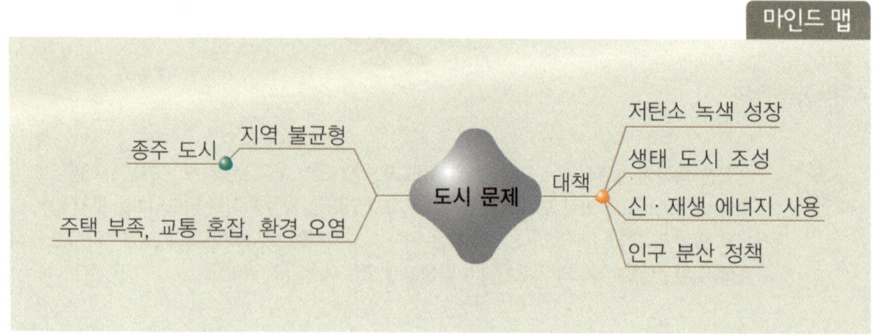

산업화와 도시화의 진행으로 도시 인구가 급격하게 증가하면서 야기된 주택 문제, 환경 문제, 교통 문제 등의 각종 사회 문제를 도시 문제라고 한다. 특히, 우리나라의 경우 대도시를 중심으로 경제 개발을 추진한 결과 지역 불균형에 따른 문제들도 나타나게 되었다.

한정된 지역에 인구가 밀집하다 보니 도시에서는 주택 부족 현상이 나타나게 되었다. 이에 따라 주택 가격은 상승하였고, 이를 감당하지 못하는 사람들은 할 수 없이 도시 내 낙후된 지역에 거주하게 되면서 주거 환경이 열악해졌다. 또한 상하수도 부족, 교통 혼잡, 실업, 빈곤 등 각종 사회 문제와 도시 범죄도 증가하였다.

도시의 과밀화로 도시 주변 지역으로 시가지가 무질서하게 팽창되는 스프롤 sprawl 현상이 나타나면서 도시와 주변 지역의 녹지 공간이 파괴되었고, 대도시 주변 지역에 공장들이 자리 잡으면서 대기 오염, 수질 오염, 폐기물 처리 문제 등의 환경 문제도 야기되었다.

이와 같은 도시 문제를 해결하기 위해서는 도심 재개발을 통해 낙후된 지역

을 재개발하고, 주택 공급을 확대해 주
거비를 낮추는 정책을 수립해야 한다.
또한 교통망을 확충하고 차량 10부제
등을 실시하여 교통 혼잡을 완화하고
매연으로 인한 오염도 줄여야 한다.

부도심과 위성 도시를 건설하여 도심
의 과밀화를 완화하고, 개발 제한 구역▪
을 설정하여 무분별한 도시 팽창을 방
지하는 한편 지방 도시를 육성하여 인
구 분산을 유도하여 지역 불균형 문제
도 해소해야 한다. 무엇보다 지속 가능
한 발전을 통해 국가 경제를 성장시키
는 동시에 친환경적인 도시를 위한 연
구와 시민들의 노력이 중요하다.

▲이촌역 주변 도심 재개발

■**개발 제한 구역**(green belt): 도시의 무질서한 확산을 방지하고 도시 주변의 자연환경을 보전하여 도시민의 건전한 생활 환경을 조성하기 위하여 도시 개발을 제한할 필요가 있거나 안보상 도시 개발을 제한할 필요가 있을 때 지정하는 구역.

주제 **10**

종주 도시

〔마루 종 宗, 주인 주 主, 도읍 도 都, 저자 시 市〕
primate city

인구 규모에서 2위인 도시와의 차이가 2배 이상 나는 1위 도시

마인드 맵

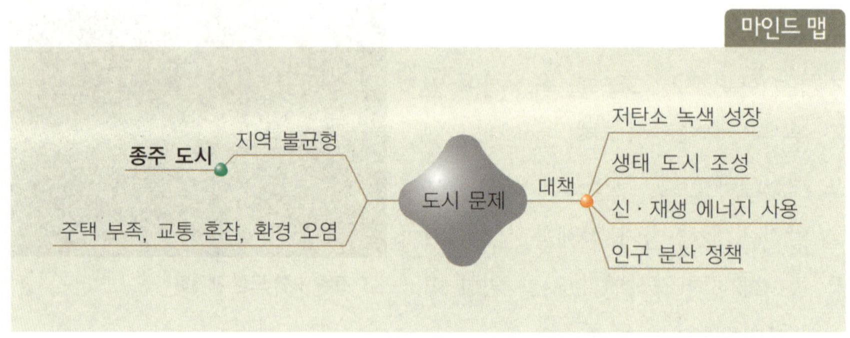

　도시의 크기는 모두 동일한 것이 아니라 크고 작은 도시들이 일정한 체계를 이루고 있다. 이러한 도시 간 계층 질서를 도시 체계라고 한다. 전국에서 인구가 가장 많은 도시를 수위 도시首位都市라고 하는데, 우리나라를 예로 들면 서울이 바로 수위 도시이다. 수위 도시에 인구가 과도하게 밀집하여 인구 규모 2위인 도시보다 2배 이상 인구가 많을 때 이를 종주 도시화라 하고, 이러한 수위 도시를 종주 도시라고 한다.

　종주 도시화는 전국적으로 도시화가 골고루 진행이 되지 않고 일부 도시만 집중적으로 성장하여 나타난 것이기 때문에 지역 불균형을 유발하여 도시 문제의 일종으로 보기도 한다. 이는 선진국보다는 개발 도상국에서 흔히 나타나는 현상이다.

　우리나라는 1970년대부터 '국토 종합 개발 계획'을 시행하면서 거점 도시를 선정하여 경제 개발을 진행하였고, 그로 인한 파급 효과▪를 통해 국토 전체가 균형 발전을 이룰 수 있을 것이라고 기대하였다. 그러나 기대와는 달리 일부 거점 도시만 불균형적으로 성장하는 역류 효과▪가 더 크게 나타나게 되었다.

▪**파급 효과**: 성장 거점 지역의 개발 이익이 주변 지역의 자원 생산과 기술 발달을 촉진시켜 주변 지역의 산업을 발전시키는 효과.

▪**역류 효과**: 파급 효과의 반대 효과. 성장 거점 지역의 이익이 주변 지역으로 파급되는 것이 아니라 주변 지역의 노동, 자본, 산업을 끌어들여 거점 지역은 더욱 성장하고 주변 지역은 침체되는 현상.

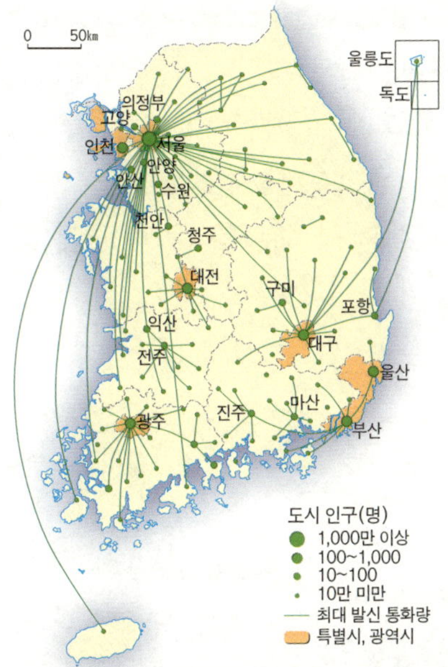

◀**전화 통화량으로 살펴본 도시 계층 구조**

우리나라 도시의 계층 구조는 전국의 전화 통화량, 지역 간 버스 운행 횟수 등을 통해 알 수 있다. 옆의 자료에서 보면 전국적으로 상호 작용 범위가 가장 넓은 도시는 서울이라는 것을 알 수 있다. 그리고 대전, 대구, 광주, 울산, 부산 등이 나름의 독자적인 통화권을 가지고 있어 그 지역의 중심지 역할을 하고 있음을 알 수 있다.

성장 잠재력이 있는 특정 도시에 집중적으로 투자하는 거점 개발은 효율성이 크다는 장점이 있지만 거점 도시의 개발이 지속적으로 이루어지다 보면 지역 불균형을 초래할 수 있다는 단점이 있다. 따라서 거점 도시뿐만 아니라 중·소 도시들을 육성하여 균형적인 국토 발전을 이루는 지역 개발이 필요하다.

주제 **11**

저탄소 녹색 성장

〔낮을 저 低, 숯 탄 炭, 본디 소 素, 푸를 녹 綠, 빛 색 色, 이룰 성 成, 길 장 長〕

화석 연료에 대한 의존도를 낮추고 환경 훼손을 줄여 국가 경제와 환경이 조화를 이루는 성장

마인드 맵

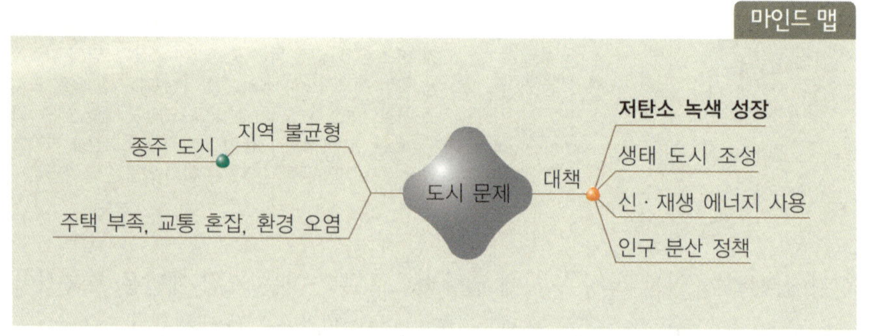

■**스프롤(sprawl) 현상**: 도시 주변 지역으로 시가지가 무질서하게 팽창되는 현상.

■**지속 가능한 발전**: 미래 세대가 그들의 필요를 충족시킬 수 있는 가능성을 세대의 필요를 충족시키는 발전.

산업화의 진행으로 도시가 급성장하면서 많은 도시 문제들이 야기되었으며, 그에 대한 해결 방안도 강구되어 왔다. 도시로 집중된 인구와 기능들을 지방으로 분산시키는 정책도 시행되었고, 개발 제한 구역을 설정하여 스프롤 현상■과 환경 파괴를 해결하기 위한 노력도 있었다. 하지만 계속되는 산업화로 인해 도시의 환경 문제는 더욱 심각해져 전 지구적인 문제로 떠올랐다. 특히 지구 온난화의 주범인 화석 연료의 과다한 사용으로 이산화탄소를 포함한 온실가스의 배출이 증가하여 기후 변화가 일어나는 등 환경 파괴의 영향이 심각하다.

국가 경제를 성장시키기 위해 산업화를 멈출 수 없다면 친환경 도시를 추구하여 지속 가능한 발전을 이루어야 한다. 인간과 자연환경의 조화를 이루는 생태 도시를 조성하거나, 화석 연료의 사용을 줄이고 신·재생 에너지를 개발·사용하는 것 등이 지속 가능한 발전■을 위한 노력의 일환이다. 최근에는 경제 발전과 환경 보호가 조화를 이루는 저탄소 녹색 성장이 우리나라와 선진국을 비롯한 각국에서 진행 중이다.

　국가적 차원에서의 녹색 성장을 위한 개발 노력도 중요하지만 일상생활에서
도 친환경 생활을 위한 노력이 필요하다. 대중교통 이용, 분리수거, 전기·물·
세제 사용 절약, 나무 심기 등을 통해 생활 속에서 저탄소 녹색 성장을 실현할
수 있을 것이다.

독일의 프라이부르크, 겔젠키르헨, 브라질의 쿠리치바, 스웨덴의 예테
보리, 오스트레일리아의 퍼스 등은 대표적인 친환경 도시들이에요. 재
생 에너지를 사용하거나 자전거를 적극 권장하는 등 인간과 환경이 공
존하는 높은 삶의 질을 보여 주고 있어요. 우리나라는 인천의 송도를
친환경 주택 및 건물을 건설하고, 관련된 산업을 육성하여 친환경 도
시로 조성하고 있어요.

▲친환경 도시인 독일 프라이부르크

주제 **12**

중심지 이론

〔가운데 중 中, 마음 심 心, 땅 지 地, 다스릴 리 理, 논할 논 論〕 **central place theory**

도시의 계층 구조와 분포에 관한 법칙성을 제시한 이론

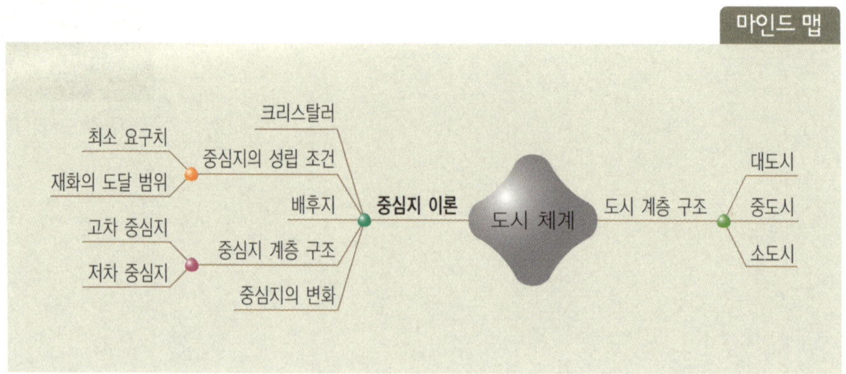

도시의 크기는 다양하며, 각 도시들 사이에는 일정한 계층 구조가 존재한다. 독일의 지리학자인 발터 크리스탈러Walter Christaller는 이러한 도시의 계층 구조를 연구하여 중심지 이론을 발표하였다. 중심지 이론이 성립하기 위해서는 다음과 같은 전제 조건이 필요하다.

① 모든 지역의 자연조건은 동일하며 인구의 분포도 동일하다.

② 모든 지역은 동일한 하나의 교통수단을 이용하며 운송비는 거리에 비례한다.

③ 중심지는 모든 지역에 동일하게 재화와 서비스를 공급한다.

④ 모든 사람은 동일한 소득과 구매력을 갖는다.

⑤ 중심지 간에는 완전 경쟁이 일어나고, 생산자와 소비자는 합리적인 결정을 하는 경제인이다.

주변 지역에 재화와 서비스를 공급하는 곳을 중심지라고 하며, 중심지의 재화와 서비스 기능을 이용하는 주변 지역을 배후지라고 한다. 도시를 중심지로 보면 배후지는 도시권, 상점을 중심지로 보면 배후지는 상권이 된다.

중심지의 기능을 유지하는 데 필요한 최소한의 배후지의 범위를 최소 요구치threshold라고 한다. 예를 들어 어느 피자 가게가 하루에 피자 10판을 팔아야 가게를 유지할 수 있다고 할 때, 매일 피자 10판의 수요가 발생하는 A 마을이 최소 요구치가 된다.

한편 중심지의 기능이 영향을 미치는 최대한의 범위는 재화의 도달 범위 range of goods라고 한다. 중심지는 많은 이윤을 내기 위해 최대한 넓은 배후지를 갖고자 하지만 중심지에서 제공하는 재화나 서비스에는 공간적 한계가 존재한다. 예를 들어 A 마을에 있는 피자 가게는 인접한 B 마을까지는 배달이 가능하지만 그 보다 멀리 있는 C 마을로 배달을 가게 되면 오히려 손해가 발생한다고 할 경우, B 마을까지가 재화의 도달 범위가 된다. 중심지의 기능은 재화의 도달 범위가 최소 요구치보다 넓을 경우에 성립된다.

상점이 아닌 도시를 중심지로 보면 도시의 기능이 유지되기 위한 최소한의 인구가 최소 요구치가 된다. 그리고 도시의 기능이 미치는 최대의 공간이 재화의 도달 범위가 된다.

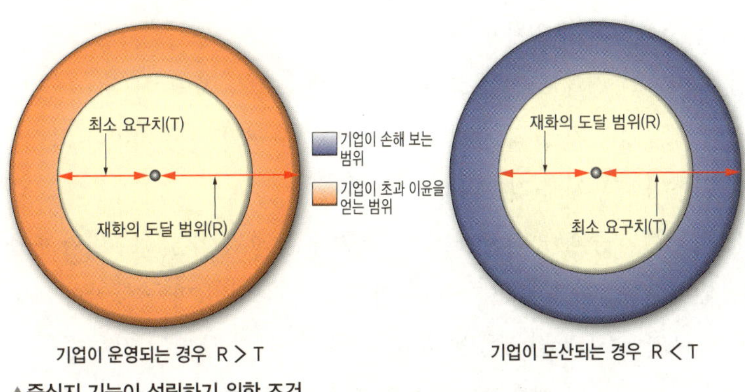

▲ 중심지 기능이 성립하기 위한 조건

재화의 도달 범위가 최소 요구치보다 넓어야 중심지 기능이 유지된다.

주제 13

배후지

〔등 배 背, 뒤 후 後, 땅 지 地〕
hinterland

중심지의 재화와 서비스를 이용하는 주변 지역

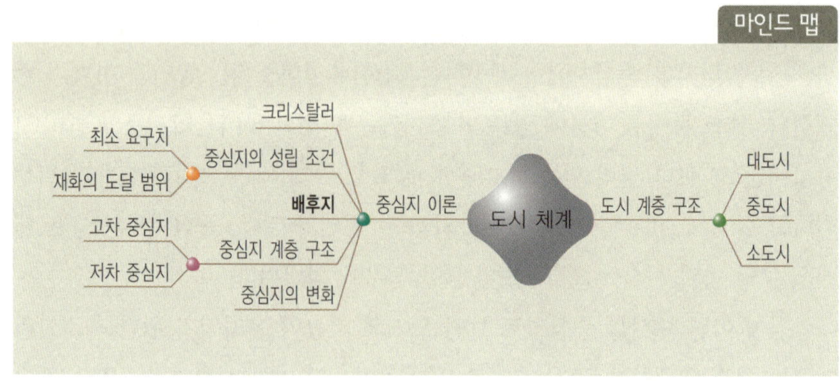

중심지의 재화와 서비스를 이용하는 주변 지역을 배후지라고 하며, 배후지의 모양은 중심지의 개수에 따라 달라진다.

중심지 이론의 전제 조건에 따르면 배후지는 등질 지역이므로 중심지가 하나일 경우에는 중심지 간의 경쟁 관계도 없고, 고객의 이동 거리를 최소화하기 위하여 원형의 배후지를 갖는다.

그러나 동일 계층의 중심지가 여러 개 존재할 경우 이들 배후지가 중첩되어 경쟁이 발생한다. 예를 들면 하나의 피자 가게가 있던 마을에 아파트가 새로 들어서면 추가 수요가 발생하면 새로운 피자 가게가 생기는 것을 들 수 있다. 이들 중심지는 서로의 배후지를 확보하기 위해 경쟁을 할 것이다. 이때 중심지들은 경쟁을 통한 비용의 낭비를 최소화하기 위해 적절히 배후지를 나누어 갖는다.

이 관계를 도식화하면 다음 그림처럼 나타난다. 초기에는 중심지들이 배후지 외접형으로 나타나며, 원형의 배후지에 속하지 못하여 서비스를 제공받지

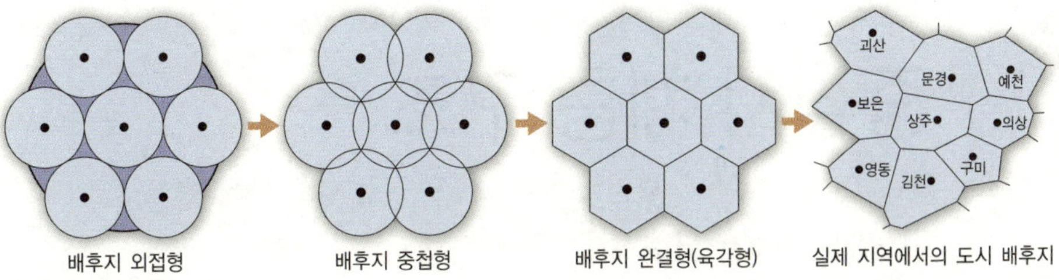

▲배후지 형성 과정

현실에서는 배후지 완결형처럼 정육각형의 배후지가 나타나지 않는다. 하지만 이와 비슷하게 여러 중심지들이 나름의 배후지를 분할하고 있다.

못하는 공간이 발생한다. 중심지 이론상 모든 배후지는 중심지의 서비스를 제공받을 수 있어야 하므로 서비스를 제공받지 못하는 공간이 생기지 않도록 배후지를 중첩시키면 배후지 중첩형으로 나타난다. 그러면 중첩 지역을 차지하기 위해 중심지들 간에 경쟁이 일어날 것이다. 시장 균형을 해치지 않고 경쟁을 최소화하기 위해 중첩 지역을 반으로 자르면 배후지의 모양이 육각형이 된다. 결과적으로 배후지 완결형은 육각형 모양으로 완성되어 중심지로부터 서비스를 제공받고 중첩 지역도 나타나지 않게 되는 것이다.

중심지 이론은 이상적인 전제 조건을 바탕으로 만들어졌기 때문에 현실에서는 육각형의 배후지가 나타나지는 않는다. 대신에 배후지를 적절하게 분할하여 이와 유사한 형태의 배후지 모양을 보인다.

주제 14 중심지 계층 구조

〔가운데 중 中, 마음 심 心, 땅 지 地, 섬돌 계 階, 층 층 層, 얽을 구 構, 지을 조 造〕
규모와 기능이 서로 다른 중심지들 간의 관계

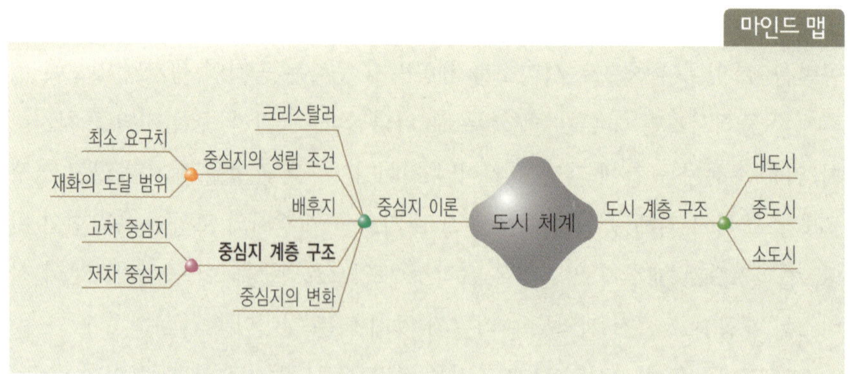

　도시 내에서 둘 이상의 중심지가 서로 다른 크기의 배후지를 갖고, 그곳에서 제공되는 기능이 각기 다를 때 크고 작은 중심지들은 계층성을 갖는다. 이때 보다 규모가 크고 기능이 다양한 중심지를 고차 중심지라 하고, 그 반대를 저차 중심지라고 한다. 고차 중심지는 저차 중심지가 가지는 기능 외에도 더 많은 기능을 가지고 있기 때문에 고차 중심지는 저차 중심지의 기능을 포함한다.

　예를 들어 감기에 걸렸다고 생각해 보자. 이때는 가까운 개인 병원을 갈지 종합 병원을 갈지 선택할 수 있지만 수술을 해야 하거나 큰 병에 걸렸을 때는 종합 병원으로 가야 한다. 즉, 가벼운 질병의 진료가 가능한 개인 병원은 저차 중심지가 되고, 개인 병원의 진료 범위를 포함하여 큰 병을 진료하는 종합 병원은 고차 중심지가 된다.

　배후지의 크기를 비교해 보면 개인 병원은 그 동네 주민들을 상대로 진료를 하지만 종합 병원은 몇 개의 동네를 합친 좀 더 큰 배후지를 상대로 진료를 한

	최소 요구치	재화의 도달 범위	배후지의 크기	중심지 개수	중심지 간 거리	중심지 기능 예
고차 중심지	크다	크다	크다	적다	멀다	종합 병원, 대학교, 시청, 백화점 등
저차 중심지	작다	작다	작다	많다	짧다	개인 병원, 초등학교, 동사무소, 슈퍼 등

▲중심지 구분에 따른 특성

다. 따라서 개인 병원은 동네마다 분포하지만 종합 병원은 몇 개의 동네를 합친 보다 넓은 배후지를 갖기 때문에 그 수는 적다. 이를 통해 저차 중심지보다 고차 중심지의 수가 더 적으며 중심지 간의 간격도 더 멀다는 것을 알 수 있다.

중심지 계층 구조를 도시 계층 구조에 적용시킬 수 있어요. 고차 중심지는 대도시, 저차 중심지는 중도시 및 소도시가 되는 것이지요. 우리나라의 도시 중 수위 도시이자 최고차 중심 도시는 서울이죠. 그리고 부산과 나머지 광역시 → 시 → 군 → 구 → 읍·면급 도시 순으로 도시 계층이 형성되어 있어요.

주제 **15**

중심지의 변화

〔가운데 중 中, 마음 심 心, 땅 지 地, 변할 변 變, 될 화 化〕
변화하는 중심지의 범위 또는 기능

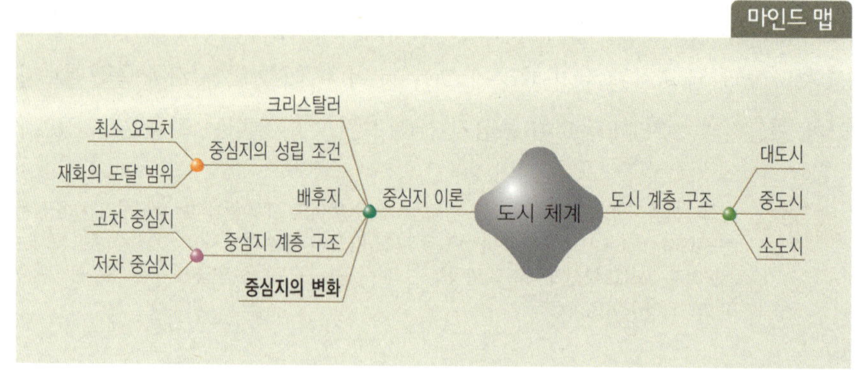

현실에서는 크리스탈러의 중심지 이론과 같이 정확한 육각형의 중심지가 나타나지는 않는다. 또한 중심지를 유지할 수 있는 조건들도 변하기 때문에 중심지의 범위 또는 기능 역시 변화한다. 중심지가 변화하는 데 영향을 주는 요인들을 살펴보자.

첫 번째는 일정 지역 안에서 인구 밀도가 높아지거나 구매력이 증가하여 최소 요구치에 변화가 생긴 경우이다. 피자 가게가 하나 있는 A 마을에 어느 날 아파트가 새로 들어서면서 더 많은 인구가 유입되어 인구 밀도가 높아지거나, 경기가 호황이 되어 주민들의 구매력이 증가하였다고 가정해 보자. 이럴 경우 상점이 유지될 수 있는 최소 요구치의 범위, 즉 배후지의 범위는 전보다 좁아져 A 마을 전체가 아닌 더 좁은 배후지의 인구수로도 피자집이 유지될 수 있게 된다. 따라서 높아진 구매력을 감당하기 위해 같은 마을에 피자집이 하나 더 생길 것이다. 즉 인구 밀도가 높아지거나 구매력이 증가하면 최소 요구치의 범위가 축소 되고 중심지의 수는 증가한다. 이에 따라 육각형 망의 크기가 축소

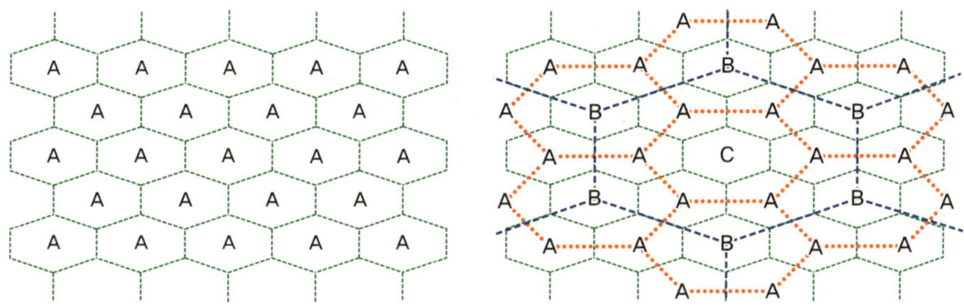

▲중심지의 변화

초기에는 중심지 A만 존재하였으나 구매력의 증가, 교통의 발달 등으로 저차 중심지 A의 배후지를 포함하는 고차 중심지 B와 B의 배후지를 포함하는 보다 상위의 고차 중심지 C가 등장한다.

되며, 중심지 간의 간격도 더 좁아지게 된다.

두 번째는 교통이 발달하는 경우이다. 교통이 발달하거나 교통 비용이 절감되면 재화의 도달 범위가 확대된다. 가정에서 필요한 식료품 외에도 옷과 각종 생활용품을 한꺼번에 구입하기 위해 동네의 소형 상점보다 대형 할인점을 이용하는 경우가 그 예가 될 수 있다. 자동차의 보급 대수가 늘어나게 되는 등 교통이 발달하면서 고차 중심지로의 이동이 더욱 쉬워진 것이다.

Tip 교통이 발달하면 저차 중심지는 오히려 쇠퇴해요. 과거 백화점이 셔틀 버스를 운행했을 때는 백화점으로의 접근성이 좋았기 때문에 동네의 슈퍼마켓과 재래시장이 극심한 쇠퇴기에 있었어요. 이를 해결하기 위해 셔틀 버스 운행을 중단하게 되었죠. 대형 할인점의 배달 서비스도 중단되었다가 최근 인터넷 주문을 통해 배달이 가능해지면서 저차 중심지의 침체 문제가 다시 대두되고 있어요. 그래도 '재래 시장 현대화 사업', '대형마트 의무 휴업 규정' 등을 통해 저차 중심지의 상업 기능을 회복시키기 위한 노력들이 시도되고 있답니다.

주제 **16**

도시 내부 구조 분화

〔도읍 도 都, 저자 시 市, 안 내 內, 떼 부 部, 얽을 구 構, 지을 조 造, 나눌 분 分, 될 화 化〕
도시 내부의 구조가 기능별로 나뉘는 것

도시 발달 초기에는 주요 관공서, 주택, 학교, 공장 등의 여러 기능이 불규칙적으로 도시 내부에 섞여 있다. 그러나 도시가 커질수록 도시의 기능은 다양해지고 복잡해지면서 규칙성을 찾으려 한다. 이 과정에서 비슷한 기능끼리 모이면서 도시 내부 구조가 분화된다.

특정한 지리적 현상이나 비슷한 경관이 나타나는 공간적 범위를 동질 지역이라고 하는데, 상업 지역, 공업 지역, 주거 지역 등이 여기에 속한다. 기능 지역은 어떤 중심지의 기능이 영향을 미치는 범위로, 통근권, 통학권 등이 있다. 예를 들면 회사나 학교라는 하나의 중심지와 그곳으로 통근, 통학하는 지역적 범위가 기능 지역이 된다.

이처럼 도시 내부가 분화되는 이유는 크게 사회적 요인, 경제적 요인, 행정적 요인을 들 수 있다.

사회적 요인을 살펴보면 도시에 거주하는 주민들은 직업·지위, 소득, 생활 양식 등에 따라 다양한 사회 집단으로 나뉘는데, 이들 사회 집단에 의해 도시

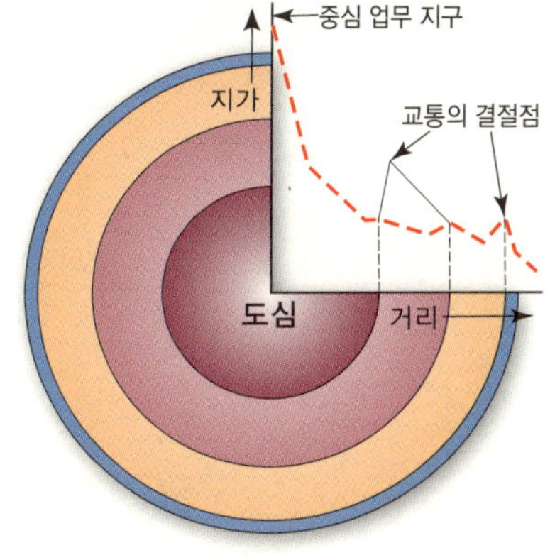

◀ 도시 내부 구조의 그래프

교통의 결절점인 도심은 접근성과 지대가 높다. 따라서 지
가 그래프는 도심에서 높게 나타나고 도심으로부터 멀어
질수록 낮아진다. 다만, 도심에서 먼 곳이라고 하더라도
교통의 결절점인 곳에서는 지대가 다소 높게 나타난다.

분화가 이루어진다. 특히 주거 지역이 고급 주택·중급 주택·저급 주택 지역
으로 분화가 되는 경우가 해당한다.

경제적 요인은 지대地代와 접근성에서 찾을 수 있다. 지대란 땅을 이용해서
얻는 대가를 말한다. 예를 들어 본인 소유의 땅에 건물을 짓고 그 건물을 세를
주게 되면 임대료를 받는데, 그 임대료가 지대가 된다. 접근성이란 접근하기
쉬운 정도를 말한다. 교통이 편리할수록 그 지점으로의 접근성이 좋아지기 때
문에 임대료는 더 비싸진다. 즉, 접근성이 좋은 도심은 지대가 높아 이를 감당
할 수 있는 기능들이 입지하고, 도심에서 멀어질수록 접근성과 지대가 낮아
져, 이에 맞는 기능들이 입지하면서 도시 내부 구조가 분화된다.

행정적 요인은 도시 계획법을 통하여 인위적으로 지역 분화가 이루어 지는
경우로 대표적으로 용도 지역제가 있다. 용도 지역제는 토지를 기능별로 구분
하여 상업 지역, 주거 지역, 공업 지역 등으로 나누는 것이다.

지대와 비슷한 개념으로 지가(地價)가 있는데, 이는 한자 그대로 땅값을 의미해요.

주제 **17**

지대 곡선 〔땅 지 地, 대신할 대 代, 굽을 곡 曲, 줄 선 線〕

도심으로부터의 접근성과 지대와의 관계를 나타낸 그래프

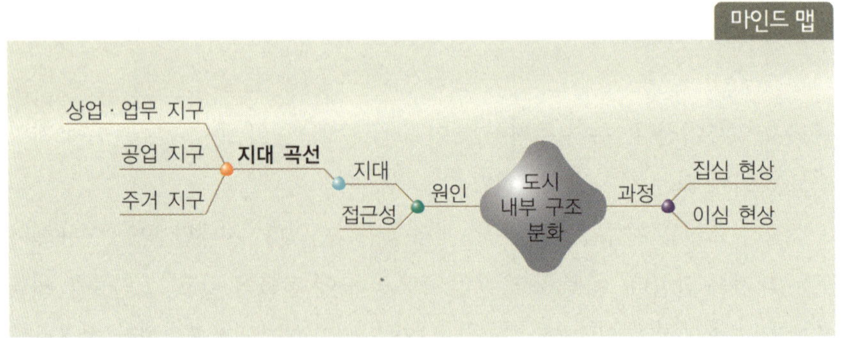

■ **지대(地代):** 땅을 이용해서 얻는 대가.

　도시 내부 구조는 각 기능별로 나누어져 있다. 다양한 기능이 밀집한 도심으로부터 거리가 멀어질수록 지대■도 변하는데 이러한 관계를 나타낸 그래프가 지대 곡선이다. 도시의 토지는 어떤 용도로 이용하는지에 따라 발생하는 이익이 다양하지만, 사람들은 대부분 최대의 이익을 얻으려고 하기 때문에 기능별로 토지 이용이 분화된다.

　지대 곡선에서 기울기가 가장 급하게 나타나는 것은 상업·업무 지구이다. 다양한 기능이 밀집한 도심은 교통이 잘 발달되어 있고, 사람들도 많이 모여들기 때문에 지대가 높은 곳이다. 따라서 지대 지불 능력이 높은 업종들이 입지하는데, 주로 상업 기능과 업무 기능을 하는 업종이다. 상업 기능은 풍부한 노동력을 확보할 수 있어야 하고, 많은 고객을 유치해야 한다. 따라서 교통이 편리한 지점에 위치할수록 높은 수익을 올릴 수 있어 도심에 입지하게 되고, 높은 임대료를 지불할 능력을 갖추게 된다. 업무 기능은 대기업의 본사나 주요 관공서들로, 특히 주요 관공서는 사람들의 접근성이 높은 도심에 위치한다. 이처럼 상업·업무 기능이 접근성이 높은 도심으로 집중하는 현상을 집심 현상이라고 한다.

　지대 곡선에서 기울기가 두 번째로 급하게 나타나는 것은 공업 지구이다. 공업 기능은 상업·업무 기능보다는 지대 지불 능력이 낮지만 주거 기능에 비하면 높은 지대 지불 능력을 갖고 있다. 또한 고객들을 직접 만날 필요는 없지만 도심의 기능들과 밀접하게 접촉해야 하기 때문에 도심에서 조금 떨어진 곳에 공업 지구가 형성된다.

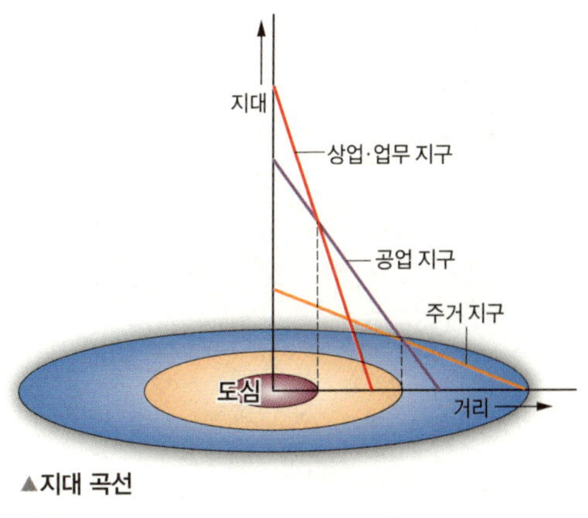

▲지대 곡선

　지대 곡선에서 기울기가 가장 완만한 것은 주거 지구이다. 도심에 가까울수록 지대가 높아질 뿐만 아니라 각종 오염과 소음이 심해 주거지로 이용하기에 적절하지 않다. 도심에서 멀어질수록 쾌적한 환경이 나타나고, 지대도 낮아지므로 주거 지구가 형성된다. 이렇게 주택, 학교 등이 접근성과 지대가 낮은 외곽 지역으로 빠져나가는 현상을 이심 현상이라고 한다.

도심 〔도읍 도 道, 마음 심 心〕
urban center

도시 내부에서 도시의 핵심 기능을 발휘할 수 있는 중추 지역

마인드 맵

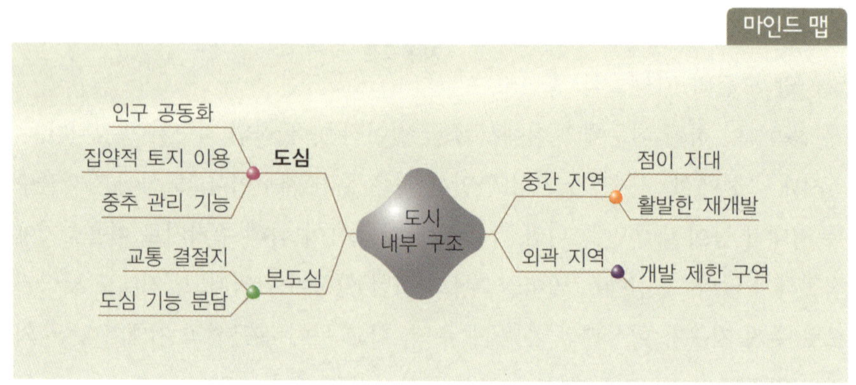

도심은 도시의 중심부로 교통이 잘 발달하여 접근성이 매우 높기 때문에 도시 내부에서 지가와 지대가 가장 높게 나타나는 지역이다. 이렇게 높은 지대를 지불할 능력을 갖춘 핵심 기능들이 밀집한 중추 지역이기 때문에 도심에는 중심 업무 지구CBD: Central Business Distric가 형성된다. 이곳은 대기업의 본사와 주요 관공서의 본청들과 같은 중추 관리 기능들과 백화점, 호텔과 같은 고급 서비스 기능들이 입지한다.

도심은 지대가 높기 때문에 한정된 공간에서 최대의 수익을 내야 한다. 따라서 토지의 이용 형태는 효율성을 높일 수 있도록 집약적으로 나타나게 되는데, 도심의 건물이 고층화되어 있는 것이 그 예이다.

쾌적한 환경과 좀 더 저렴한 지대를 필요로 하는 주거 지구는 외곽 지역으로 이동한다. 주간에는 도심으로 출근하는 직장인들로 인해 도심 인구가 많지만 야간에는 이들이 퇴근하여 외곽 지역의 집으로 돌아간다. 따라서 도심에서는 상주 인구▪가 감소하는 인구 공동화人口空洞化 현상이 나타난다. 주·야간에 인

■**상주인구**(常住人口): 항상(常) 거주(住)하는 인구(人口). 우리나라에서는 주민등록상 거주 인구가 상주 인구에 해당한다.

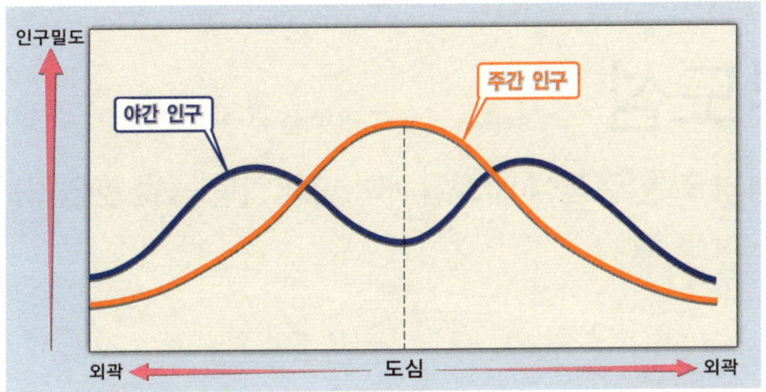

▲인구 공동화 현상

주간에는 도심의 인구 밀도가 높고 외곽 지역으로 갈수록 인구 밀도가 낮은 것을 알 수
있다. 야간에는 반대로 도심에서 인구 밀도가 낮고 외곽 지역에서 인구 밀도가 높다.

구 변동이 크게 일어나면서 야간의 도심은 인구가 텅 비어 마치 도넛 같은 모
양이 된다. 그래서 인구 공동화 현상을 도넛 현상이라고도 한다.

서울의 도심은 태평로~세종로 일대를 말해요. 이 일대는 상주 인구가 적고 주간 인구가 많기
때문에 인구 공동화 현상이 나타난답니다.

주제 19

부도심
〔버금 부 副, 도읍 도 道, 마음 심 心〕

도시의 교통 결절점에 발달하여 도심의 기능을 분담하는 지역

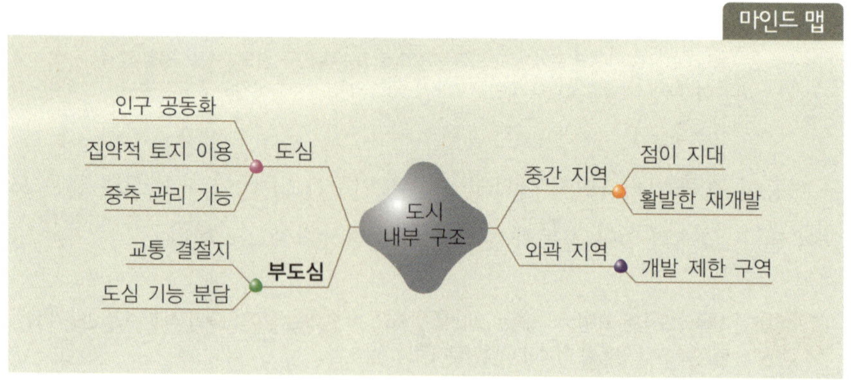

　도심의 과밀화와 도시 문제를 해소하기 위해 개발된 지역을 부도심이라고 한다. 사람이 과식을 하면 체하는 것과 마찬가지로 도시도 다양한 기능과 인구가 밀집하면 도시 문제가 발생할 수 있다. 특히 도심으로 다양한 기능과 많은 인구가 집중하면서 한정된 공간이 포화 상태에 이르게 되었다. 교통 혼잡으로 인한 문제는 더욱 심각해지고 도시 내 지역 불균형 문제도 나타나게 되었다. 이러한 도심의 문제를 해결하고 도심의 기능을 분담하기 위해 도심처럼 교통이 발달한 지역에 부도심부심이 형성되었다.

　도심은 교통이 잘 발달하여 접근성이 좋은 곳에 형성된다. 따라서 도심의 기능을 분담하기 위한 부도심도 교통의 결절지에 형성된다.

　중추 관리 기능인 중앙 관청이나 대기업의 본사는 여전히 도심에 입지하지만, 대기업의 지점이나 일반 행정 기능들과 같은 단순 업무 기능은 부도심으로 분담된다. 또한 도심에 있던 상업 기능백화점, 호텔이나 오락 기능영화, 놀이공원은 부도심으로 일부 옮겨간다.

　도시 발달 초기에는 중심지인 도심만 존재하는 단핵 구조이지만 도시가 점점 발달하여 부도심이 형성되면 여러 개의 핵을 지닌 다핵 구조를 이루게 된다.

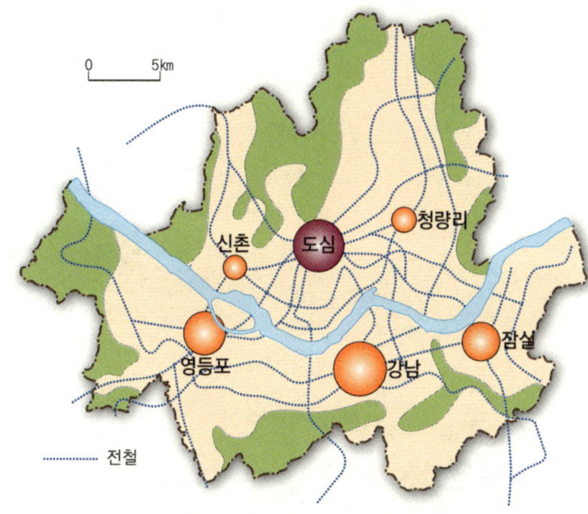

◀ **서울의 도심과 부도심**

[출처: 서울 시청]

서울의 부도심은 신촌, 강남, 잠실, 청량리 등이 해당된다. 이들 부도심은 교통의 결절지로서 도심의 기능을 일부 분담한다.

중간 지역 〔가운데 중 中, 사이 간 間, 땅 지 地, 지경 역 域〕

도심과 외곽 지역 중간에 위치한 지역

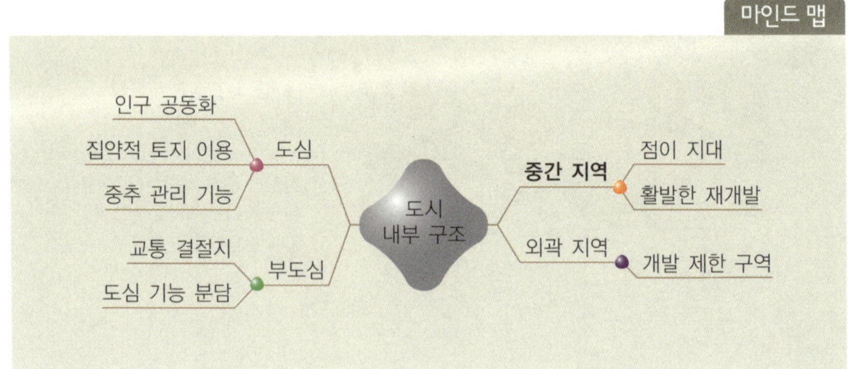

■**점이 지대**: 서로 다른 특성을 가진 두 지역 사이에 위치하여 양쪽의 모습이 혼재되어 나타나는 지역.

　도심과 외곽 지역 사이에는 중간 지역이 존재하는데, 도심 주변의 주택, 공장, 상가 등이 혼재하는 지역이다. 도심 주변이기 때문에 혼잡할 뿐만 아니라 특히 공장과 상가가 있어 주거 지역으로 적합하지는 않지만, 일종의 낙후된 주거 지역인 슬럼slum이 나타나기도 한다. 이처럼 중간 지역은 주거 기능인 주택, 생산 기능인 공장, 소비 기능인 상가 등이 혼재되어 있어 점이 지대■라고도 하며, 낙후된 시설들의 재개발이 활발하게 이루어지는 지역이기도 하다.

　산업화가 급속도로 이루어지면서 도시는 빠른 속도로 성장하여 이촌 향도 현상이 활발히 진행되었다. 그에 따라 다양한 사회 계층이 도시로 이주하여 도시 곳곳에 주거 지역을 형성하였는데, 그중 중간 지역은 도시 발달 초기에 지어진 건물이 많아 주거 시설은 낙후된 곳이지만, 도심과 가깝고 상대적으로 지가가 낮다는 장점이 있어 주거 지역이 형성되었다.

　우리나라는 낙후된 중간 지역을 재개발하고, 주거 기능을 외곽 지역으로 이전하기도 하였으나, 외곽 지역도 개발로 인해 지가가 상승하는 등의 주거 문제

▲ 서울의 중간 지역
낙후된 주거 지역과 재개발이 이루어진 아파트 단지가 함께 나타난다.

가 발생하였다. 이에 대한 방안으로 신도시를 건설하거나 임대 아파트를 더 확충하기도 하였다.

Tip 잠, 선잠이라는 뜻을 가진 영어의 slumver에서 유래한 슬럼(slum)은 도시의 빈민 거주 지역을 말해요. 슬럼의 주택들은 낡고 오래되었으며, 밀집되어 있어 주거 환경이 나쁘고 상하수도 시설 등도 부족해서 비위생적이에요. 주로 일용직 및 저임금 근로자 등 경제적·사회적으로 지위가 낮은 사람들이 거주하고 있지요. 한편 슬럼은 도시 내에서 범죄 발생률이 높은 곳이기도 해요. 따라서 도시 정부들은 슬럼의 낙후된 시설들을 재개발하고, 사회 문제를 해결하기 위해 노력하고 있답니다.

주제 21

외곽 지역 〔바깥 외 外, 둘레 곽 廓, 땅 지 地, 지경 역 域〕

도심에서 멀리 떨어진 지역

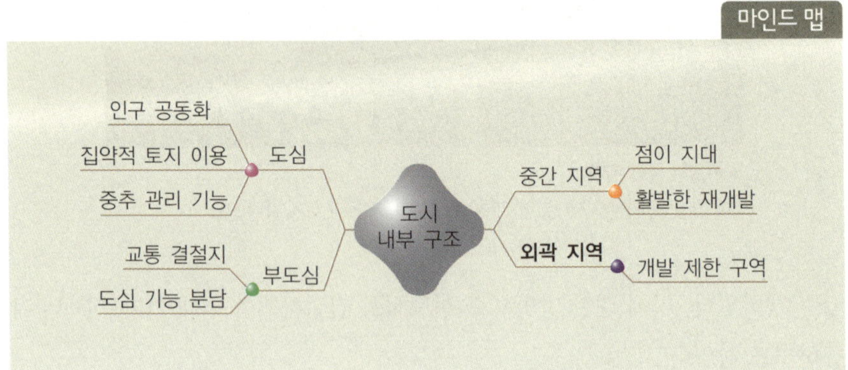

도심에서 멀리 떨어진, 즉 도시를 둘러싸고 있는 가장 바깥 지역을 외곽 지역이라고 한다. 도심에 비해 지가가 저렴하기 때문에 지대 지불 능력이 낮은 주택이나 공장이 입지한다.

외곽 지역은 개발이 덜 이루어진 도시의 주변부 지역이라 녹지 공간이 많이 남아 있으며 도시와 농촌 경관이 함께 나타난다. 즉, 대규모 아파트 단지가 들어서는 도시 경관이 나타나는 한편 일부 농사 지역이 나타나면서 농촌 경관이 함께 나타난다. 하지만 시간이 흐를수록 농촌 경관이 점점 없어지고 도시 경관이 우세해진다.

도시가 무분별하게 팽창하는 스프롤 현상■을 억제하고 자연 환경을 지키기 위해 외곽 지역의 일부를 개발 제한 구역그린 벨트, green belt으로 설정하기도 한다. 개발 제한 구역으로 설정되면 개인이 땅을 소유하고 있더라도 함부로 개발할 수 없다. 이러한 노력으로 외곽 지역은 도시의 녹지 공간을 어느 정도 확보할 수 있게 되었다.

■스프롤(sprawl) 현상: 도시 주변 지역으로 시가지가 무질서하게 팽창되는 현상.

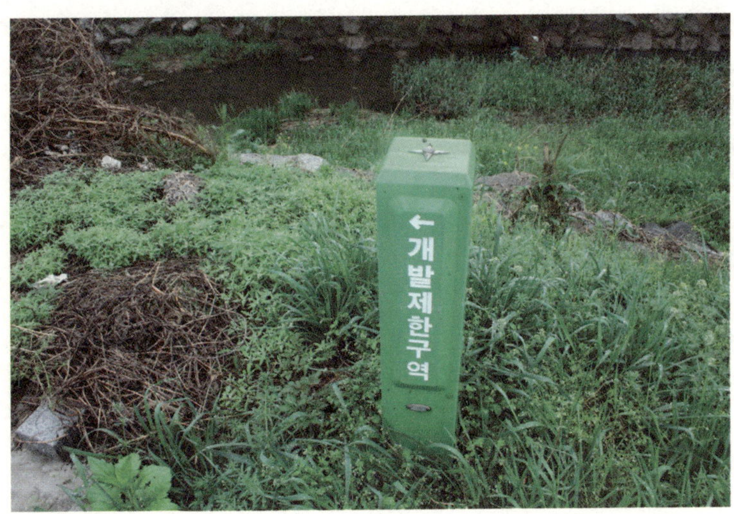

▲ 서울의 외곽 지역인 강서구 일대

  외곽 지역은 도심에 입지한 상업·업무 기능보다 지대 지불 능력이 낮은 주거 기능이 입지하지만, 시간이 흐름에 따라 개발이 진행되어 이 지역 내에서도 지대 차이가 발생해 지대가 높은 지역이 나오게 되었다.

Tip 그린 벨트는 1944년 영국 런던에서부터 시작되었어요. 우리나라는 1971년 "도시 계획법"을 개정하여 개발 제한 구역을 설정하였답니다. 서울을 시작으로 부산·대구·광주·대전 등 주요 대도시와 춘천·청주 등 시가지가 팽창할 우려가 있는 도청 소재지 주변, 창원·울산 등 지방 공업 도시, 진주 등 관광 자원과 자연을 보호해야 하는 도시 외곽으로 설정되었어요.

주제 22

동심원 모델

〔한가지 동 同, 마음 심 心, 둥글 원 圓, ─〕
concentric zone model

도시 성장과 사회 계층의 공간적 분화 과정을 밝힌 모델

마인드 맵

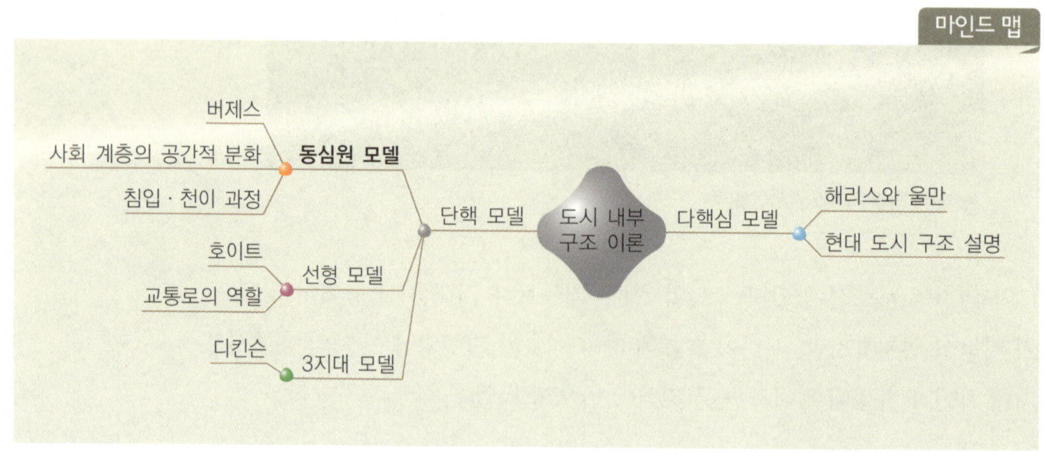

■**침입**(侵入, invasion): 침범하여 들어감. 동심원 모델에서는 안쪽 지대에서 바깥쪽 지대로 침입이 나타나 영역이 확장된다.

■**천이**(遷移, succession): 옮기어 바뀜. 동심원 모델에서 천이 과정으로 지대의 이용이 다르게 나타난다.

미국의 사회학자 버제스Ernest W. Burgess는 시카고를 대상으로 도시가 성장하는 과정에서 사회 계층이 공간적으로 어떻게 분화하는지를 파악하여 동심원 모델을 제시하였다. 즉, 도시의 공간 분화는 침입■과 천이■에 따른 사회 계층별 주거지 분화로 이루어지며, 이에 따라 도시 구조는 동심원 형태로 나타난다고 보았다.

동심원 모델에서 도시의 내부 구조는 도심을 중심으로 5개의 동심원 지대로 배열된다.

1지대는 중심 업무 지구로 도심에 해당된다. 금융, 교통, 경제 등 도시의 핵심 기능이 모여 도시 생활의 중심이 된다.

2지대는 점이 지대이다. 중심 업무 지구의 상업이나 경공업이 침입하여 들어오면서 상업·공업·주거 기능이 공존하는 지역이다. 주거 기능으로서의 환경은 악화되어 저급 주택지를 형성하기도 한다.

　3지대는 노동자 주거 지대로 2지대에 거주하던 노동자들이 이주한 지역이다. 2지대에 비해 주거 환경이 양호하고, 1지대로의 접근성이 좋은 지역이다.

　4지대는 중·상류층 주거 지대이다. 주거 환경이 좋아 단독 주택이나 고급 아파트가 들어서면서 중·상류층의 주거 지역이 형성된다. 교통이 발달한 곳에는 상점이 형성되어 부도심으로 성장하기도 한다.

　5지대는 통근자 주거 지대이다. 주로 중심 업무 지구에 통근하는 시민들이 거주하는 지역으로 도시의 행정 구역을 넘어 확대된 지역이다.

　이러한 동심원 구조는 고정된 것이 아니라 유동적이다. 저급 주택에 거주하던 사람이라도 소득 수준이 향상되면 중·상류층 주거 지대로 이주할 수 있다.

　동심원 모델은 도시 내부 구조 분화에 있어 도시가 단순히 외연적으로 확대되는 것이 아니라 각 지대의 기능이 침입과 천이를 통해 동심원 형태로 나타난다고 본 점에서 의의가 있으나, 교통로의 역할을 무시하였다는 점에서 한계가 있다.

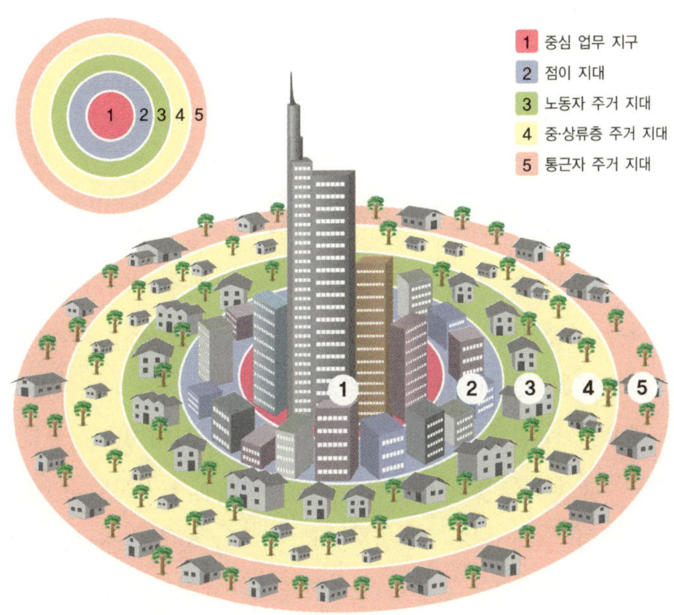

▲동심원 모델 모식도

주제 **23**

선형 모델 〔부채 선 扇, 모양 형 形, ―〕
sectoral model

도시가 교통로를 따라 부채꼴 모양으로 형성되는 과정을 밝힌 모델

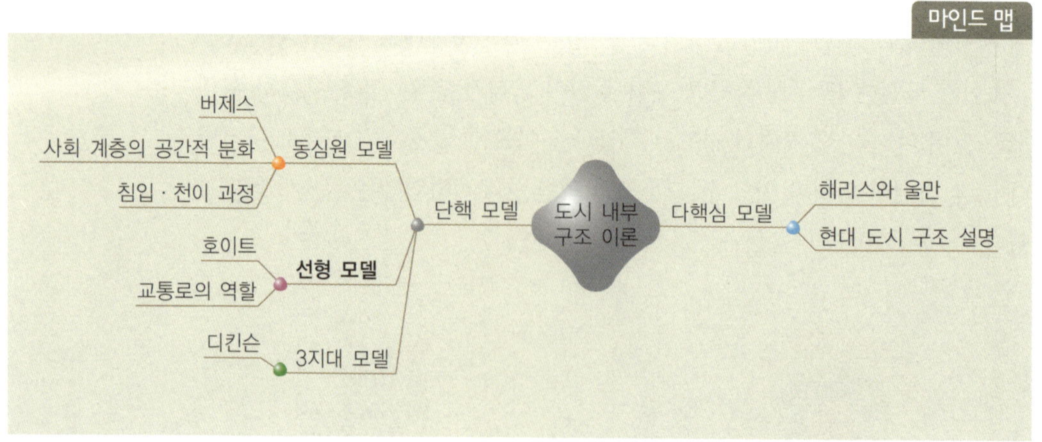

■**동심원 모델**: 도시 성장과 사회 계층의 공간적 분화 과정을 밝힌 모델.

호이트Homer Hoyt는 버제스의 동심원 모델■을 수정하여 도시가 교통로를 따라 부채꼴 모양으로 형성되는 과정을 밝힌 선형 모델을 제시하였다. 그는 미국 142개 도시를 대상으로 연구하여 상류층·중류층·저소득층의 주거지를 분류하고, 그 분포가 동심원이 아닌 선형임을 주장했다.

선형 모델은 도시 전체를 원형으로 보고 도심으로부터 방사상으로 교통로가 뻗어 나가며, 그 교통로를 따라 주거 지구가 확대된다고 보았다. 중류층 주거 지구는 상류층 주거 지구 양측에 위치하고, 저소득층 주거 지구는 상류층 주거 지구와 떨어져서 위치하는 경향이 있으며 중심부에서도 나타난다. 한편, 상류층은 더 좋은 주거 환경을 찾아 활발히 이동하고, 상류층이 거주하던 지역에는 낡은 주택이 남는다.

동심원 모델과 선형 모델의 차이점은 교통로의 역할이다. 선형 모델은 중심

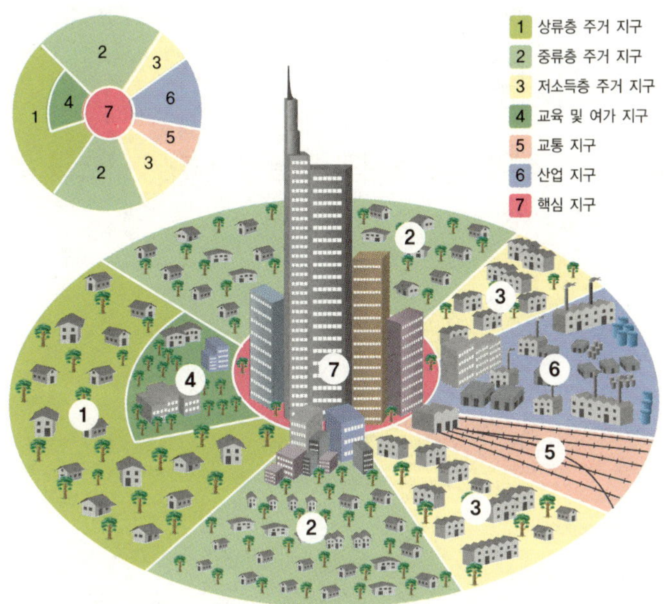

▲선형 모델 모식도

부에서 방사상으로 뻗은 교통로를 중요시하면서 도시의 토지 이용을 인식하였
다. 그러나 상업 지구의 성장이 도시 변화에 미치는 영향을 반영하지는 못하였
다는 한계가 있다.

주제 **24**

3지대 모델 〔ㅡ, 땅 지 地, 띠 대 帶, ㅡ〕

유럽 도시들의 역사적 발전과 오늘날의 지역 구조를 결합하여
제시한 모델

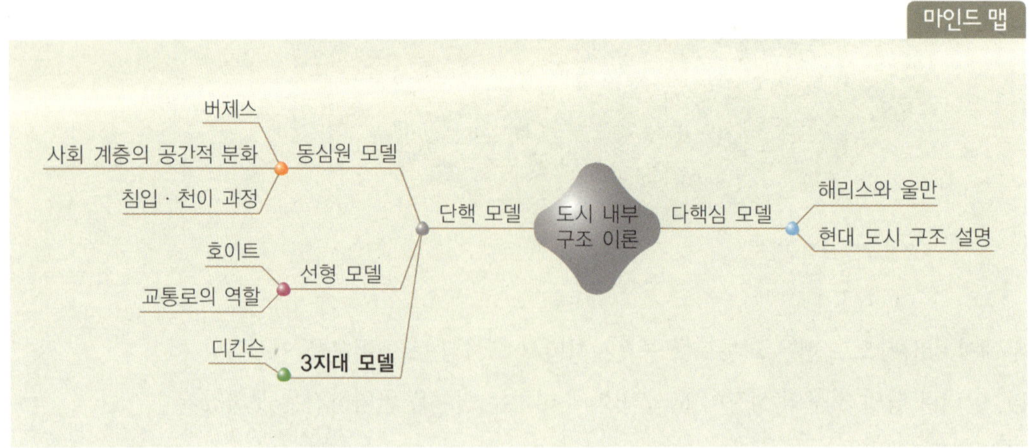

영국의 디킨슨R.E. Dickinson은 유럽 도시들의 역사적 발전과 오늘날의 지역 구조를 결합하여 3지대 모델을 제시하였다. 그는 도심을 중심으로 중심 지대, 중간 지대, 외곽 지대로 도시를 구분하였다.

중심 지대는 도시의 중심에 위치하며 오랜 역사를 가지고 있다. 건물이 밀집해 있고, 협소한 가로망과 작은 시장을 갖는 것이 특징이다. 신구 건축 양식이 섞여 있고 고층 건물이 집중된다.

중간 지대는 중심 지대를 둘러싼 지역으로, 공장 지대와 주거 지대가 혼재되어 있어 주거 환경이 열악하다.

외곽 지대는 철도, 자동차 등 교통의 발달로 시가지가 확대되면서 형성된 곳으로, 도시적 경관과 농촌적 경관이 혼재되어 나타나는 지역이다.

지대가 세분되지 않은 점과 역사가 오래된 중심 지대 내에서의 기능이 분화

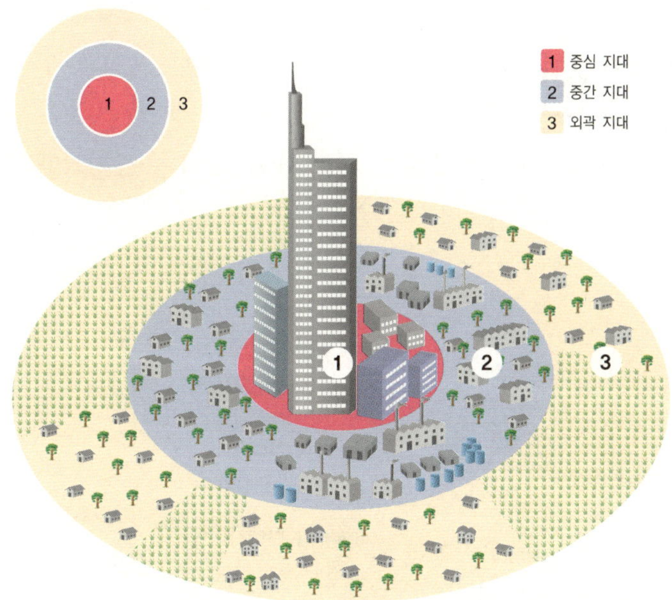

▲3지대 모델 모식도

되지 않은 점 등 각 지대의 특성에는 차이가 있지만, 형태상으로는 동심원 모델과 매우 유사하다.

3지대 모델은 역사적 발전 즉, 시간의 흐름에 따른 도시의 내부 구조를 알 수 있다는 점에서 의의가 있다.

> **Tip** 버제스의 동심원 모델, 호이트의 선형 모델 그리고 디킨스의 3지대 모델은 하나의 핵을 중심으로 도시의 구조를 파악한 단핵 모델이에요.

주제 **25**

다핵심 모델
〔많을 다 多, 씨 핵 核, 마음 심 心, ―〕
multiple nuclei model

동심원 모델과 선형 모델을 결합하여 도시 구조를 설명한 모델

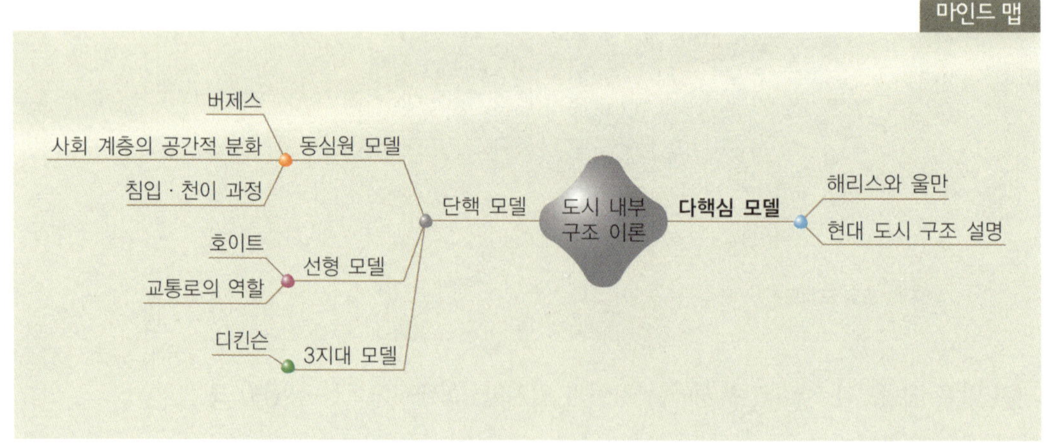

■**동심원 모델**: 도시 성장과 사회 계층의 공간적 분화 과정을 밝힌 모델.

■**선형 모델**: 도시가 교통로를 따라 부채꼴 모양으로 형성되는 과정을 밝힌 모델.

■**집적 이익**: 동종 업종이 모여 얻을 수 있는 이익.

교통이 발달하고 도시의 구조가 더욱 복잡해지면서 단핵 모델로는 도시의 구조를 설명하는 데 한계가 있어 새로운 이론이 등장하였다. 해리스C.D. Harris 와 울만E.L. Ulman은 동심원 모델■과 선형 모델■을 결합하여 다핵심 모델을 제시하였다.

다핵심 모델에 따르면 도시 내부의 토지 이용은 하나의 핵심 지역을 중심으로 분화되는 것이 아니라 여러 개의 핵심 지역을 중심으로 분화된다.

도시에 여러 개의 핵이 생기는 이유는 다양한 기능들이 서로 유사한 기능끼리 모이면서 전문화된 지역을 이루기 때문이다. 유사한 기능이 모여 있으면 정보의 교환이 용이하고 원료를 공동 구매하여 생산비가 절감되는 등의 집적 이익■을 얻을 수 있다. 뿐만 아니라 소비자의 입장에서도 한 곳에서 구매가 가능하므로 편리하다. 그러나 집적이 과해지면 지가 상승, 교통 혼잡, 환경 오염 등의 집적 불이익이 나타나기도 한다. 도시의 규모가 커질수록 핵의 수는 더욱

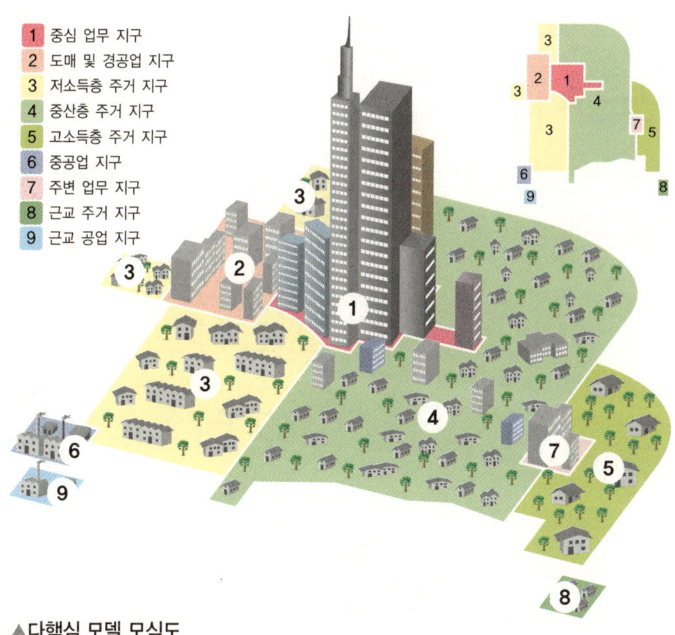

▲다핵심 모델 모식도

많아지며, 그 핵들의 기능도 다양해진다.

　다핵심 모델은 교통이 발달하고 복잡하고 다양한 기능들로 이루어진 현대의 도시를 설명하기에 좋은 모델이다.

우리나라의 서울은 도심과 기능별로 분화된 여러 부도심으로 이루어진 다핵 도시예요.

주제 **26**

대도시권
〔클 대 大, 도읍 도 都, 저자 시 市, 우리 권 圈〕
metropolitan region

도시의 성장으로 인해 대도시를 중심으로 그 주변 지역까지
도시 생활권으로 포함된 지역

마인드 맵

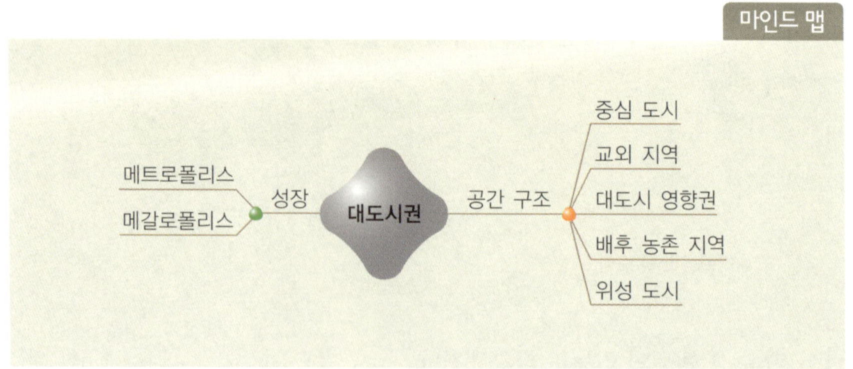

도시가 성장하면서 위성 도시를 포함한 주변 도시들과 기능적으로 연결되는 범위를 대도시권이라 하고, 이러한 현상을 대도시화라고 한다. 우리나라의 경우 대표적인 대도시권은 수도권이다.

산업화 및 도시화가 진행되고 교통이 발달할수록 도시의 기능은 다양해지고 사회 기반 시설도 잘 갖추어진다. 정보의 획득도 유리하여 경제가 활성화됨으로써 도시로 많은 인구가 유입되고, 사람과 물자의 이동이 활발해지면서 도시의 규모는 더욱 커진다. 따라서 도시는 주변 지역으로 크게 확장되어 광역화를 이루게 된다. 인구와 산업이 포화 상태를 이룬 도시에서는 집적 경제에 따른 이익 창출에 한계가 있기 때문에 주변 지역으로 기능이 분산되는 것이다.

대도시 중에서 인구 100만 명이 넘는 거대 도시를 메트로폴리스라고 한다. 메트로폴리스metropolis는 정치, 경제, 정보 등을 통합하는 도시로 한 국가 내에서 중심지적 역할을 하는 도시이다. 개별적으로 기능하던 메트로폴리스가 교통로의 발달로 서로 연결되면서 기능적으로 일체화된 거대 도시권을 연담

▲세계의 중심지 역할을 하는 거대 도시인 미국의 뉴욕

도시 또는 메갈로폴리스megalopolis라고 한다. 메갈로폴리스는 한 국가 내에서 뿐만 아니라 세계의 중심지적 역할을 수행한다. 미국 북동부 해안 지역의 보스턴, 뉴욕, 필라델피아, 볼티모어, 워싱턴과 일본의 도쿄~오사카를 잇는 지역이 해당된다.

미국과 일본에서는 인구 1000만 명 이상의 거대 도시가 생겨나면서 거대 도시권이 형성되었어요. 이러한 거대 도시권 중에는 세계적으로 영향력이 있는 유명한 도시들도 있는데 뉴욕, 런던, 파리, 프랑크푸르트, 도쿄 등이 대표적이에요. 이곳들에는 다국적 기업의 본사가 존재하거나 세계적인 금융 기관, 국제기구의 본부 등이 위치해 있답니다.

대도시권 공간 구조

〔클 대 大, 도읍 도 都, 저자 시 市, 우리 권 圈, 빌 공 空, 사이 간 間, 얽을 구 構, 지을 조 造〕
대도시의 일일 생활권을 나타낸 구조

마인드 맵

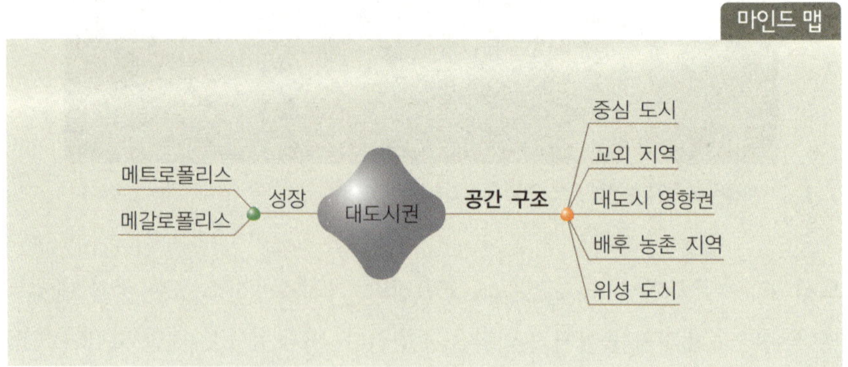

대도시권의 공간 구조는 중심 도시를 중심으로 교외 지역, 대도시 영향권, 배후 농촌 지역, 위성 도시로 나눌 수 있다. 이들 지역은 중심 도시의 일일 생활권이며, 통근권과도 일치한다.

중심 도시 바로 옆에 위치한 교외 지역은 도시의 영향력이 크게 미치는 범위이기 때문에 주거·공업·상업 지역 등 도시 경관이 뚜렷하게 나타나는 반면 농촌 경관은 미흡하다.

그다음으로 나타나는 대도시 영향권은 교외 지역보다 농촌 경관이 좀 더 나타나고 도시 경관은 미흡하지만 비농업 종사자의 비율이 높고, 대도시로의 통근자가 많이 존재하는 지역이다.

중심 도시에서 통근할 수 있는 최대 범위는 배후 농촌 지역까지이다. 근교 농촌이 이 범위에 속하는데, 주로 대도시에 농·축산물을 공급하는 상업적 영농이 이루어진다.

위성 도시는 중심 도시의 기능을 분담하는 역할을 한다. 행정적으로 독립된

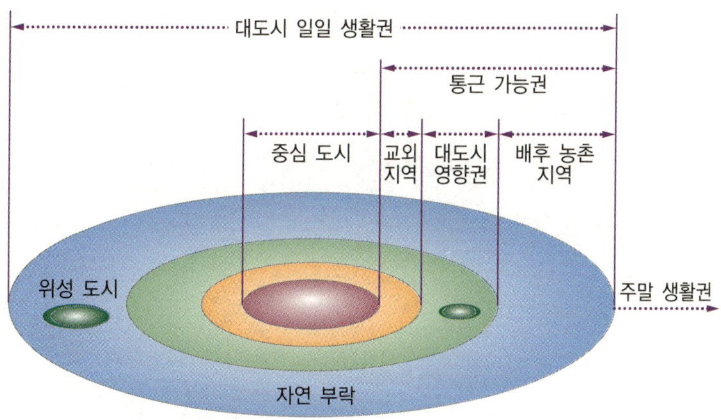

▲대도시권의 공간 구조

위성 도시는 중심 도시와 밀접한 관계를 맺으며 기능을 분담한다. 그러나 일상 생활에 있어서는 많은 부분을 중심 도시에 의존한다.

중심 도시와 가까울수록 도시적 경관이 강하게 나타나고 멀어질수록 농촌 경관이 강하게 나타나며, 배후 농촌 지역까지가 대도시의 일일 생활이 가능한 지역이다. 통근 가능권을 벗어난 주말 생활권은 도시의 주민들이 주말 등 여가 시간을 활용할 수 있는 별장이나 농장 등의 생활 공간이 나타난다.

> **Tip** 우리나라는 대도시에 너무 많은 인구가 유입되어 이를 분산시키기 위해 거주지의 교외화가 이루어졌어요. 교외화 초기에 분당, 평촌, 일산, 중동, 산본 등의 신도시들이 건설되었고, 최근에는 교통수단의 발달로 남양주, 평택, 파주, 양주 등에도 신도시가 건설되고 있어 통근권은 계속 확장되고 있답니다.

위성 도시

〔지킬 위 衛, 별 성 星, 도읍 도 都, 저자 시 市〕
satellite city

대도시의 기능을 분담하는 도시

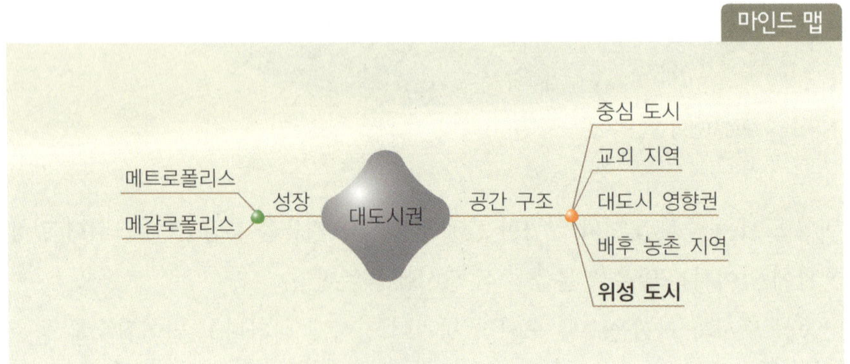

중심 도시인 대도시의 기능을 분담하여 대도시의 과밀화를 완화하기 위해 만들어진 도시를 위성 도시라고 한다. 이는 대도시의 확장에 따라 자연스럽게 성장하기도 하고, 계획적으로 만들어지기도 한다.

계획적으로 위성 도시가 형성되는 경우에는 상업 및 공업 기능을 주변 지역으로 분산시켜 고용의 기회를 확대하고, 이를 통해 자연스럽게 인구 분산을 유도한다. 이와 같은 정책뿐만 아니라 도시 주민들 사이에서도 쾌적한 주거 환경을 찾아 이주하려는 경향이 늘어나면서 중심 도시 주변으로 위성 도시가 형성된다. 여기에는 교통의 발달로 인해 통근권이 확대된 것이 큰 역할을 하였다.

행정적으로 독립된 위성 도시는 중심 도시와 밀접한 관계를 맺으며 다양한 기능을 분담하지만 통근, 통학, 쇼핑과 같은 일상생활의 많은 부분을 중심 도시에 의존하고 있다.

우리나라는 서울의 과밀화를 해소하기 위하여 수도권에 여러 위성 도시를 건설하였는데, 업무 기능을 분담하는 과천, 공업 기능을 분담하는 안산, 주거 기능을 분담하는 일산 등이 해당한다.

▲ **서울의 위성 도시 중 하나인 안양**

용인, 수원, 안산, 성남, 안양, 과천, 의정부, 부천, 구리, 광명 등의 도시들은 서울의 교육·
공업·행정 기능을 분담하는 대표적인 위성 도시이다.

Tip 위성 도시와 신도시를 헷갈리면 안 돼요. 우리나라의 위성 도시는 행정적으로 자립되어 있고 신도시는 모도시에 포함되죠. 안양, 성남, 고양, 등의 위성 도시에는 서울의 주거 기능을 분담하기 위한 신도시를 건설하여 주택난을 해소하는 데 도움을 주었어요. 그러나 이들 신도시에 거주하는 대부분의 주민들은 여전히 서울에 직장을 갖고 있어 출퇴근 시간이면 교통난이 더욱 심화되었지요. 이처럼 낮 동안에는 직장이 있는 중심 도시로 떠났다가 밤에 잠만 자러 돌아오는 신도시를 침상 도시(寢床都市), 즉 베드타운(bed town)이라고 부른답니다.